公共部门人力资源管理

主 编 张宝生 徐 光
副主编 蒋强强 王朝阳 杨冬宝

北京理工大学出版社
BEIJING INSTITUTE OF TECHNOLOGY PRESS

内容简介

本书基于战略性人力资源管理理论，全面、系统地阐述了公共部门人力资源管理的基本理论、方法及技术，构建了体系化的公共部门人力资源管理框架。本书按照人力资源管理各个模块，结合公共部门特征组织逻辑框架，系统介绍了公共部门的组织结构与人力资源分类管理、公共部门人力资源规划与工作分析、招聘与甄选、培训与开发、绩效管理、薪酬管理、人事关系管理、纪律管理与保障管理等人力资源管理主要职能的基本原理及实务，并对人力资源管理的发展与展望加以简单阐述。本书共分十章，既包括公共部门人力资源管理的基本理论和原理，又包括职能层面的操作实务，涵盖公共部门人力资源管理的各个职能模块及相关要素，融入人力资源管理前沿管理理论，聚焦当前中国公共部门人力资源管理相关热点。

本书结构合理、条理清晰、重点突出、基础扎实，不仅可作为公共管理类专业本科生教材、研究生学习用书，还可用作各级各类管理者丰富人力资源管理知识、提升人力资源管理能力的参考用书。

版权专有　侵权必究

图书在版编目（CIP）数据

公共部门人力资源管理 / 张宝生，徐光主编.
北京：北京理工大学出版社，2025.1.
ISBN 978-7-5763-4718-0

Ⅰ. D035.2

中国国家版本馆 CIP 数据核字第 20256H7L04 号

责任编辑： 王晓莉	**文案编辑：** 王晓莉	
责任校对： 刘亚男	**责任印制：** 李志强	

出版发行 / 北京理工大学出版社有限责任公司
社　　址 / 北京市丰台区四合庄路 6 号
邮　　编 / 100070
电　　话 /（010）68914026（教材售后服务热线）
　　　　　（010）63726648（课件资源服务热线）
网　　址 / http://www.bitpress.com.cn

版 印 次 / 2025 年 1 月第 1 版第 1 次印刷
印　　刷 / 北京广达印刷有限公司
开　　本 / 787 mm×1092 mm　1/16
印　　张 / 16.75
字　　数 / 390 千字
定　　价 / 89.00 元

图书出现印装质量问题，请拨打售后服务热线，负责调换

前言

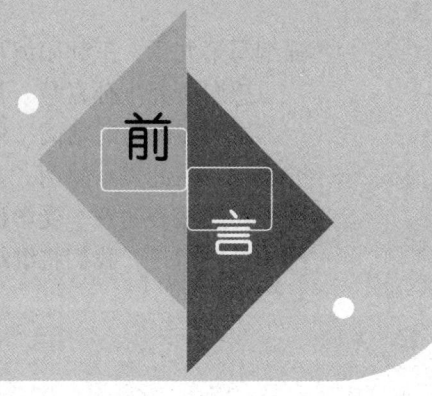

公共部门人力资源管理的目标是根据社会经济发展对公共部门提出的要求而设立的，既要满足政府实行社会管理、社会服务、实现公共组织管理与发展目标的人才需求，获取与开发各类、各层次人才，也要满足公共部门工作人员个人成长与发展的需求。现代公共部门人力资源管理在社会经济发展中起着日益重要的作用，公共部门人力资源能力的提高，不仅有助于行政效率和公共服务效能的提高，对公共部门人力资源整体素质、公共管理和服务水平、创新意识的提高也具有重要意义。

党的二十大报告提出完善分配制度，"坚持按劳分配为主体、多种分配方式并存，构建初次分配、再分配、第三次分配协调配套的制度体系"。分配制度是促进共同富裕的基础性制度，薪酬管理制度是收入分配制度在微观上的体现，是分配制度的重要组成部分。党的二十届三中全会再次强调"完善劳动者工资决定、合理增长、支付保障机制，健全按要素分配政策制度"，并指出"科学的宏观调控、有效的政府治理是发挥社会主义市场经济体制优势的内在要求"。本教材将深入落实二十大精神和二十届三中全会精神进教材，充分体现新理念和新要求，并正确处理好公共部门薪酬管理中公平和效率的关系。

本书按照人力资源管理各个模块，结合公共部门特征设计结构体系，适合作为公共管理基础课程的教材。本书具有新颖、系统的栏目设计，每一章设有引导案例、本章学习目标、本章重点问题、本章思维导图、知识讲解、本章小结、核心概念和知识点、课后习题、本章案例研究等栏目，并配有大量专栏。本书具有以下特色。

一是体系完整，内容全面。根据人力资源管理体系安排章节内容框架，逻辑结构清晰、框架体系完整；尽力做到内容全面且富有时代气息，涵盖公共部门人力资源管理的各个职能模块及相关要素，借鉴国内外公共部门人力资源管理理论及实践精华。

二是阐述简明，易于理解。力争用简明、流畅的语言解释复杂的理论及现实问题，提纲挈领、深入浅出、语言精练，有助于读者理解并掌握书中内容，提升学习兴趣及学习效果。

三是紧跟前沿，贴近实际。紧跟人力资源管理理论发展前沿与最新实践动态，融汇战略性人力资源管理前沿理论，聚焦当前公共部门人力资源管理相关热点及新内容。

本书由张宝生、徐光担任主编，由蒋强强、王朝阳、杨冬宝担任副主编。具体编写分工如下：张宝生编写第三章、第四章、第六章、第七章和第十章；徐光编写第一章；蒋强强编写第九章；王朝阳编写第二章；杨冬宝编写第五章和第八章。

感谢研究生孙嘉慧、马雪婷、张耀丹在资料收集整理和文稿校对流程中所做的工作。

本书在编写时参阅、借鉴了大量国内外公共部门人力资源管理的教材、专著和其他研究成果，在此表示感谢。本书的编写和出版得到了北京理工大学出版社的大力支持和帮助，对此深表谢意。受学识和时间所限，本书存在不足之处，恳请各位专家、同行、学子给予批评指正，我们将继续修改和完善。

目录

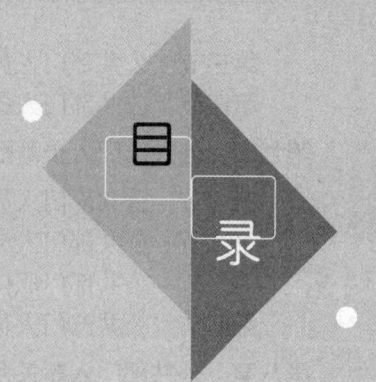

第一章　公共部门人力资源管理导论 ……………………………………………… (001)
 第一节　公共部门人力资源管理的内涵和特征 …………………………………… (002)
 第二节　公共部门人力资源的发展历程与价值取向 ……………………………… (006)
 第三节　公共部门人力资源管理的基本职能和任务 ……………………………… (014)

第二章　公共部门的组织结构与人力资源分类管理 ………………………………… (021)
 第一节　公共部门组织结构 ………………………………………………………… (023)
 第二节　公共部门编制管理 ………………………………………………………… (031)
 第三节　公共部门职位管理与人力资源分类管理 ………………………………… (035)

第三章　公共部门人力资源规划与工作分析 ………………………………………… (050)
 第一节　公共部门人力资源战略概述 ……………………………………………… (052)
 第二节　公共部门人力资源规划 …………………………………………………… (055)
 第三节　公共部门人力资源工作分析 ……………………………………………… (069)

第四章　公共部门人力资源招聘与甄选 ……………………………………………… (085)
 第一节　公共部门人力资源招聘 …………………………………………………… (087)
 第二节　公共部门人力资源甄选 …………………………………………………… (094)
 第三节　我国公共部门人员录用制度与选拔任用 ………………………………… (105)
 第四节　公共部门人员职业生涯规划 ……………………………………………… (116)

第五章　公共部门人员培训与开发 …………………………………………………… (123)
 第一节　公共部门人员培训概述 …………………………………………………… (125)
 第二节　公共部门人员培训需求分析 ……………………………………………… (133)
 第三节　公共部门人员培训的程序与制定 ………………………………………… (139)
 第四节　公共部门人员培训效果的评估 …………………………………………… (147)

第六章　公共部门人员绩效管理 ……………………………………………………… (154)
 第一节　公共部门人员绩效管理概述 ……………………………………………… (156)
 第二节　公共部门绩效计划与绩效监控 …………………………………………… (162)

第三节　公共部门人员绩效考核……………………………………（164）
　　第四节　公共部门人员绩效反馈……………………………………（183）

第七章　公共部门人员薪酬管理……………………………………………（189）
　　第一节　公共部门人员薪酬管理概述………………………………（191）
　　第二节　公共部门人员薪酬设计……………………………………（197）
　　第三节　公共部门职位评价…………………………………………（202）
　　第四节　公共部门人员福利管理……………………………………（208）

第八章　公共部门人事关系管理……………………………………………（214）
　　第一节　公共部门人事关系管理概述………………………………（216）
　　第二节　公共部门人员的退出制度…………………………………（219）
　　第三节　公共部门人员的回避和交流制度…………………………（221）
　　第四节　公共部门人员的申诉、控告与仲裁………………………（223）
　　第五节　公共部门工会工作…………………………………………（226）

第九章　公共部门人力资源纪律管理与保障管理…………………………（229）
　　第一节　公共部门人力资源纪律管理………………………………（230）
　　第二节　公共部门人力资源保障管理………………………………（242）

第十章　公共部门人力资源管理的发展与展望……………………………（250）
　　第一节　顺应数智化时代潮流，探索数智化发展路径……………（252）
　　第二节　适应内外变化，践行柔性管理理念………………………（254）
　　第三节　借助第三方力量，促进人力资源服务业发展……………（255）

参考文献………………………………………………………………………（259）

第一章 公共部门人力资源管理导论

引导案例

为什么说中国共产党是世界上最优秀的HR?

根据《2023年中国共产党党内统计公报》，截至2022年12月31日，中国共产党党员总数为9 804.1万名，中国共产党现有基层组织506.5万个。其中基层党委28.9万个，总支部32.0万个，支部445.6万个。

党的地方委员会。全国共有党的各级地方委员会3 198个。其中，省（区、市）委31个、市（州）委397个、县（市、区、旗）委2 770个。

城市街道、乡镇、社区（居委会）、行政村党组织。全国9 062个城市街道、29 619个乡镇、116 831个社区（居委会）、490 041个行政村已建立党组织，覆盖率均超过99.9%。

机关、事业单位、企业和社会组织党组织。全国共有机关基层党组织75.6万个、事业单位基层党组织97.7万个、企业基层党组织157.1万个、社会组织基层党组织17.9万个，基本实现应建尽建。

领导9 000多万名党员和500多万个基层组织，中国共产党这个"超级HR（人力资源部）"是怎么做到的？

案例来源：人民网《9 000万名党员：为什么说中国共产党是世界上最优秀的HR?》，2019年11月5日，作者姚奕等。

本章学习目标

1. 了解公共部门、人力资源管理以及公共部门人力资源管理的概念、特性
2. 了解公共部门人力资源管理的发展历程及价值取向
3. 了解中国干部人事及公务员制度的发展历程
4. 了解公共部门人力资源管理的基本职能和主要任务

本章重点问题

1. 公共部门和公共部门人力资源管理的内涵
2. 中国公务员制度的发展历程
3. 公共部门人力资源管理的基本职能和主要任务

本章思维导图

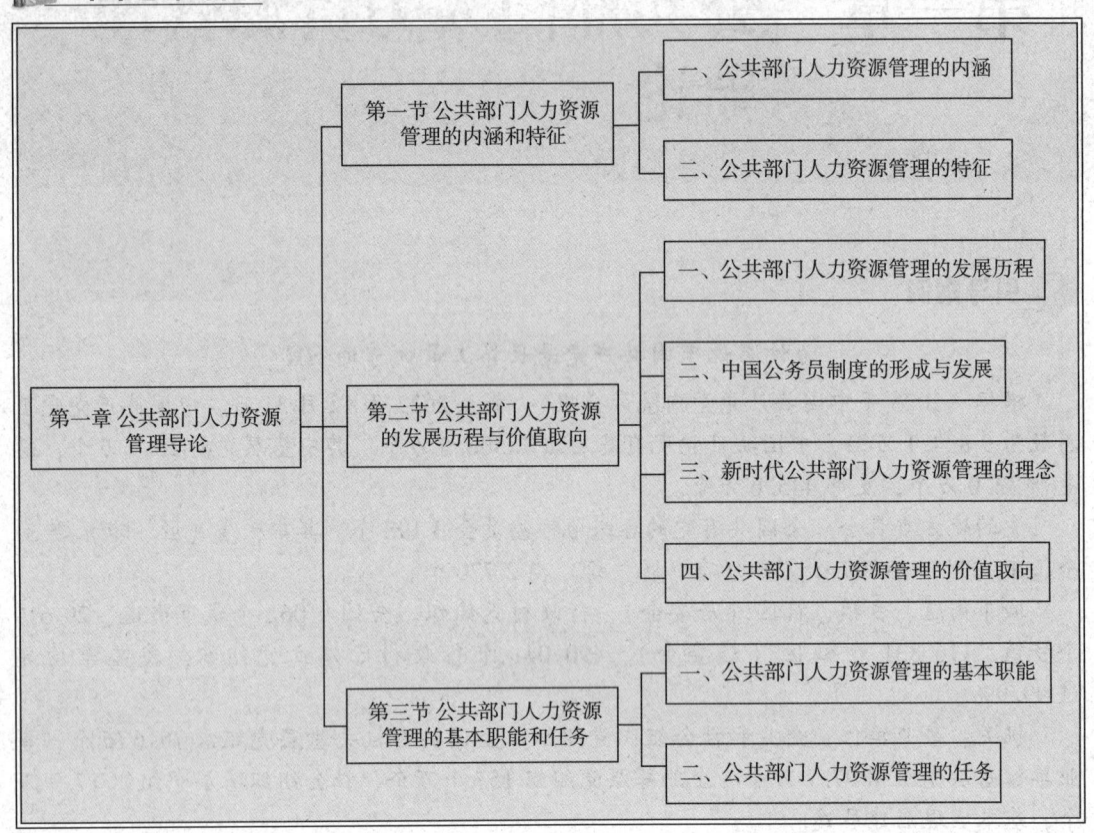

```
第一章 公共部门人力资源管理导论
├── 第一节 公共部门人力资源管理的内涵和特征
│   ├── 一、公共部门人力资源管理的内涵
│   └── 二、公共部门人力资源管理的特征
├── 第二节 公共部门人力资源的发展历程与价值取向
│   ├── 一、公共部门人力资源管理的发展历程
│   ├── 二、中国公务员制度的形成与发展
│   ├── 三、新时代公共部门人力资源管理的理念
│   └── 四、公共部门人力资源管理的价值取向
└── 第三节 公共部门人力资源管理的基本职能和任务
    ├── 一、公共部门人力资源管理的基本职能
    └── 二、公共部门人力资源管理的任务
```

第一节 公共部门人力资源管理的内涵和特征

一、公共部门人力资源管理的内涵

（一）公共部门的内涵

从社会经济主体的角度出发，社会部门分为公共部门（Public Sector）与私人部门（Private Sector）。公共部门是指被赋予公共权力（Public Power），以增进社会公共利益为目的，以公共管理（Public Administration）为手段，为社会提供公共产品（Public Goods）或公共服务（Public Service）的各种组织和机构。公共部门一般包括政府部门和除政府部门与工商企业之外的一些部门，比如事业单位、公共企业、民间组织等。私人部门是指以

提供私人物品（Private Goods）为手段，以谋求自身利益最大化为目的的个人和组织。

1. 政府部门

政府部门是指承担行政管理职能、负责制定和执行政府政策、服务于公众利益的机构或部门。政府部门通常由政府设立，根据法律法规规定的职责和权限开展各项行政工作，是典型的公共部门。政府部门是国家治理体系的重要组成部分，负责管理和监督国家事务的运行和实施，包括制定法律法规、管理公共事务、提供公共服务等。

2. 事业单位

事业单位是指由政府批准设立，具有独立法人资格的非营利性组织，其主要目的是提供社会服务、开展公益事业和满足公众需求。事业单位通常由政府或社会团体设立，依法依规经营管理，独立核算，自负盈亏，但不追求盈利。其经费来源通常包括政府拨款、社会捐赠、服务收费等。事业单位的种类和范围相当广泛，涉及的领域也非常多样化。

3. 公共企业

公共企业是指由政府出资或控股的企业，其主要目的是为公共利益和国家发展而存在，并在政府指导下进行经营管理。公共企业通常承担着国家重点产业和公共服务领域的经营任务，其经营活动旨在满足社会公众的基本需求，促进国家经济的稳定和发展。

4. 民间组织

民间组织是由民间自发组织起来，不受政府直接控制，独立运作的组织或团体。它们通常由一群志愿者或利益相关者组成，以实现特定目标或促进特定事业为目的。民间组织的形式和范围非常广泛，包括非政府组织（Non-governmental Organization，NGO）、社会团体、基金会、慈善机构、协会等。

专栏 1-1

各个公共部门的区别与联系如表 1-1 所示。

表 1-1　各个公共部门的区别与联系

项目	政府部门	事业单位	公共企业	民间组织
属性	国家行政机关	公益性组织	企业性、公益性组织	公益性组织
资金来源	国家全额拨款	全额/差额拨款、自收自支	国家投资及营业收入	捐赠、自筹、收取会费等
官方控制度	完全控制	部分控制	较小控制	依法自主管理
用人自主权	依法选录	高	较高	很高
服务对象	全体公民	部分特定对象	消费人员	视具体组织情况而定
组织目标	依法制定政策、管理公共事务、维护社会秩序	以提供公益性服务为主要目标，如教育、医疗、科研等	主要从事商业经营活动，同时利益分配受到政府指导	以组织特定目标为核心，涉及环保、医疗等领域
举例	政府机关、法院	学校、医院	自来水公司	基金会

(二) 公共部门的特征

1. 公共性

公共部门的公共性主要表现在服务对象、资金来源和使用，以及目标和基本职能方面。

（1）服务对象方面。公共部门的服务对象是所有社会公民，不同于私营部门只服务于特定客户群体或个人利益。公共部门的服务对象包括公民、企业、社会组织等各个层面的群体，其服务范围涵盖了社会的方方面面。

（2）资金来源和使用方面。政府组织的资金来源主要是国家财政拨款，资金全部用于基础设施建设、社会保障、教育与医疗、环境保护等公共事务的管理，比如道路桥梁建设、养老金支出、教师工资等，而不是像私人部门在工作人员之间分配。公共企事业单位的资金来源除国家财政拨款外，还有部分社会捐助和自营收入，同样必须用于自身组织的发展和公共利益的增加，禁止用于组织成员之间的分配。

（3）目标和基本职能方面。公共部门提供的公共产品和服务是为了满足社会公众的需求和利益，而不是个人或私人组织的利益。推进社会公众利益的最大化是公共部门的根本目标。此外，公共部门的基本职能是管理各项公共事务，维护社会秩序，确保社会和谐稳定发展。

2. 政治性

公共部门的政治性主要表现在政治功能、政治定位及政治效果上。

（1）政治功能。公共部门的政治功能在于确保组织工作的高效顺畅开展，更好地服务公众、管理社会。公职人员是国家各项具体工作的制定者和落实者，也是实现中国特色社会主义伟大事业蓝图的受惠者。为提升公共部门的组织效能，公职人员始终坚持正确的政治立场，坚持把党和国家工作的大局放在首位，彰显新时代公共事务工作鲜明的政治性。

（2）政治定位。公共部门始终把习近平新时代中国特色社会主义思想作为各项工作的指导思想，公职人员自觉将这一思想融入日常工作的方方面面，使之贯穿到组织开展工作的全过程中。在这一思想的指导下，公共部门不断深化改革，创新管理理念和工作方法，贯彻落实从严管理的基本要求，充分反映了公职人员工作的政治定位。

（3）政治效果。党的十九大报告指出，我国经济已由高速增长阶段转向高质量发展阶段，必须坚持质量第一、效益优先。高质量发展阶段意味着经济社会的发展进入了注重品质的时代。同样，公共部门在管理公共事务的过程中始终把"质量第一、效益优先"作为第一标准，力图在实践中追求较高的工作效率和优异的工作绩效，确保政治效果。

3. 法制性

公共部门的法制性体现在其行政行为的依法性、合法性和规范性上。公共部门的组织结构、职责权限、行为规范等依据国家法律规定设立和运行；在管理公共事务时，公共部门必须依法行政，遵守法律程序，尊重公民的合法权益，确保行政决策的合法性、公正性和透明度；同时，公共部门必须依法行使行政权力，其行为受到法律的限制和约束，不能超越法律规定的权限和职责。

（三）人力资源管理的内涵

人力资源（Human Resources）概念的提出可以追溯到20世纪初美国经济学家约翰·

康芒斯（John R. Commons）等人对劳工问题的研究，但比较公认的现代人力资源概念是由彼得·德鲁克（Peter Drucker）于1954年在其著名的《管理的实践》一书中首先正式提出并加以明确界定的。人力资源是指一定时期内组织中的人所拥有的能够被组织所用，且对价值创造起积极作用的教育、能力、技能、经验、体力等的总称。人力资源管理（Human Resource Management，HRM）是指通过制定和实施相关策略、程序和实践，有效地管理组织内的人力资源，以实现组织的战略目标和使命。它是一种包含了组织的人力资源规划、招聘与选拔、培训与发展、绩效管理、薪酬与福利管理、员工关系管理等多方面的综合性管理活动。

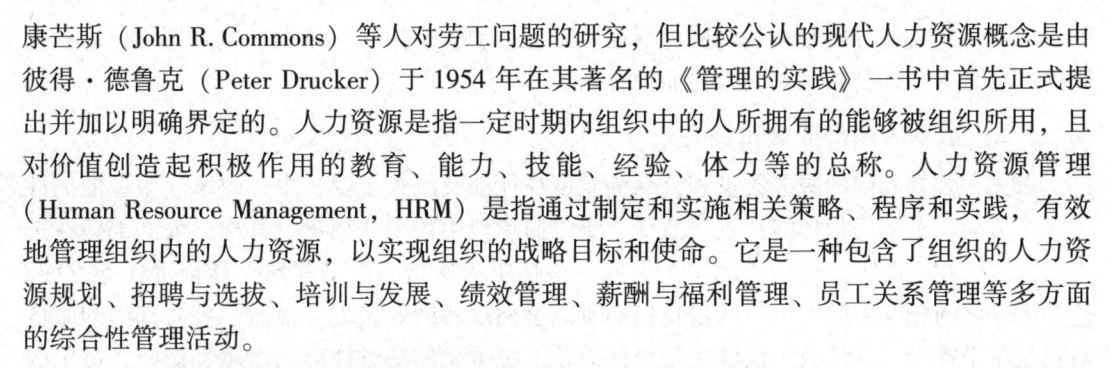

（四）公共部门人力资源管理的内涵

公共部门人力资源管理是指公共组织通过制定和实施相关策略、程序和实践，有效地管理和发展组织内的人力资源，以支持公共服务的提供和公共政策的实施，同时促进公共部门的绩效提升和社会价值实现的一系列管理活动和实践。我们可以从以下四个要点把握公共部门人力资源管理的内涵。

1. 首要目标是为公众提供优质、高效服务

公共部门人力资源管理的首要任务是为公众提供优质、高效的公共服务。人力资源管理需要根据公众需求和政府政策，合理配置和管理人力资源，以保障公共服务的提供和公共利益的实现。

2. 注重公共绩效

公共部门人力资源管理需要关注绩效，强调员工的工作绩效和业绩评价。人力资源管理需要制定明确的绩效目标和指标，通过绩效评价和激励机制，激发员工的工作动力和创造力，提升公共服务的效率和质量。

3. 强调遵循法律法规，重视公平与公正

与传统人事管理视人为成本负担的观念不同，为确保招聘、选拔、绩效评价、薪酬福利等管理活动的公正性和透明度，公共部门人力资源管理强调人员遵循公平、公正原则，严格遵守相关的法律法规和政策规定，体现了合法性和合规性，维护了公共部门的法制秩序和权威性。

4. 公共部门人力资源管理重视人才培养，强调沟通和激励

公共部门人力资源管理摒弃了传统的惩罚理念，主张"以人为本"，通过与员工的沟通和对员工的激励确定针对性的培训计划和发展路径，为员工的职业发展和个人成长提供支持和帮助，增强员工的工作满意度和忠诚度，激发员工的工作积极性、主动性和创造力。

二、公共部门人力资源管理的特征

（一）公共利益导向性

公共部门享有国家赋予的公共权力，奉行全体公民利益至上和社会利益最大化原则。不像企业把营利作为根本目的。公共部门人力资源管理的决策和实践是基于公共利益的需

要，以满足社会各界的利益和期待为导向。管理活动包括招聘、培训、绩效评价、福利保障等，都是为实现公共利益最大化而设计的。

（二）绩效考核的非量化性

首先，公共部门的服务质量和公众满意度往往涉及服务态度、服务效率、服务便捷性等多个方面，大部门指标涉及主观感受，难以简单地用数字来衡量。其次，公共部门在选人、育人、用人时需要综合考虑多个因素，包括服务质量、员工素质、社会责任等方面。这些因素之间相互关联，单一的量化指标难以全面反映绩效表现。最后，公共部门的服务对象是整个社会，其绩效不仅取决于经济效益，更重要的是对社会的贡献和影响，员工的绩效考核需要考虑到对组织的社会价值和公共责任。

（三）法制规范性

公共部门人力资源管理受到国家法律法规的严格约束。政府和公共机构在人力资源管理方面必须遵守国家相关的法律法规，如《中华人民共和国劳动法》（以下简称《劳动法》）、《中华人民共和国公务员法》（以下简称《公务员法》）等，确保管理活动的合法性和合规性。同时，公共部门人力资源管理受到严格的监督和责任追究制度约束。政府和公共机构的管理活动需要接受上级部门和社会公众的监督，对于违法违规行为和职务失职行为需要进行严肃处理，追究责任。

第二节　公共部门人力资源的发展历程与价值取向

一、公共部门人力资源管理的发展历程

在管理学领域，组织中对人的管理最先出现的术语是"劳工管理"，可以追溯到工业革命时期的18世纪末19世纪初；到了20世纪初期，出现了"人事管理"，20世纪50年代开始演变为"人力资源管理"，到了20世纪80年代初，又提出了"战略人力资源管理"。传统人事管理和现代人力资源管理的最大区别在于其管理人不同的理念和方法。传统人事管理视"事"为人的中心，侧重于行政性管理，主要关注员工的招聘、薪酬、考勤等基础性人事事务，管理方法相对固化，强调规章制度和程序性；人力资源管理视"人"为中心，强调员工的全面发展和价值创造，注重员工的激励、培训、绩效管理等方面，采用灵活的管理方法，更加注重个性化、创新性和战略性。战略人力资源管理强调人力资源管理与组织战略目标的一致性和协调性，致力于将人力资源管理纳入组织整体战略规划和决策过程中，从而实现组织的长期发展和竞争优势。

（一）劳工管理

"劳工管理"这一术语的出现和发展，与工业化进程和劳工运动密切相关。在工业革命时期，大规模的工厂生产和工业化生产模式的兴起带来了劳动力市场的快速扩张。大量农村人口涌入城市从事工厂工作，工人们面临着低工资、长工时、恶劣工作条件等问题，劳动力市场的不稳定性与劳资矛盾日益加剧。面对工人的困境，一些社会改革者、工会领

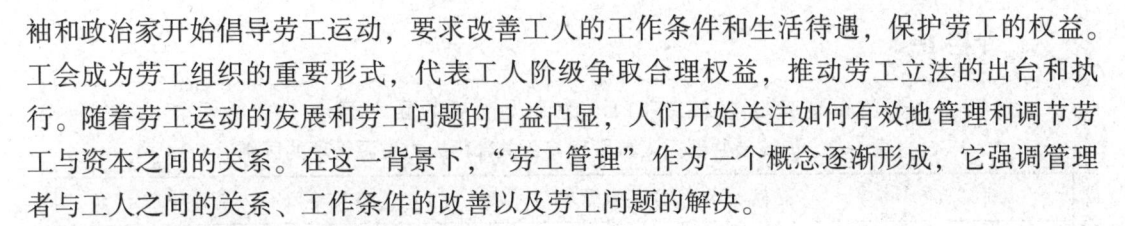

袖和政治家开始倡导劳工运动，要求改善工人的工作条件和生活待遇，保护劳工的权益。工会成为劳工组织的重要形式，代表工人阶级争取合理权益，推动劳工立法的出台和执行。随着劳工运动的发展和劳工问题的日益凸显，人们开始关注如何有效地管理和调节劳工与资本之间的关系。在这一背景下，"劳工管理"作为一个概念逐渐形成，它强调管理者与工人之间的关系、工作条件的改善以及劳工问题的解决。

（二）人事管理

20世纪初期工业化和企业组织形式的变化促成了"人事管理"的诞生。一方面，工业化进程导致传统的手工业生产向机械化大规模生产转变。大规模生产需要大量劳动力参与，因此大规模劳动力的招募、安置和管理成为企业管理中一个重要的任务。另一方面，随着城市化进程的加速和农村人口向城市的大规模流动，劳动力市场发生了巨大的变化。企业需要面对来自不同地区和背景的劳动力，因此需要建立一套有效的人事管理体系。这一时期，弗雷德里克·泰勒（Frederick Taylor）等人提出了科学管理理论，强调工作分工和标准化生产过程。受科学管理理论的影响，再加上国家出台的劳工法律法规，企业开始重视对员工工作的细致规划和控制，推动了人事管理的发展。

（三）人力资源管理

20世纪中期，一些重要的管理学者和实践者开始探讨并提出人力资源管理的相关理论和概念。彼得·德鲁克（Peter Drucker）强调员工是组织发展中最重要的资产之一，主张将员工视为组织的合作伙伴，重视员工的发展和激励，首次提出了"人力资源管理"的概念。亚伯拉罕·马斯洛（Abraham Maslow）提出的马斯洛需求理论指出，当一个层次的需求得到满足后，下一个更高层次的需求才会成为人们的动力，人力资源管理者可以通过提供符合员工当前需求水平的激励和奖励来激发员工的积极性和工作动力。

20世纪六七十年代是美国社会运动兴起的时期，劳工运动和民权运动推动了社会对劳工权益和平等的关注，关于最低工资、工作时间、职业安全与健康等一系列法律法规相继出台。这些法律法规限制了企业在雇用和管理员工时的行为，为员工提供了更多的权益保障，促进了对员工权益的保护和管理的进一步规范化。同时，民权运动的兴起也对人事管理向人力资源管理的过渡产生了影响。民权运动倡导平等、公平和多样性，要求在招聘、晋升和薪酬等方面消除歧视，提高了组织对待员工的公平性和包容性。这促使组织在对人的管理上更加重视员工的平等权利和多元化管理。

20世纪70年代以后，人力资源管理逐渐成为一个独立的管理学科，管理学者开始探讨如何有效地招聘、培训、激励和管理员工，以及如何构建健康的组织文化和员工关系。这标志着人事管理向人力资源管理的转变，强调员工的全面发展和组织战略目标的实现。

由传统的公共部门人事管理转变为新公共管理（New Public Management，NPM）指导下的公共部门人力资源管理是一个渐进的演变过程，涵盖了管理理念、组织结构、管理方法等多方面的变化。其中，最核心的是组织中员工的角色转变。传统的公共部门人事管理中，员工往往被动执行管理者的指令，参与程度较低。而在人力资源管理中，更加注重灵活性和创新性，倡导扁平化的管理结构，强调员工参与和团队合作，推动组织内部的创新和变革。

专栏 1-2

传统公共部门人事管理与公共部门人力资源管理的区别如表 1-2 所示。

表 1-2　传统公共部门人事管理与公共部门人力资源管理的区别

项目	传统公共部门人事管理	公共部门人力资源管理
管理理念	视员工为成本压力	视员工为重要资源
管理结构	层级式管理结构	扁平化的管理结构
管理主体	单一化	多元化
管理方式	集中管理	开放管理
管理范畴	侧重于人力资源的管理	涵盖员工发展、组织文化等
员工参与	参与度低	参与度高
目标导向	倡导任务导向	侧重于过程和程序合规性

（四）战略人力资源管理

20 世纪 80 年代后，全球化进程逐渐加速。面对全球市场竞争的挑战，经济社会发展的各领域全过程均需更加注重人力资源的全球化管理，包括跨国人才招聘、国际人才培训等。随着信息技术的普及和应用，人力资源管理的工具和方法发生了革命性的变化。例如人力资源信息系统（Heman Resource Information System，HRIS）的应用，保证了人力资源管理的高效率和高准确性。这一时期，许多学者开始提出将人力资源管理纳入战略规划的范畴、视人力资源为战略性资源的主张。其中，戴维·乌尔里希（David Ulrich）的人力资源共享服务模式和杰弗里·佩弗（Jeffrey Pfeffer）的人力资源竞争优势理论最为典型。

进入 21 世纪以来，随着全球化和信息化的加速发展，公共部门人力资源管理逐步转向战略性、全局性和长远性。战略人力资源管理强调与组织战略目标的对齐，以人力资源为核心资源，将人力资源管理与组织发展战略紧密结合，促进组织变革和创新。公共部门战略人力资源管理是指公共部门在制定和执行战略时，将人力资源管理作为战略的重要组成部分，以确保公共部门人力资源的有效配置、开发和利用，实现组织战略目标的过程。这种管理方式强调了人力资源的战略性地位，将人力资源管理与组织战略的制定、实施和评估相结合，以提升组织绩效、增强竞争力、实现可持续发展。

二、中国公务员制度的形成与发展

（一）公务员制度概述

公务员是公共部门的专职工作人员，是公共部门人力资源管理的核心对象之一。对公务员的管理必须遵循相应的政策和制度，其中，尤以公务员制度为主。公务员制度是指由政府依法通过公开、公平、竞争性选拔产生的，担任行政、执法和公共服务职责的专职人员队伍所构成的科学管理体制。这些公务员在政府机构、事业单位、公共机构等公共部门工作，负责执行政府的决策、管理公共资源、维护社会秩序、提供公共服务等职责。公务员制度通常由相关的法律法规和规章制度进行规范和管理，旨在确保公共部门的工作效率、透明度、廉洁性和服务质量。

(二) 中国公务员制度的发展

中国公务员制度可以追溯到中国古代的官僚制度，但现代意义上的公务员制度是在近现代历史中逐步形成和发展的。

1. 清朝时期（17—19 世纪）

清朝是中国封建官僚制度的鼎盛时期。科举考试被确立为清朝选拔官员的唯一途径，朝廷通过严格的考试制度选拔出具备政治能力和文化素养的人才。官员的晋升和职务分配主要由皇帝和朝廷决定，并采用九品官员制度、九卿制度确定官员的等级和职务，体现了封建社会的等级制度。

2. 近现代初期（19 世纪末至 20 世纪初）

19 世纪末至 20 世纪初，中国公务员制度经历了从封建官僚体系向现代公务员制度的转变和探索阶段。19 世纪末，随着清政府的没落，传统的科举制度逐渐被废除，对官员的选拔和任用方式出现了大规模的改革和探索。辛亥革命后，中国历经多次政权更迭，不同政权试图建立起新的公务员制度。1912 年中华民国成立后，试图建立现代官僚体系，但受政治动荡、社会不稳等因素影响，官僚体系的变革进程并不顺利。中国共产党成立后，经过战争年代的艰苦斗争和在革命根据地的探索实践，逐步形成了"党管干部"的重要思想和"任人唯贤"的干部路线。

3. 中华人民共和国成立到改革开放前

中华人民共和国成立后，国家实行计划经济体制，先后进行了一系列的政治、经济和社会制度改革，形成了一套与计划经济体制相适应的干部人事制度。人力资源管理主要由政府主导，公共部门人力资源的选拔、任用、培训和考核等方面都受到政府的严格控制。在干部队伍建设方面，国家还实行了干部培训、干部交流等制度，提高了公共部门人力资源的素质和能力。1953 年，中共中央通过了《关于加强干部管理工作的决定》，对党管干部原则进行明确规定，建立分级、分部管理的制度，并颁布了《关于审查干部的决定》《关于加强干部文化教育工作的指示》。1955 年，《关于中央管理的干部任免手续问题的通知》通过，由此建立了干部管理、考核、奖惩、培训、交流等制度。1956 年颁布的《关于干部人事制度改革的若干决定》《关于工资改革的决定》，主要对干部人事制度尤其是工资待遇进行一系列改革，包括加强干部选拔的政治性和技术性、规范选拔程序和标准、薪酬待遇标准和调整机制，为队伍的稳定和发展提供了经济保障。这一阶段为建立社会主义制度下的公共部门人力资源管理制度奠定了基础。

4. 1978 年到 1986 年

在改革开放的背景下，中国开始改革高度集中的干部人事管理体制，开始注重干部管理权力的下放，建立"四个现代化"建设急需的一些具体干部人事管理制度。1978 年，党的十一届三中全会强调"加强管理机构和管理人员的权限和责任""认真实行考核、奖惩、升降等制度"，并开始实行"公开选拔、任用干部"的政策，突破了过去靠关系、靠门路晋升的传统模式，实现了对人才的广泛吸纳和公平竞争。1983 年，党中央决定，通过改进干部管理方法等措施改变权力过于集中的现象，加快实现干部队伍的"革命化、年轻化、知识化、专业化"。

5. 1987年到20世纪末

1987年，为了干部人事制度改革更加规范化和系统化，党中央决定将"国家行政机关工作人员"改为"国家公务员"，将已经修改到第10稿的《国家行政机关工作人员条例》修改为《国家公务员条例》。在召开的党的十三大会议上，党中央强调"当前干部人事制度改革的重点，是建立国家公务员制度"。《国家公务员暂行条例》经过多次征求意见、论证和试点，最后经党中央、国务院批准于1993年正式颁布并于当年10月1号起施行，这标志着公务员制度由试点论证进入了实际实施的新阶段，标志着公务员制度的正式诞生，在国内外产生了很大反响。随后的五年内，党中央决定采取一年一个重点的推行方法，分别考试在录用制度、辞职辞退制度、交流轮岗和回避制度、竞争上岗制度和提高队伍素质方面下功夫。到20世纪末，在中央和省、地（市）、县、乡（镇）五级政府机关基本建立了有中国特色的国家公务员制度。

6. 21世纪以来到党的十八大

21世纪以来，中国公务员制度的改革不断深化，从稳妥推行逐渐进入了优化完善阶段。2005年，经过20余次修改的《中华人民共和国公务员法》（以下简称《公务员法》）在第十届全国人民代表大会常务委员会第十五次会议上正式通过，该法明确了公务员的基本权利和义务，规范了公务员的选拔、管理、评价等方面的制度。《公务员法》的诞生表明公务员制度已作为我国一项基本人事制度得到了法律确认，这是改革开放以来我国干部人事制度改革的最大成果，也是基本成果，集中体现了具有中国特色的公务员制度的形成。2008年，为更好地推行依法治国方略和实施人才强国战略，加强公务员队伍管理工作，党的十一届全国人大一次会议审议通过了《国务院机构改革方案》，决定成立国家公务员局，运用"三个加强""五个增加"专职推进公务员制度的发展。

7. 党的十八大至今

党的十八大以来，以习近平同志为核心的党中央高度重视干部队伍建设，深化公务员分类管理制度改革、建立公务员职务与职级并行制度，同时完善事业单位领导人员管理制度体系，相继提出"破除'四唯'""凡提'四必'"等要求。"破除'四唯'"即坚决纠正唯票、唯分、唯生产总值、唯年龄等取人偏向，组织把关不唯票，注重实绩不唯分，不以GDP论英雄，梯次配备不唯年龄；"凡提'四必'"，即讨论决定前，对拟提拔或进一步使用人选的干部档案必审、个人有关事项报告必核、纪检监察机关意见必听、线索具体的信访举报必查。2015年，党中央印发的《关于县以下机关建立公务员职务与职级并行制度的意见》，在全国县以下机关全面推开，100多万名基层公务员晋升了职级，享受上一职务层次的工资待遇，激发了基层公务员的工作热情，提高了公务员的职业发展空间和晋升机会。2016年8月，中办印发了《关于防止干部"带病提拔"的意见》。该意见明确提出了"凡提'四必'"要求，成为净化干部队伍的有效武器。此外，党中央高度重视干部人事档案的管理。2014—2016年，党中央抓紧抓牢干部人事档案专项审查工作，认真学习并严格按照相关政策规定，重点审核干部的"三龄二历一身份"，对审核中发现的干部档案造假问题严肃查处。

随着中国特色社会主义进入新时代，党和国家事业取得了历史性成就，发生了历史性变革，对公务员队伍建设和公务员工作提出了许多新要求。党中央决定于2017年3月正式启动《公务员法》的修订工作。最终，《公务员法》经党的十三届全国人民代表大会常务委员会第六次和第七次会议修订后,于2019年6月1日开始施行。为更好落实党管干部原则,进一步强化党组织对国家公务员队伍的集中统一领导管理,逐步建立健全统一规范高效的国家公务员管理体制,2018年,中共中央印发了《深化党和国家机构改革方案》,决定将国家公务员局并入中央组织部。此后至今,中共中央组织部充分发挥公务员管理职能,以2019年中央办公厅印发的《关于贯彻实施公务员法建设高素质专业化公务员队伍的意见》开始,在公务员考核、录用、调任、转任、职位分类等方面出台了《公务员考核规定》《公务员回避规定》《公务员职务、职级与级别管理办法》《专业技术类公务员管理规定》《行政执法类公务员管理规定》等。随着公务员管理的配套制度陆续修订和发布实施,公务员管理制度体系逐渐得到优化完善。2019年3月中共中央印发修订后的《党政领导干部选拔任用工作条例》,2019年4月中共中央办公厅印发《党政领导干部考核工作条例》,2023年12月中共中央发布了修订后的《中国共产党纪律处分条例》,等等。

党的二十大报告中提出建设堪当民族复兴重任的高素质干部队伍。全面建设社会主义现代化国家,必须有一支政治过硬、适应新时代要求、具备领导现代化建设能力的干部队伍。坚持党管干部原则,坚持德才兼备、以德为先、五湖四海、任人唯贤,把新时代好干部标准落到实处。加强和改进公务员工作,优化机构编制资源配置。我国不断推进公共部门人力资源管理制度的科学化、民主化、制度化,建立了充满活力的公共部门人力资源管理制度,既符合我国的国情和发展需求,又符合政治发展的普遍规律。

三、新时代公共部门人力资源管理的理念

(一)管理理念更加人性化,注重人才培养

习近平总书记在党的二十大报告中对社会治理作出了系统鲜明的表述,社会治理作为国家治理的重要方面,树立"以人民为中心"的社会治理理念是新时代社会治理的最核心目标。公共部门人力资源管理理念的人性化同样体现在"以人为本"的管理思想上,即视人为"社会人"而非"经济人",将人力资源视为组织长期发展的重要资源和竞争优势,关注员工的自身发展需求,重视与员工建立良好的互动关系和相互激励机制。在公共部门倡导人性化管理,要求组织始终关注员工的实际需求,为员工提供良好的成长环境和发展机会,增加员工参与决策的自主权和参与度,由此看来,公共部门人力资源的人性化管理能够使员工自愿并全身心地投入提升自我效能中,是维持社会秩序、张扬社会活力、推动社会治理体系的现代化的有力举措。

(二)管理方式趋向于战略性发展

新征程上,习近平总书记一直强调"要善于进行战略思维,善于从战略上看问题、想问题"。在这一思想的指导下,公共部门对人力资源的管理不再是单一的行政辅助,而是越来越注重与组织制定的战略发展目标的契合度,侧重点从工作绩效最大化转为组织的战略贡献最大化,通过制定人才战略、培养领导力、优化人才结构等举措,来确保组织实现宏观战略目标,推动公共部门长期稳定成长。此外,公共资源具有有限性。进入新时代以来,多变的社会大环境要求公共部门转变固化的管理方式和管理思维,善于从组织全局思考并作出判断和决策,搭建人力资源管理与组织战略之间的动态联系,更加灵活地调整组织结构和人员配置,推动组织的变革与创新,增强公共部门工作的系统性和预见性,进而

实现公共资源分配的最优化。

（三）管理手段逐渐向数字化转型

人力资源管理数字化是指利用数字化技术和信息化手段，对人力资源管理各个环节进行改造和优化，以实现人力资源管理工作的智能化、便捷化和高效化。这包括但不限于招聘、培训、绩效管理、员工福利、人力资源规划等方面的数字化处理和管理。近年来，随着大数据、人工智能、云计算、区块链等技术加速创新，数字化逐渐渗透到经济社会发展的各个领域。习近平总书记强调，加快推进数字化转型，是"十四五"时期建设网络强国、数字中国的重要战略任务。一方面，公共部门人力资源的数字化转型是国家政策良好驱动的结果。"十四五"规划出台以来，国家先后出台了《关于推进新时代人力资源服务业高质量发展的实施意见》《"十四五"国家信息化规划》等政策，明确了公共部门在人力资源管理方面进行数字化转型的方向和途径。另一方面，多变的社会环境驱使公共部门工作模式发生变化，公共部门亟须搭建以"数字型人才"为核心的高效队伍。社会公众对公共产品和服务的持续性需求与公共资源自身匮乏性之间的矛盾，要求公共部门加快数字化转型，特别是建设一批能够精用数字化工具、技术对组织内外关键环节、核心要素实现数字化管理的"数字型人才"，推动组织系统的全面变革。

四、公共部门人力资源管理的价值取向

在公共部门的人力资源管理实践中，价值取向起着至关重要的作用。这些价值取向是组织成员共同追求公共利益实现的核心信念和行动指南。它们规范着公职人员的职业行为，确保他们在执行公务时始终秉持公平、公正、透明、高效以及以人为本等原则。公共部门为实现公共利益所遵循的一系列价值取向构成了公共部门人力资源管理的动态化价值体系。当然，在当前社会环境下，公共部门人力资源管理价值体系的构建受到多重因素的影响。它不仅要顺应新时代发展的特征，也要与公共部门本身的性质紧密相连，并且深深植根于其所承担的社会职能之中，这些要素相互作用、相互影响，共同构筑起一个复杂而又坚固的价值体系框架。需要注意的是，公共部门人力资源管理的价值取向不仅表现在对组织人员内部的约束和引导上，更为关键的是确保其能够在实际的公共服务工作中得到贯彻执行。这要求管理者在选拔、培训和考核过程中，把对外展示作为一个重要的考量因素，通过不断优化流程、提升服务质量和效率，来增强公众对组织人员工作成效的认可和信任。

（一）坚持公共利益至上的价值取向

公共利益是指公共部门及其公职人员在履行其职能和职务的过程中所产生的任何有益于人民和社会的、合法合理的、符合社会一般公众利益和共同价值观的行为。从这个意义上讲，公共利益是国家存在和发展的根本价值基础，它构成了国家存在和发展的"根基"。公共利益至上是指在公共管理过程中，公共部门要把维护公众利益作为其基本价值取向，把公众利益放在第一位，实现公众利益与政府利益、社会利益相协调。

1. 坚持公共利益高于组织利益

坚持公共利益高于公共部门组织利益，是因为在社会主义市场经济条件下，由于市场的开放性、竞争性和趋利性，企业组织的经济行为具有自利性，它们往往会追逐自身利润

的最大化。而公共部门的存在与运作是为了保障公共利益，其管理机构和管理人员均不能以追求本部门的利益为目的。

2. 坚持公共利益高于个人利益

公共利益在国家治理的宏大图景中占据了核心位置。它不仅是国家层面政策制定的基石，也是所有公职人员行为准则的基本遵循。在这个意义上，公共部门及其工作人员不只是权力的执行者，更是社会公共福祉的管理者。他们肩负着维护国家统一、社会和谐与政治安定的重大责任，对于推动社会进步、保障公民权益发挥着不可或缺的作用。

但是，公共利益与个人利益常常在复杂的现实生活中产生冲突。在这种情况下，公职人员应当坚定不移地将公共利益放在首位，个人利益必须无条件地服从于公共利益。换言之，任何时候都不能为了满足个人私欲而损害公共利益。这是一种对职业道德的坚守和对社会有责任感的体现。因此，公共部门在制定政策和法规时，要始终坚持以维护人民的公共利益为最高准则，尽量减少或避免在处理个人与个人之间、个人与社会之间的矛盾时对公共利益造成损害。

（二）坚持以人为本的价值取向

公共部门人力资源管理与传统人事管理的根本区别在于对待人的观点上，前者视人为组织重要的竞争优势和竞争资源。因此，坚持"以人为本"，最大限度地发挥人的主观能动性是公共部门人力资源管理的基本原则。"以人为本"是一种人性化的管理，体现了以人为中心、尊重人的价值、发展人的个性、激励人的潜能的现代管理理念和思想，它有利于激发公职人员的积极性和创造性，从而促进公共部门人力资源管理水平和公共部门整体素质的提高。

1. 对内以公职人员为本

公共部门的工作人员是人民群众的公仆，也是人民群众的"服务员"。公共部门通过服务社会来为社会提供公共产品和服务，在这个过程中，公职人员的服务意识和工作水平直接关系到公共部门的整体形象。因此，"以人为本"是树立"以人民为中心"的发展思想，实现人的全面发展、促进人的全面进步、深化公共部门内部改革的必然要求。

坚持以人为本，就是要发挥公共部门人才队伍中蕴藏着的巨大潜能和巨大创造力。这意味着公共部门人力资源管理要以满足公职人员的需求为出发点和落脚点，并在此基础上不断创新和完善管理策略。通过制定和实施一系列合理有效的激励措施、严格的考核评价体系以及公正的晋升渠道激发公职人员的工作热情和潜能，提升他们的职业素养和专业技能，确保公共部门在面对复杂多变的公共事务时，更好地服务于公众，实现社会的和谐稳定与可持续发展。

2. 对外以服务对象为本

公共部门在制定政策或制度的过程中把服务对象放在首位，即以民为本，是由公共部门的根本目的决定的。公共部门的根本目标在于为公众提供服务，保障公共利益。只有将服务对象的需求和权益放在首位，才能切实地针对需求制定政策、规划项目和配置资源，提升自身的服务效能。以民为本要求公共部门应坚定地优先考虑并满足民众的需求，建立健全的投诉处理机制以及时处理服务对象的投诉和意见，通过探索多元化供给方式，来优化公共服务的质量，不断提高服务对象的满意度和信任度。

（三）坚持公平与公正的价值取向

维护社会公平正义是公共部门的重要责任，在人力资源管理活动中，公共部门要做到公平无偏私，追求公平与正义价值。

1. 人力资源管理流程公正

人力资源管理流程公正是指公共部门在进行人员招聘与录用、员工培训与发展、绩效管理和激励等一系列管理活动时确保员工受到公平对待，避免因特定背景或其他不当因素而造成不公平现象。不公正的人力资源管理流程可能导致员工流失和法律诉讼风险增加。员工如果感到自己受到不公平对待，可能会选择离职或者提起法律诉讼，这会对公共部门的稳定及其公信力的强化造成负面影响。当然，实现公共部门人力资源管理流程的公正，必须建立在法律公正的基础上，没有法律的公正，也就谈不上执法公正与守法公正。

2. 服务过程公正

公正是建立在公开的基础之上的，公正需要在公众能看到或能感知到的情况下实现。为确保服务过程公正、公平、透明，首先，在公共部门人力资源管理工作中，需要建立公开透明的服务机制，让服务对象了解服务流程、权利和义务，并能够监督公共部门的服务行为；其次，及时公开相关信息，接受服务对象的监督和评价，通过有效的监督和投诉机制及时接收公众意见；最后，鼓励公众参与政策制定和决策过程。公共部门可以组织公众论坛、公民咨询委员会等形式，邀请公众就重要政策和项目提出意见和建议。

第三节　公共部门人力资源管理的基本职能和任务

一、公共部门人力资源管理的基本职能

公共部门人力资源管理是一个有机系统，在这个系统中涵盖了公共部门"选人""用人""育人""留人"的一系列管理活动。按照人力资源管理的流程，可将公共部门人力资源管理的基本职能划分为"入口"管理、在职管理和"出口"管理。公共部门人员的招聘活动属于"入口"管理，其中主要包括人力资源规划与甄选、工作分析、员工任用与选拔等；经过招聘工作之后，被录用和选拔的公职人员进入公共部门的在职人员管理环节。在职管理主要包括人员培训与开发、绩效管理、薪酬设计与管理、员工关系管理、福利管理、员工沟通与参与、职业规划与晋升纪律管理和权益保障等。公共部门人员的"出口"管理的对象主要是离开或退出公共部门的人员，一般管理活动有人员辞职、辞退、退休等。

公共部门人力资源管理的基本职能可概括为如下九个方面。

（一）组织设计

组织设计是公共部门人力资源管理的基础工作，是指根据公共部门的战略目标和业务需求，对组织的结构、职责、权限、流程等进行合理规划和设计的过程。它旨在建立一个适应环境变化、高效运作、协调配合的组织架构，以支持公共部门实现其使命和目标。优化的组织结构和流程设计可以明确各部门和岗位之间的职责和权限，降低或避免资源浪费

和重复劳动，从而达到促进组织内部的协作配合、保证公共服务的质量的效果。

（二）人力资源规划和工作分析

公共部门人力资源规划是指在公共部门内部，根据组织的战略目标和需求，通过系统性的方法和程序，对人力资源的需求、供给、分配和利用进行预测、分析和规划的过程。这项规划旨在确保公共部门拥有足够数量和合适质量的人力资源，以支持组织的使命和目标，同时满足公共服务的需求，并且在资源利用方面具有高效性和效益性。工作分析则是对组织内部各项工作任务、职责和要求进行系统性的分析和评估并形成工作说明书的过程，一般包含任务分解、技能要求、知识要求、工作条件等基础研究。通过工作分析，公共部门可以更好地了解每个工作岗位的特点和要求，为后期部门的绩效评估和薪酬管理等活动奠定良好的基础。

（三）人员招聘、甄选和录用

公共部门需要通过科学的甄选程序和方法，来选拔、录用合格的人员以填补现有的或新产生的职位空缺，满足组织内部的人力资源需求。在人员招聘工作中，人员甄选是公共部门获得合格员工的关键环节，决定了后期组织的运行效率和人员流动率。招聘流程结束后，公共部门需要跟踪和评估新员工的表现和适应情况，以及招聘流程的效果，以便不断改进和优化招聘策略和流程。

（四）人员培训与开发

公共部门人员培训与开发是公共机构为提高员工能力水平、适应工作变化和组织发展需求而采取一系列计划、活动和措施的过程。这些计划和活动旨在提升员工的专业技能、知识水平、工作效率和绩效，以及促进员工的职业发展和个人成长。人员培训与开发涵盖各种形式的学习和发展机会，包括课堂培训、工作坊、在线学习、导师制度、职业发展规划等，以满足员工不同的学习需求和发展目标。人员培训与开发是公共部门实现可持续发展的必要保证。在现代人力资源管理中，人员培训与开发的重要作用逐渐显现。

（五）绩效管理

员工绩效是公共部门绩效得以累积的基础，也是公共部门改进组织绩效的基本关注点。没有员工的高绩效，就不会有公共组织的高绩效。在新公共管理理论思潮的渗透下，越来越多的公共部门采用基于结果的绩效契约和激励机制，通过建立明确的目标和绩效指标，并与员工签订绩效合同，根据绩效表现给予相应的奖励或惩罚，以激励员工为实现目标而努力工作。绩效管理通过将员工绩效达成过程与组织阶段性目标实现、将员工的成长和发展与组织的发展壮大有机结合起来，帮助员工改善能力和提高绩效。

（六）薪酬设计与管理

员工为组织工作的根本目的在于获取自身生存、生活和发展所需要的报酬，而薪酬设计与管理是为了建立一个公平、合理、有激励性和竞争力的薪酬体系，以吸引、激励和留住优秀的人才，完成组织的使命和目标。这一过程涵盖薪酬水平的确定、绩效考核与奖励、福利待遇、薪酬激励机制、薪酬公平与透明度等方面。

（七）福利管理

公职人员的福利指的是公共部门为提高公职人员的生活质量而为其提供的各种形式的

福利待遇和保障。公共部门福利管理则是指公共部门组织内部对员工福利待遇的规划、制定、实施和监督的过程。这一过程涵盖各种形式的福利待遇，包括但不限于健康保险、退休福利、带薪假期、员工培训与发展、工作灵活性等。公共部门需要竞争优秀人才，而良好的福利待遇是吸引和留住人才的重要因素之一。

（八）人事关系管理

为了确保公共部门与员工之间的劳资关系的和谐稳定，提高员工的工作满意度和组织的绩效，公共部门内部需要对员工与组织之间的各种关系进行有效管理，这些关系包括员工与管理层之间的关系、员工与员工之间的关系，以及员工与工会或员工代表组织之间的关系等。建立健全一个良好的人事关系管理体系是公共部门应该履行的基本职能。

（九）纪律管理和保障管理

公共部门内部的秩序井然，员工严格遵守相关规章制度和工作纪律，是组织正常运转的基础条件，但员工质量参差不齐的现象在公共部门不可避免，公共部门的纪律管理职能是为了以强制性的工作纪律对员工进行行为规范。当然，在纪律管理过程中，公共部门需要确保处分措施的公平公正，应遵循程序规定，听取被处分员工的申辩意见，保障其合法权益，防止滥用权力和人为歧视。

随着全球性人才竞争的加剧，公共部门人力资源保障管理成为公共部门长期发展的必然选择。保障管理的侧重点是为工作人员提供全面、有效的支持，以确保他们能够有效地履行职责、提高工作绩效、实现个人职业发展，并促进公共部门整体目标的实现。这一管理范围通常包括招聘与选拔、培训与发展、绩效管理、薪酬福利管理、人才激励与留存等方面的工作。在公共部门中，人力资源的保障管理还应当符合法律法规、政策指导和职业伦理要求，以确保公共资源的有效利用、公平公正的人事决策和行政服务的高效实施。

二、公共部门人力资源管理的任务

公共部门人力资源管理的任务并非一成不变，它随着时间和组织战略的演变而不断调整。在特定时期内，它需要紧密围绕组织的长远目标和当前的战略规划来执行一系列具体任务。这些任务包括但不限于员工招聘与配置、绩效评估与激励机制设计、培训与发展计划的制订以及组织文化的塑造等，每一个环节都是为了确保组织能够有效地达成其长期目标并保持竞争力。基于此，公共部门的中心任务可以通过建立制度体系、择人、用人、育人、留人的过程来体现。

（一）建立制度体系

构建一个既能吸引外部优秀人才，又能留住已有高质量人才并促进员工成长和组织发展的机制和制度体系，是公共部门长期运行的体制基础，也是内部人员规范行为、开展其他活动的体制保障。在构建一个全面有效的制度体系过程中，人力资源管理部门必须以前瞻性的视角和全局性的思维来审视每一个决策，并制定既符合当代公共部门人力资源管理的核心理念、价值观和原则，又能够适应不断变化的环境和需求的政策与制度。这些政策和制度不仅要促进员工发展，提升工作效率，还要确保组织目标的实现，并在这个过程中体现对社会责任和公众利益的重视。同时需要注意的是，这些政策和制度之间不能是机械相加或简单堆积的关系，而是按照有序、协调原则构成的科学结构，是可以有效推进人力资源管理系统化、规范化，提升整体管理效能的结构。

（二）择人

择人的过程即是公共部门人力资源规划、人才招聘、人才开发的管理过程。首先，人力资源管理部门需要坚持"因事择人、人随事转"的意识，始终将组织事业发展放在首位，并认识到人才是事业成功的关键因素。在招聘和选拔过程中，要紧紧围绕具体岗位的特点和专业需求来进行，对职位空缺进行深入细致的分析。这不仅包括对职位所需技能、知识以及工作经验的评估，还涉及对个人特质、职业操守，以及与岗位契合度的全面考量。其次，人力资源管理部门必须制定明确且合理的选人标准和条件清单，确保每一项标准都能准确反映岗位的实际需要，以实现人才的精准匹配和高效利用。通过这种方法，公共部门能够吸引并保留那些真正适合其事业发展的优秀人才，为公众提供更加优质的服务。最后，构建一个涵盖多维度的任职资格标准体系是人员招聘的必要工作，这一体系需要深入考虑候选人的专业知识水平、技术能力、职业道德，以及个人修养和价值观。对这些因素进行公平公正评估，可以有效地识别出真正具备领导潜力的核心人才，确保他们能够为组织带来长远的价值。这样的人才筛选过程不仅有助于提升招聘的质量，也是对组织文化和核心价值的坚守，从而保证公共服务的高标准和高质量。

（三）育人

育人不是面子工程，而是一项长期系统的任务，需要善抓落实、务求实效。这要求人力资源管理部门作为连接组织与员工的关键一环，应当深入了解各个岗位的具体需求及公职人员个人的发展需要，综合评估考量公职人员的实际工作成效、履职经历、专业技能的水平及个人职业发展潜力，从而制订出既符合岗位需求又有助于个人发展的针对性培训计划和职业规划。另外，注重强化公职人员的实践磨炼。人力资源管理部门必须深化对公职人员实际工作能力和专业素养的评估机制，通过具体的任务完成情况、成效成果以及所展现出的专业技能来综合评定其个人素质。在此基础上，结合日常表现和绩效反馈，持续跟踪并优化人才管理策略，确保选拔和任用真正具备高标准职业素养和实干精神的人才。这样不仅可以提高部门工作效率和服务质量，还能实现员工的自身价值。

（四）用人

用人的过程也是公共部门对人力资源进行配置的过程，即为实现组织使命和目标，对可用的人力资源进行合理安排和有效利用，确保他们最大限度地发挥个人潜力和价值。在当前多变的经济和社会环境下，为了确保人力资源得到合理配置，人力资源管理部门必须采取创新举措，通过设计多样化的激励手段来激发员工的潜力和动力。这不仅涉及物质奖励，更重要的是建立一种利益共同体关系，使那些具备杰出能力和专业知识的人才能够与组织紧密相连，成为相互依存、共同发展的伙伴。只有当这些人才能够看到他们的工作与成就对整个组织的长远目标产生积极影响时，才能真正实现他们的价值。因此，人力资源管理部门应该不断探索新的激励策略，如提供职业发展机会、赋予挑战性的任务及营造积极向上的组织文化，从而促使优秀人才全身心投入实现组织目标的过程中，切实把人才优势转化为高质量发展的动力。在公共部门管理过程中，每一次用人决策都不仅仅是简单地招聘或解聘某个职位的员工，而是涉及对整个组织人力资源配置的深思熟虑。这个过程需要综合考虑各种因素和利益相关方的需求，以确保资源得到合理且有效的分配，从而达到提升公共服务质量和效率的目的。

（五）留人

在全球经济结构的深刻变革中，尤其是在数字化转型的浪潮之下，大数据、人工智能等先进数字技术正逐步深入公共部门管理的各个层面。这些技术正在成为推动公共服务创新、提升管理效率和透明度的关键力量。然而，技术革新也带来了一个严峻的挑战，即对具备相应技能的技术人才需求的激增与供应之间出现了巨大缺口。这种人才短缺不仅影响公共部门的日常运作，还可能会延缓或阻碍其适应数字化时代的步伐。因此，留住优秀人才是公共部门人力资源管理的重要任务之一，是确保公共部门能够有效利用新技术，满足公众日益增长的期望的重要举措。公共部门在留住人才的过程中，需要对员工深层次的需求进行细致而深入的分析。这包括了解他们的职业发展期望、生活质量追求，以及对个人成长与满足感的渴望等多个层面。为了实现这些需求，部门应制定并执行一系列有效的制度安排和具体措施。这些举措可能涉及提供竞争性薪酬待遇、优化工作环境、增强团队合作精神、提供职业培训机会、促进良好的沟通交流以及营造积极健康的企业文化等方面。

本章小结

明确公共部门、公共部门人力资源管理等基本概念的内涵，是学习公共部门人力资源管理课程的基础。公共部门是指被赋予公共权力，以增进社会公共利益为目的，以公共管理为手段，为社会提供公共产品或公共服务的各种组织和机构。其外延包括政府组织、事业单位、公共企业和民间组织。而公共部门人力资源管理是指公共组织通过制定和实施相关策略、程序和实践，有效地管理和发展组织内的人力资源，以支持公共服务的提供和公共政策的实施，同时促进公共部门的绩效提升和社会价值实现的一系列管理活动和实践。现代公共部门人力资源管理使传统以"事"为中心，强调作为成本的员工被动地适应工作职位的人事行政管理模式，转变为作为资源的员工不断进取去提升组织绩效的人力资源管理制度。我国的公共部门人力资源管理应坚持公共利益至上、以人为本、公平与正义等基本的社会价值取向。公务员制度的形成和修订是适应时代发展的结果。按照人力资源管理的流程可将公共部门人力资源管理的职能分为"入口"管理、在职管理和"出口"管理三方面，公共部门人力资源管理的任务能够通过建立制度体系、择人、育人、用人和留人的过程来体现。

核心概念和知识点

公共部门；公共部门人力资源管理；公共部门战略人力资源管理；公务员；公务员制度；公共部门人力资源管理价值体系。

课后习题

1. 与私人部门比较，公共部门有哪些不同？
2. 公共部门人力资源管理的特征有哪些？
3. 简述公共部门人力资源管理的发展演变历程。
4. 公共部门人力资源管理的基本职能有哪些？
5. 公共部门人力资源管理的主要任务有哪些？

本章案例研究

济南L区行政审批服务局人力资源管理外包

济南，作为山东省会城市，常住人口数量大，截至2020年11月1日，常住人口达到920.24万人，其中L区人口数量达81.91万人，占比达8.9%。2018年12月14日，为积极响应山东省、济南市机构改革，提高政务服务水平，根据深化"一次办好"改革精神，明确改革方案，L区成立济南市L区行政审批服务局，主要负责职责范围内的行政许可事项办理，对进驻政务服务大厅的各部门审批服务工作及人员进行指导、监督和管理，提供相关政务服务和便民服务等。如今，L区行政审批服务局在职在编人员数量共计63人，其中事业编制人员为39人、行政编制人员为24人。但是，新成立的L区行政审批服务局面临着行政效能低下、公职人员专业性不足、在编人员基数小等多方面的挑战。因此，L区行政审批服务局积极学习借鉴外地公共部门的管理经验，决定实行人力资源管理外包，借助第三方外包商的专业化力量，完成繁杂的工作，提高政府的办事效率，不断提升政府的服务效能。

为了达到节约成本、实现公共利益的目的，L区行政审批服务局实施人力资源管理外包，具有详细的实施步骤和周密的实施计划。

第一，作出外包决策。L区行政审批服务局根据人员力量不足、岗位专业性不同等内部动因及外部环境，在多方面因素的共同作用下，作出采取人力资源管理外包的决策。

第二，明确外包需求。L区行政审批服务局根据单位的实际状况，明确人力资源管理外包的需求，包括外包的内容、外包的模式、外包的岗位、外包的预算等。按照人力资源管理外包的基本需求，对单位的人力资源管理状况进行评估，界定哪些适合外包，以及涉及政府核心安全性问题的内容不能外包。

第三，起草外包计划书。根据外包需求，审批服务科拟定完整的人力资源管理外包方案。外包计划书主要涵盖背景说明、基本要求、对于外包提供商的要求、沟通渠道、约束条款等方面。通过起草准确、清晰的外包计划书，更加明确L区行政审批服务局想要的人力资源管理外包商的类型，对于下一步选择优质的人力资源管理外包商具有重要作用。

第四，选择合适的外包提供商。L区行政审批服务局根据单位性质和外包需求，考虑人力资源管理外包商的服务质量和其在外包市场的信誉，以及人力资源管理外包的预算及外包支出，利用公开招投标的方式选择合适的人力资源管理外包商，负责行政审批服务局不同的工作。

第五，确定外包的方式。由济南市 L 区行政审批服务局审批服务科统一管理人力资源管理外包商，在签订的外包合同中明确约定违约条款及外包模式。

目前，L 区行政审批服务局主要采取部分职能外包、劳务派遣相交叉的外包模式。一是将单位热线咨询电话、帮代办咨询、综合受理窗口、预审岗位等分别进行外包，由外包服务商即派遣单位负责外包人员的招聘培训、工资福利、人力资源管理、劳动纠纷等，行政审批服务局即用人单位向人力资源管理外包商支付合同约定的费用，从而享受到外包服务带来的便利，发挥人尽其才、理顺劳动关系的作用。二是不同于其他劳务派遣模式，L 区行政审批服务局的人力资源管理外包存在部分职能外包的情况，由人力资源管理外包商招聘并统一与外包商签订合同的外包人员，由外包商统一进行管理、协调、监督，做好与行政审批服务局的沟通。三是济南市 L 区行政审批服务局通过将招聘、培训职能进行外包，利用外部的优势资源，采取更加专业化的力量进行科学管理，从而使人事管理制度和模式更加成熟。

自 L 区行政审批服务局实行人力资源管理外包以来，经过两年多的适应，服务水平大大提高，具体改革成效表现为以下几个方面。

（1）L 区行政审批服务局借助 3 家不同外包商提供的优质人力资源管理外包服务，利用每家外包商的人力资源管理优势资源和专业化服务，推动实现 L 区行政审批服务局政务大厅原有的 17 个部门（单位）窗口整合工作，使 L 区行政审批服务局的政务服务按单个事项或部门受理成功向"前台一窗受理、后台分类转办、窗口统一出件"的集成服务模式转变。

（2）通过实行人力资源管理外包，由审批服务科统一管理人力资源管理外包商，将外包人员的招聘、培训、绩效考核、薪酬福利等人力资源管理统归外包商，外包商协助完成非核心工作，缓解了 L 区行政审批服务局人力资源管理部门的人力资源管理压力，使其有更多的时间在战略性思考、业务钻研、工作创新等方面下功夫。

（3）L 区行政审批服务局通过在合同中注明具体条款进行保障约束，与人力资源管理外包实现风险共担，特别是在实现人力资源管理外包过程中，如外包人员严重违反工作纪律，甚至出现信息泄密、工作能力难以适应岗位需求等问题，可以通过人力资源管理外包商进行人员的解聘、后续补录、处理劳资纠纷、新晋人员培训与管理等，从而降低用工过程中的意外风险、法律风险、政策风险。

案例来源：张继匀．济南市 L 区行政审批服务局人力资源管理外包问题研究［D］．青岛：山东大学，2022．

思考与探讨

1. 济南 L 区行政审批服务局人力资源管理外包的主要内容是什么？
2. L 区行政审批服务局人力资源管理外包的实行效果如何？具体表现在哪些方面？
3. 该案例对我国公共部门人力资源变革有什么启示？

第二章 公共部门的组织结构与人力资源分类管理

引导案例

楼事楼办 楼事楼议 楼事楼管！石景山区全面推行"三驾马车"新模式

近年来，随着经济社会的发展，石景山区原有单一楼宇工作站服务模式在深入实施党建引领楼宇治理和助力楼宇经济增长中逐渐暴露出党建阵地建设不足、资源整合不充分、治理权责不清晰、服务楼宇企业不到位等诸多问题。自2022年下半年以来，石景山区委坚持问题导向，由区委组织部牵头，深入楼宇一线开展了为期4个多月的调查研究，充分借鉴社区治理成功经验和运行模式，将楼宇视为"立起来的社区"，对全区278座楼宇根据楼宇产权、楼宇地域等进行了科学划分，推行楼宇党组织、楼宇委员会、楼宇工作站"三驾马车"并行的楼宇治理新模式，着力建强楼宇党组织、理顺楼宇治理权责、提升服务楼宇能力。

一方面，组建由楼宇党组织负责人、物业企业代表、产权单位代表等组成的楼宇委员会，积极融合楼宇企业、物业、产权单位和政府部门等多重力量积极参与楼宇治理。实行事情共商、难题共解、资源共享的工作机制，采取"一楼一事一议"，开设楼宇论坛、微信群进行"微议事""微协商"，着力推动"未诉先办"。实施"楼宇吹哨、部门报到"工作机制，随时召开议事会、协调会及时回应诉求。楼宇委员会组建运行以来，全区各楼宇共梳理形成需求清单517个，整合资源清单330个，月均诉求量下降幅度接近50%。

另一方面，调整原来楼宇工作站设置和运行模式，做实楼宇工作站。在重点商圈、楼宇集中区域建设中心工作站，在其他楼宇建设普通工作站，工作站在楼宇党组织领导下开展工作，定期开展走访楼宇企业，动态掌握楼宇情况；组织开展各类专项服务活动，具体处理"接诉即办"诉求问题，配合楼宇委员会做好楼宇治理综合事务。仅2023年上半年，各楼宇工作站组织政策宣讲、法律咨询、招聘会等活动600余次，受众人群有2万余人；楼宇经济良性增长，3.1万家楼宇入驻企业，实现总税收约151.56亿元，实现区级税收约37.05亿元，同比增长约20%，带动石景山区生产总值增速在北京市中心城区排名第一。

案例来源：北京市石景山区人民政府门户网站

本章学习目标

1. 掌握公共部门组织结构的主要类型
2. 掌握公共部门编制管理的内容
3. 掌握公共部门职位管理与人力资源分类管理的内容

本章重点问题

1. 公共部门现代组织结构
2. 公共部门编制管理的内容
3. 公共部门的职位分类和品位分类

本章思维导图

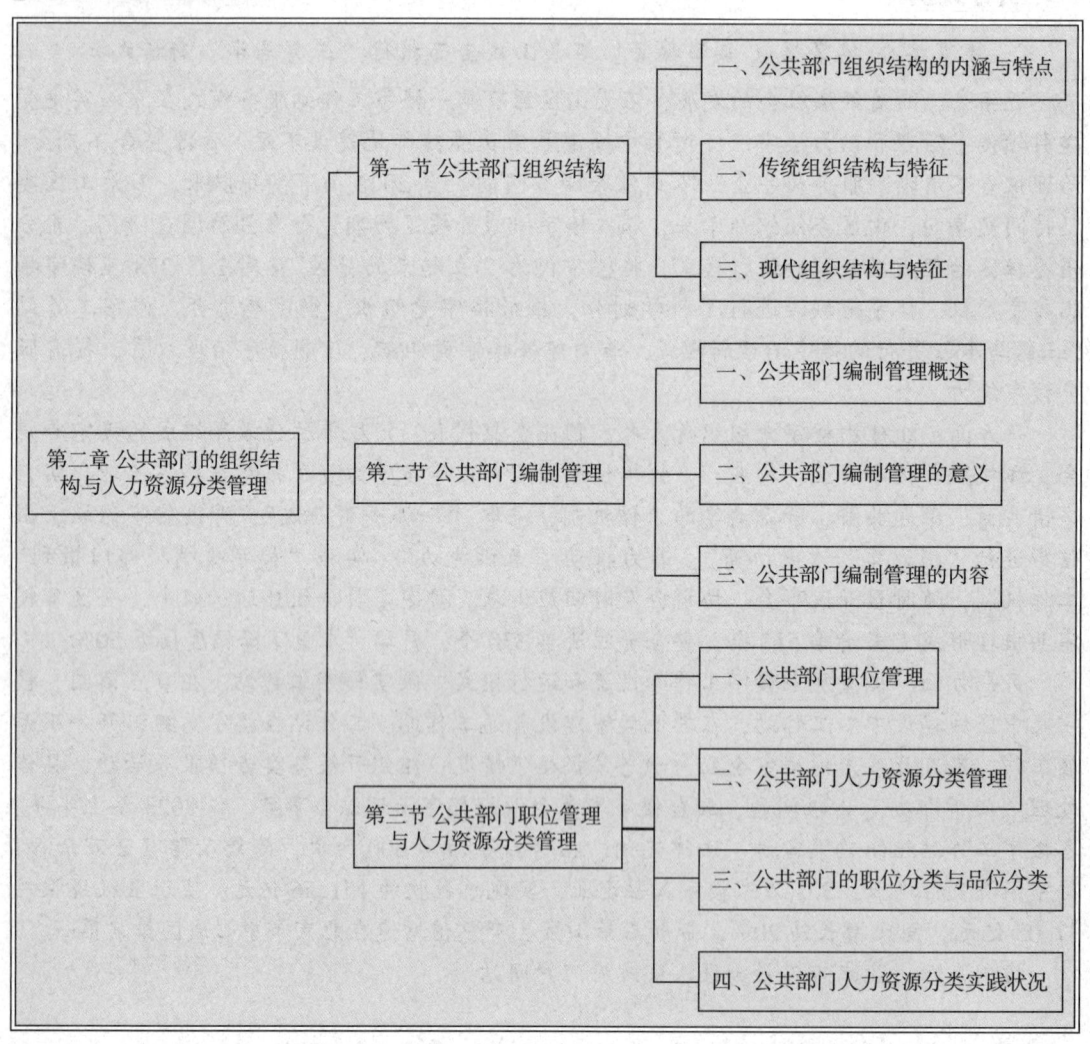

第二章 公共部门的组织结构与人力资源分类管理

- 第一节 公共部门组织结构
  - 一、公共部门组织结构的内涵与特点
  - 二、传统组织结构与特征
  - 三、现代组织结构与特征
- 第二节 公共部门编制管理
  - 一、公共部门编制管理概述
  - 二、公共部门编制管理的意义
  - 三、公共部门编制管理的内容
- 第三节 公共部门职位管理与人力资源分类管理
  - 一、公共部门职位管理
  - 二、公共部门人力资源分类管理
  - 三、公共部门的职位分类与品位分类
  - 四、公共部门人力资源分类实践状况

第一节　公共部门组织结构

一、公共部门组织结构的内涵与特点

（一）公共部门组织结构的内涵

组织结构是对组织内部各种要素的排列，它是构成组织的各要素之间关系的总和。公共部门的组织结构主要包括层次、部门、职务、职权以及人力资源编制等要素，它描述了公共部门内部的层级关系、职责分工、权力分配和信息流动等方面的布局和设计。公共部门的组织设计应当符合公共服务的需要，保障公共资源的合理配置和利用，促进政府决策的科学、高效执行。

（二）公共部门组织结构的特点

与私人组织相比，公共部门的组织结构具有以下特点。

（1）层级分明。公共部门组织结构通常呈现出明确的层级关系，即在公共部门组织结构中，存在着若干层次，它们相互间既有上下级关系，又有同级关系。每一个层级都有特定的任务和职权范围，只需要对上级负责。层级分明并非马克斯·韦伯（Max Weber）所说的"官僚体制"，正式化的层级关系使组织内的各个部门能够明确自己的职责范围和权力范围，有效地防止因人力资源变动而引起的工作秩序混乱。

（2）职权性。公共部门组织中的各职位不仅规定着公共部门组织内部的职责分工，也规定着公共部门组织内部的职权配置，这就决定了公共部门组织结构必须遵循职权性原则。具体来说，公共部门组织中的职位要划分为不同的工作层次，各工作层次按其工作职能和职位要求，分别设立相应的管理层次和管理岗位，并按照职权和责任将相应的职责分配到不同工作层次的管理人力资源或其他人力资源；同时，职位要体现出职务的等级关系和职位等级关系，并按职务等级、职务序列来设置职位，使职位具有明确的职责权限。

（3）协调性。协调是指一个组织系统中的各个组成部分之间的相互关系。在公共部门组织中，每个部分之间都存在各种复杂的相互联系和相互制约关系。如国家权力机关和行政机关之间，国家权力机关是最高行政机关，国家行政机关是国家权力机关的执行机关，它们都是在各自职权范围内独立行使职权，相互协调、相互制约，而不是相互隶属。只有正确处理好各部分之间的关系，才能使组织系统协调运转，提高组织效能。因此，公共部门组织结构必须协调好各部分之间的关系，确保各部门之间信息的畅通流动，避免信息孤岛和工作重复。

> **专栏 2-1**
>
> **马克斯·韦伯的科层管理理论**
>
> 马克斯·韦伯提出了著名的科层管理理论。该理论主要围绕理性化、官僚化和分工等概念展开，其特点有如下几个。

(1) 理性化的组织结构。韦伯认为,科层管理的组织结构是以理性化为基础的,其目的是有效地实现组织的目标。这种理性化的组织结构通过明确的层级关系、分工和职责分配来实现组织内部的有序管理。

(2) 严密的层级结构。科层管理理论强调了组织内部的严密层级结构,即明确的上下级关系和权力分配。在这种结构下,每个成员都有明确的职责和权限,上级负责指导和控制下属的工作,从而实现组织内部的协调和效率。

(3) 官僚化的特征。韦伯将科层管理理论描述为一种典型的官僚制度。官僚制度具有明确的等级结构、严格的规则和程序、专业化的分工、事务的正规化等特征,这些特征在科层管理中得到了体现。

(4) 权威的合法性。韦伯认为,科层管理的权威是建立在合法性的基础上的,即依靠法定的权力和规则来行使权威。合法性可能有三种重要的来源,分别是传统合法性、法理合法性和超凡合法性,但在科层管理中,权威通常通过合法的规章制度来确立和行使。

(5) 规则的制约和指导。科层管理理论强调了规则的重要性,规则对组织内部的行为进行了制约和指导。这些规则可以是明确的法定规定,也可以是组织内部制定的规章制度,它们帮助组织实现了秩序、稳定和效率。

(6) 职权的分工和专业化。在科层管理中,韦伯强调了职权的分工和专业化,即将不同的职能和任务分配给专业化的部门和个人来执行。

二、传统组织结构与特征

传统组织结构中,具有代表性的有直线式组织结构、职能式组织结构、直线职能式组织结构三类。

(一) 直线式组织结构

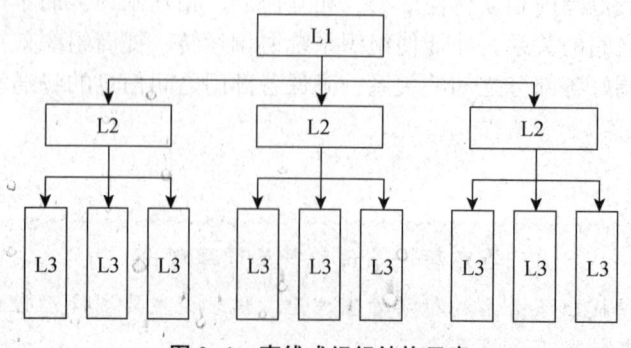

1. 直线式组织结构的内涵

直线式组织结构是最简单、最基本的组织结构形式,也被称为单一指挥链结构或等级制结构。在直线式组织结构中,权力和责任沿着一条明确的垂直线性链传递,从高层管理者逐级向下,直至基层员工,且每个员工只接收来自其直接上级的指示和命令。直线式组织结构示意如图2-1所示。

图2-1 直线式组织结构示意

2. 直线式组织结构的优缺点

这种组织结构的优点在于能简化指挥系统，明确职责权限；有利于合理分工，集中更多的精力研究和处理关键性问题，提高管理效率。但由于权力高度集中，也存在不少缺点：一是容易导致各部门间的冲突，使上下级间缺乏必要的沟通，造成信息传递滞后；二是组织内没有专业化分工，导致管理层级上的每一位管理者不仅要负责日常事务，还要应对突发事件和跨部门协调，导致组织内的工作压力过大，团队执行力受限；三是领导往往拥有过多的决策权和自由裁量权，他们可以随意决定事情的方向和细节，这就容易产生独断专行和长官意识，进而可能削弱下层员工的工作积极性和工作热情。因此，直线式组织结构适用于小型组织或刚起步的新组织，因为在这些组织中，管理层次相对较少，决策和指挥的简单性更容易实现。

（二）职能式组织结构

1. 职能式组织结构的内涵

职能式组织结构又称法约尔模型，是一种以功能或职能为基础进行组织的结构形式。在这种结构中，组织根据不同的职能或功能将人力资源分组，每个组负责特定的职能或工作领域。此结构以专业分工为基础，把管理工作划分为不同的职能部门，由专职人力资源来负责本部门内的业务工作，从而形成了一个上下贯通、横向联系的指挥系统。职能部门既是管理者又是被管理者，它既有指挥权又有使用权。职能式组织结构示意如图 2-2 所示。

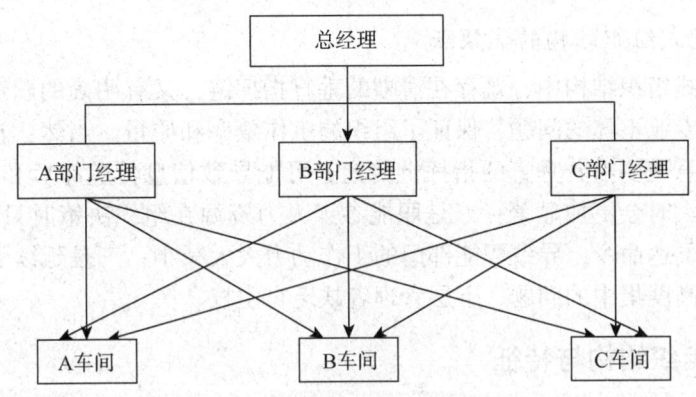

图 2-2 职能式组织结构示意

2. 职能式组织结构的优缺点

职能式组织结构的优点包括：同一职能部门的成员通常具有相似的专业背景和技能，有利于知识的共享和交流，提高了组织的创新能力和竞争力；各个职能部门专注于特定的功能领域，可以实现资源的集中配置和有效利用，有利于降低成本和浪费。但是由于增加了职能部门，新的缺点也随之而来：一是各个职能部门首先考虑本部门利益，极易出现利益冲突或权力斗争，导致组织内部的协调和合作困难；二是职能部门之间存在相对独立的管理和决策层级，导致决策过程缓慢，影响组织的灵活性和决策速度；三是职能式组织结构倾向于强调规则、程序和层级，容易导致组织变得僵化，难以适应外部环境的变化和挑战。因此，职能式结构更适用于规模不大的中小型企业和组织机构简单、职权清楚、管理比较简单的单位。

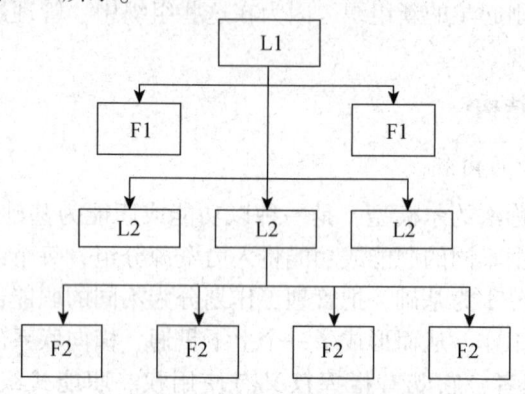

(三) 直线职能式组织结构

1. 直线职能式组织结构的内涵

直线职能式组织结构是一种将直线式组织结构和职能式组织结构相结合的管理模式。在这种组织结构中，组织沿着明确的垂直线性链进行指挥和管理（直线式组织结构特点），同时各个部门按照职能或功能进行划分和组织（职能式组织结构特点）。这种结合使组织既具有清晰的指挥链和层级关系，又能够实现不同职能部门的专业化管理和协作。直线职能式组织结构示意如图2-3所示。

图2-3　直线职能式组织结构示意

2. 直线职能式组织结构的优缺点

在直线职能式组织结构中，既存在清晰的垂直指挥链，又有明确的职责分工，同时避免了责任模糊和专业不佳的问题，保证了组织的工作效率和质量。当然，它也存在一些缺点：一是由于信息需要沿着垂直的指挥链传递，可能导致信息传递滞后和决策效率低下，特别是在组织较大时会更加显著；二是职能参谋人力资源在组织决策时只充当顾问角色，并没有实际权力下达命令，导致职能部门的工作动力大大减小；三是延续了直线式结构的不足，存在权力高度集中的问题，下层管理者缺乏自主权。

三、现代组织结构与特征

面对全球化浪潮和数字革命的双重挑战，传统的公共部门组织结构已显得力不从心。随着内外部环境的迅速变化，我们所处的世界正经历着前所未有的变革。这些变化不仅仅是技术层面的革新，更涉及治理方式、工作流程乃至组织文化的重塑。为了更加敏捷地响应社会需求，解决层出不穷的问题，提升组织的整体效率，迫切需要一种新的公共部门组织结构，以便有效地整合资源、优化决策过程并确保执行力。

典型的现代组织结构有超事业部型组织结构、矩阵型组织结构、流程型组织结构、跨职能团队等。

(一) 超事业部型组织结构

1. 超事业部型组织结构的内涵

在公共部门中，超事业部型组织结构通常被称为部门型组织结构。这种结构将公共部门按照不同的职能、服务对象或业务范围划分为独立的部门，每个部门都有自己的管理层级和职能，独立负责相关的公共服务和管理工作。整个组织可能由中央政府、地方政府或其他主管机构提供支持和指导。

超事业部型组织结构是一种更为复杂和分层的组织形式，其将事业部型组织结构进一步扩展和深化。在超事业部型组织结构中，组织不仅按照业务范围或服务领域划分为独立的事业部门，还会在事业部之上建立更高层次的管理机构，以便更好地协调和管理各个事业部门之间的关系。

在超事业部型组织结构中，不同事业部门之间的协作更加密切，各个部门之间可能会建立跨部门的协作机制和沟通渠道，以应对复杂的业务需求。因此，此结构通常适用于大型企业或跨国公司，特别是在业务范围广、地域分布广、业务复杂多样的情况下。这种结构能够更好地实现组织内部各部门之间的协作与协调，提高整体运营效率和绩效。超事业部型组织结构示意如图2-4所示。

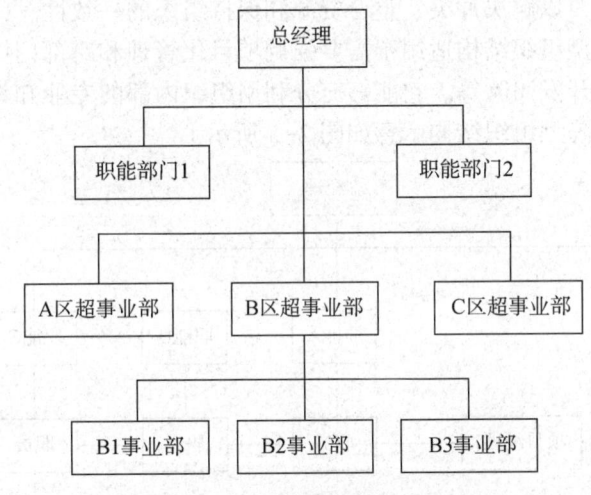

图2-4 超事业部型组织结构示意

2. 超事业部型组织结构的优缺点

超事业部型组织结构的优点：一是易于形成合力。集中多个事业部的力量能够加快项目开发和推进。二是增强了组织的灵活性和适应性。超事业部的主要功能是协调各事业部的生产经营活动方向，每个事业部都拥有自己的管理层和决策权，能够更快地适应市场变化和竞争压力。三是有利于培养高级管理者。超事业部制结构能够让组织领导从繁重的日常事务中解脱出来，将主要时间和精力集中在组织重大战略性决策上，有利于为领导层培养出色的接班人。四是有独立的财务系统，便于管理。每个事业部都有自己的财务系统，管理层能够更好地掌握每个事业部的财务情况，并对其进行有效的管理。五是管理效率高。通过将组织划分为多个独立的事业部，管理层可以更好地分工和管理。

超事业部型组织结构的缺点：一是管理成本高。由于每个事业部都有自己的管理层和财务系统，管理层需要投入更多的资源来管理这些事业部。二是沟通困难。每个事业部都拥有自己的管理层和财务系统，导致沟通协作上的困难。三是事业部之间的竞争可能会导致忽视组织整体利益。事业部之间可能存在的竞争关系会导致它们在追求自身利益时忽略组织利益。四是增加了管理层次。管理层次的增加会加大组织内部的横向、纵向协调与沟通的工作量，降低决策和执行的效率。每一个事业部都是一个相对独立的单位，加上时间、空间上的限制，随着事业部数量的增加总部会难以控制。

（二）矩阵型组织结构

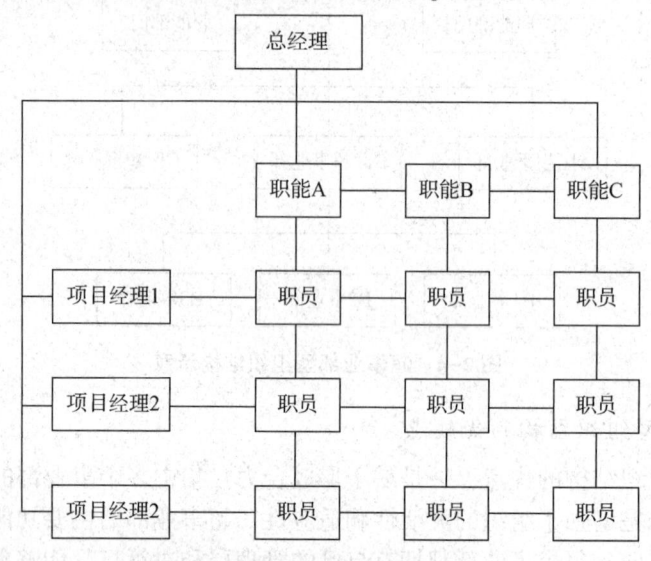

1. 矩阵型组织结构的内涵

矩阵型组织结构是一种将组织按照不同的维度，例如功能、产品、项目或地区等，同时进行交叉划分和组织的结构形式。在矩阵型组织结构中，员工通常同时隶属于两个或多个不同的管理线条，即在垂直的功能或产品部门之外，还有一个横向的项目组或地区组，通过这种交叉结构来实现更灵活的管理和协作。

矩阵型组织结构最大的特点在于具有双重指挥体系，即员工同时向两个或多个管理者汇报，一个是垂直的功能经理，负责专业领域的管理和指导，另一个是横向的项目经理或地区经理，负责特定项目或地区的管理和指导。这种复杂的权责关系要求组织内部必须进行高效的沟通和协调，以解决冲突、整合资源和保持组织的一致性。

总的来说，矩阵型组织结构适用于需要强调项目化管理和跨部门协作的情境，例如大型跨国公司、新产品开发团队等。它能够充分利用组织内部的专业知识和资源，提高工作效率和创新能力。矩阵型组织结构示意如图2-5所示。

图 2-5 矩阵型组织结构示意

2. 矩阵型组织结构的优缺点

矩阵型组织结构的优点：一是灵活性强。矩阵型组织结构能够快速应对市场变化和公众需求的变化。项目团队可以根据具体情况进行灵活调整，如增加或减少成员、调整职责分工，以满足不同项目的需求。矩阵型组织结构有助于打破部门壁垒，促进跨部门协作，提高整体效率。员工可以在不同的项目团队中轮换，增加工作经验和视野，有利于个人职业发展。二是有利于优化资源配置。组织可以根据不同项目的需求，灵活调配人力、财力、物力等资源，避免资源的浪费和闲置。有利于组织的知识共享和经验传承，提高整体的创新能力。三是有利于协作与沟通。通过具有横向报告关系的管理系统，把各职能部门的有关人员联系起来，有利于沟通信息，促进职能部门之间的协作。把各种专业人员调集在一起，集思广益、各尽其能，有利于任务完成。四是有利于减轻高层管理负担。矩阵结构内部有两个层次的协调，能够减轻上级主管人员的负担，有利于高层管理人员集中精力确定战略目标、决策与规划，并对执行情况进行监督。

矩阵型组织结构的缺点：一是组织结构稳定性差。项目组经常变动，小组成员来自各职能部门，任务完成后，仍回原部门，成员之间的协作关系不稳定，也影响工作责任心。二是管理复杂度高。需要协调不同部门和项目团队之间的关系，平衡各方利益诉求，这对管理者的能力有较高的要求。三是责任不清与多头领导。项目组成员既要接受项目组负责人领导，又要接受原职能部门的领导，当两个部门的负责人意见不一致时，小组成员可能无所适从，导致责任不清、多头指挥的混乱现象。四是机构臃肿与成本高。矩阵型组织结构相对较为臃肿，成员较多，管理费用也相应较高。

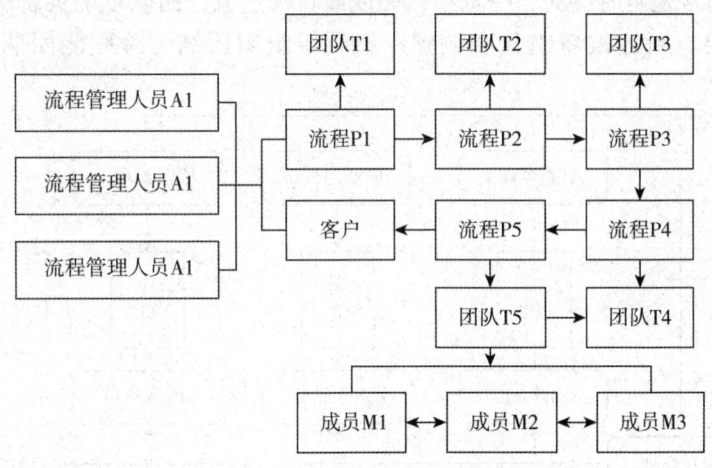

（三）流程型组织结构

1. 流程型组织结构的内涵

随着信息技术的发展，为了组织能够更加方便地跨部门协作、信息共享和流程优化，流程型组织结构应运而生。流程型组织结构是一种基于业务流程或工作流程来组织和管理组织的结构形式。在流程型组织结构中，组织的运作和管理以流程为核心，各个部门和岗位按照工作流程的需求进行组织和协作，以实现工作的高效执行和业务目标的达成。

与直线职能式组织结构不同，绝大多数流程型组织结构相对扁平化，虽然管理者的职权很大，但更加强调组织各要素之间的横向关系，通过组建流程团队利用信息技术实现信息及时共享，避免了不必要的部门冲突，提高了多个部门和岗位之间的协调性，有利于整合资源和提高工作效率。流程型组织结构适用于需要强调业务流程和工作流程的组织，例如制造业、服务业、项目型企业等。它能够帮助组织更好地组织和管理工作流程，提高工作效率和质量，实现持续改进和创新。流程型组织结构示意如图2-6所示。

图 2-6 流程型组织结构示意

2. 流程型组织结构的优缺点

流程型组织结构的优点：一是流程导向提升了组织效率。流程型组织结构以业务流程为中心，将产品或服务作为制定战略的出发点，提高了市场响应能力提和组织的运行效率。二是灵活性和适应性强。现代信息技术的发展为流程型组织的扁平化结构提供了支持，减少了管理层级，降低了管理成本，提高了决策效率。三是有助于激发员工潜能。流程团队作为基本构成单位，打破了原有的职能边界，将员工以流程为中心组合起来，提高了员工的工作积极性和创造力。四是降低了对人的依赖。流程型组织逐渐减少对人的依赖，以卓越流程创造优秀绩效，有助于实现普通员工通过卓越流程创造优秀产品或服务的效果。

流程型组织结构的缺点：一是横向协调可能会面临困难。高度的专业化分工可能导致各职能部门之间的横向协调困难。二是确认核心流程有时存在难度。面对快速变化的市场环境，在多个产品或服务并存的情况下，确定核心流程并围绕其进行组织优化会有一定挑战。三是会涉及组织整体变革。实施流程型组织结构有时需要对现有组织结构和流程进行全面梳理和变革，这涉及员工岗位调整、流程再造等多个方面，需要较大的投入和时间成本。四是对员工培训与开发有一定要求。由于流程型组织强调流程的重要性，需要对员工进行新的培训和开发，以提高员工的流程管理能力和技能水平。

（四）跨职能团队

1. 跨职能团队的内涵

跨职能团队是由来自不同职能部门或专业领域的成员组成的团队，他们在共同的项目或任务上合作，以实现特定的目标或完成特定的工作。这种团队通常由具有不同专业背景、技能和经验的成员组成，成员的多样性有助于团队在解决问题、创新和决策等方面发挥优势。

跨职能团队成员来自不同的职能部门或专业领域，具有多样化的视角和思维方式，在解决问题时能够整合不同领域的专业知识和技能，为复杂的问题提供更加综合和全面的解决方案。但需要注意的是，建立跨职能团队时，组织文化的建设和熏陶十分重要，因为跨职能团队成员通常是暂时性的，一旦项目完成或目标达成，团队可能会解散，导致团队动态不稳定，需要不断地重新组建和调整，不利于组织团结。跨职能团队示意如图 2-7 所示。

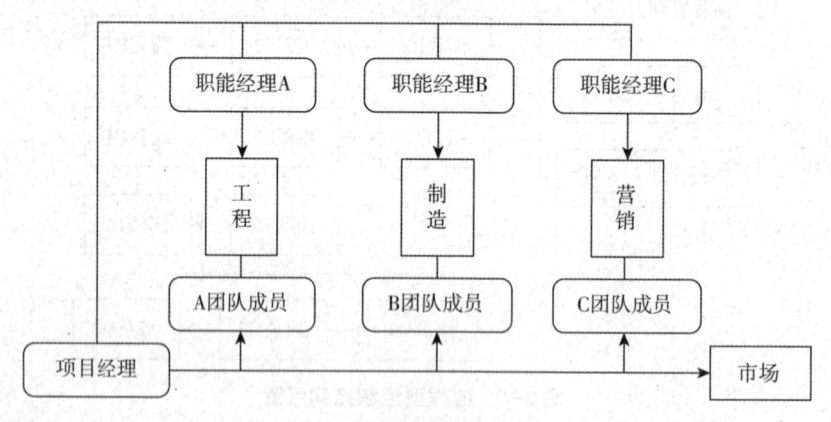

图 2-7 跨职能团队示意

2. 跨职能团队的优缺点

跨职能团队的优点：一是职能部门的沟通与协作顺畅。跨职能团队促进了不同部门之间的沟通与协作，打破了部门壁垒，增强了团队的整体凝聚力和协作能力。团队能够灵活应对市场变化，快速调整项目方向和策略。二是有利于资源共享。团队成员可以共享各自职能部门的专业知识和资源，减少重复劳动和资源浪费，提高资源利用效率。三是提升项目开发速度和质量。跨职能团队不同职能部门的成员可以并行工作，减少信息传递和决策的时间延迟，高效的协同工作加快了项目开发速度。项目有专门的人员进行监督管理，推动了项目发展，提高了项目的地位。四是团队创新性强。跨职能团队成员的多样性有助于激发创新思维，提出新颖的解决方案。团队成员具有不同的专业背景和技能，能够从多个角度审视问题，提出全面的解决方案，提高项目的成功率。

跨职能团队的缺点：一是增加了协调难度，对领导者要求高。由于团队成员来自不同的职能部门，工作习惯和优先级可能不同，因此在项目协调上可能会遇到一定的困难。跨职能团队需要具有领导能力和跨领域知识的领导者来协调和指导工作，对领导者跨领域的知识和技能要求较高。二是团队成员的兼职性质会影响工作效果。跨职能团队成员通常是兼职参与项目工作，可能还需要完成自己部门的工作任务，可能导致团队成员在项目和职能工作之间分心，影响项目进展。三是容易出现责任不清的现象。由于团队成员来自不同的部门，可能对自己的职责范围有不同的理解，导致在出现问题时相互推诿责任。四是需要额外的培训和沟通。为了确保团队成员之间的有效沟通和协作，可能需要投入额外的时间和资源进行培训和团队建设活动。

在公共部门的组织结构设计中，各种结构可以独立运用，也可以组合运用，还可以按照不同的需求穿插运用。

第二节　公共部门编制管理

一、公共部门编制管理概述

（一）公共部门编制管理的内涵

编制是行政机关以及法律、法规授权或受国家机关委托管理公共事务的组织根据其工作任务和职责需要，按照一定的程序核定的具有特定功能的人力资源数量，是对行政机关及法律委托管理公共事务的组织机构的职能和职责所做的基本规定。

从狭义上讲，公共部门编制管理是指公共部门为实现其特定功能或目标所进行的编制设置、配置、调整和使用等一系列活动。公共部门具有高度专业性以及服务对象广泛性的特点，简单的组织结构并不能满足部门的正常运行和发展，其组织结构具有很强的复杂性。由于公共部门人力资源管理所涉及的因素十分复杂，而编制是人力资源管理中最基础和最核心的部分。因此，对于公共部门来说，编制管理实际上就是对整个人事管理过程中编制使用与分配这一重要环节进行科学合理的设计与安排。

（二）公共部门编制管理的目标

公共部门编制管理的目标是优化配置编制资源，合理设置机构和岗位，确保机关和单位机构编制符合法定职责和工作任务的需要，提高公共部门的行政效率和服务质量。

1. 优化配置编制资源

优化配置编制资源是编制管理的首要目标。合理配置人力资源编制，可以有效地控制公共部门的规模，减轻人力资源臃肿，提高机构与岗位的设置效率。同时，明确部门职责、合理设置机构和岗位，可以有效地明确政府与部门之间、部门内部各机构之间的职能界限，避免职能交叉、职能重叠的现象。

2. 科学设置机构和岗位

科学设置机构和岗位是编制管理的核心目标。合理设置机构和岗位是公共部门实施有效管理、实现行政目的的基础和前提。公共部门需要根据我国现实情况和发展阶段安排不同的机构设置、人力资源配备和岗位设置等。公共部门机构、人力资源编制、岗位设置必须依据法定权限进行。

3. 保障公共部门正常运转

保障公共部门正常运转是编制管理的根本目标。任何一个国家都存在行政成本过高、行政效率低下、行政责任缺位等问题。建立科学合理的公共部门组织架构是降低公共部门行政成本、提高行政效率的有效途径。只有科学合理地配置编制资源，才能有效地降低公共部门的成本；只有科学合理地设置机构和岗位，才能提高公共部门运行效率。

（三）公共部门编制管理的原则

公共部门编制管理的原则是编制管理活动中必须遵循的基本准则，也是编制管理活动的"底线"。公共部门编制管理的原则主要有两个：一是严格控制原则，即在编制管理中不能出现任何可能造成机构臃肿、人浮于事、效率低下的因素，尽可能减少机构和人力资源的投入；二是精简原则，即要根据工作需要和社会经济发展状况，尽可能合理地设置机构和人力资源数量。这两个原则也被称为"金字塔原则"或"塔基原则"。美国的《联邦雇员道德守则》和我国《公务员法》等法律法规中均有这方面的相关规定。近年来，随着公共部门改革的不断深入，关于编制管理的原则也在不断地发展与变化。

二、公共部门编制管理的意义

一方面，公共部门编制管理在推动国家治理体系和治理能力现代化建设中发挥着不可替代的基础性作用。这一管理机制不仅是实现国家战略目标、落实大政方针的重要手段，更是确保党和国家决策部署得以贯彻实施的重要环节。通过精心设计和科学配置公共资源，公共部门编制管理为全国各族人民共同致力于实现中华民族伟大复兴的中国梦提供了坚实的组织保障和人力支撑。

另一方面，公共部门编制管理是确保各级行政事业单位高效运作的关键环节。一旦公共部门编制事项获得批准，相关部门必须严格遵守机构编制的批复，这包括但不限于党的组织部门、政府人事和财政部门、业务主管部门，以及其他相关机构。这些部门在得到批准后，便负有责任按照既定的编制框架和政策规定，负责组建组织机构、构建相应的领导班子、合理调配人力资源以及保障必要的财政支出等一系列工作。只有这样，才能确保行政事业单位的各项工作有序开展，进而有效地服务于公众，提升公共服务质量和效率。

三、公共部门编制管理的内容

在公共部门的编制管理体系中，核心内容被明确划分为两大部分：一是机构编制管理，涉及对部门结构和职能配置进行优化调整，确保其与国家政策目标一致；二是人力资源编制管理，主要关注人力资源数量的合理分配和资源的有效利用，通过科学的管理手段实现人力资源的高效运用。这两个方面相互联系、相互作用，共同构成了公共部门编制管理的基石。

（一）机构编制管理

机构编制管理是指在国家治理体系中，各级政府部门及相关机构为适应不断变化的社会政治、经济环境及文化需求而采取的一系列系统化、规范化的活动。这一过程要求严格遵循法律法规，以科学严谨的原理和方法为指导，对所属各工作部门、下属机关和事业单位进行全面的职责界定、职能安排、机构编制设定，以及制度化运作流程等方面的统筹规划和调整优化。运用这种管理手段，旨在确保组织结构合理、高效运转，从而更好地服务于社会公共利益，促进经济发展和社会进步。

专栏2-2

我国行政组织结构状态

目前，我国行政组织呈现以下结构状态。

1. 横向结构（管理幅度）

截至2022年12月31日，我国国家行政组织系统设31个省级政府（不包括港、澳、台），333个地级政府，2 843个县级政府，38 602个乡级政府。

2. 纵向结构

《中华人民共和国宪法》（以下简称《宪法》）第30条规定，全国分为省、自治区、直辖市；省、自治区分为自治州、县、自治县、市；县、自治县分为乡、民族乡、镇。直辖市和较大的市分为区、县。自治州分为县、自治县、市。自从1982年推行市管县体制之后，我国政府层级变成了中央—省、自治区、直辖市—地级市—县、自治县、县级市—乡、民族乡、镇五级。

3. 规模结构

规模结构是指政府为了履行职能所设置的行政组织的大小，以及工作人员的多少。

（二）人力资源编制管理

人力资源编制管理主要是对公共部门内部的编制规模进行精确控制和规划的过程。具体来说，这包括对现有人力资源数量的核定、新进人力资源的引进与安置、领导职位的设置及其职数的确定等多个方面。在此基础上，通过科学合理的分工与职能分配达到提升工作效率和服务质量的目的。其中，编制数量是人力资源编制管理中的关键环节，它直接关系公共部门能够承载的工作量和服务能力。因此，政府或相关部门需要根据实际情况合理确定并调整编制数量，以满足社会发展的需求和公共服务的需要。另外，人力资源配置结构要求组织在管理过程中根据不同部门的功能定位，对人力资源进行精准配置和组合，以实现最大限度的专业化，以及效能最大化。当然，派出机构和直属事业单位的编制管理也不容忽视，它们虽然相对独立，但其编制的合理性和灵活性对于整个组织的运作至关重要。

总之，公共部门编制管理是一个复杂而细致的系统，它不仅需要政府部门具备高度的政策敏感性和前瞻性，还需要有一套完善的管理机制来确保各项工作的顺利进行。这些管理措施的实施，可以使公共部门在保持高效运转的同时，更好地为公众提供服务。

专栏 2-3

民政部内设机构和人力资源编制规定

民政部设下列正司局级内设机构。

（1）办公厅（国际合作司）：负责机关日常运转，承担信息、安全、保密、信访、政务公开、新闻宣传、国际交流合作、与港澳台地区交流合作等工作。

（2）政策法规司：起草有关法律法规草案和规章，承担民政行业标准化工作，承担规范性文件的合法性审查和行政复议、行政应诉等工作。

（3）规划财务司：拟订民政事业发展规划和民政基础设施建设标准，指导和监督中央财政拨付的民政事业资金管理工作；拟订民政部门彩票公益金使用管理办法，管理本级彩票公益金；承担民政统计管理和机关及直属单位预决算、财务、资产管理与内部审计工作。

（4）社会组织管理局（社会组织执法监督局）：拟订社会团体、基金会、社会服务机构等社会组织登记和监督管理办法，按照管理权限对社会组织进行登记管理和执法监督，指导地方对社会组织的登记管理和执法监督工作。

（5）社会救助司：拟订城乡居民最低生活保障、特困人力资源救助供养、临时救助等社会救助政策和标准，健全城乡社会救助体系，承办中央财政困难群众救助补助资金分配和监管工作；参与拟订医疗、住房、教育、就业、司法等救助有关办法。

（6）区划地名司：研究拟订行政区划总体规划思路建议，按照管理权限承担行政区划设立、命名、变更和政府驻地迁移等审核工作；承担行政区划代码管理工作，组织、指导省县级行政区域界线的勘定和管理，监督管理地名工作，承担重要自然地理实体以及各国管辖范围外区域的地理实体、天体地理实体的命名和更名审核工作，参与联合国地名标准化建设工作。

（7）社会事务司：推进婚俗和殡葬改革，拟订婚姻、殡葬、残疾人权益保护、生活无着流浪乞讨人员救助管理政策，参与拟订残疾人集中就业扶持政策，指导婚姻登记机关和残疾人社会福利、殡葬服务、生活无着流浪乞讨人员救助管理机构有关工作，负责协调省际生活无着流浪乞讨人员救助事务，指导开展家庭暴力受害人临时庇护救助工作。

（8）老龄工作司：承担全国老龄工作委员会办公室的具体工作；拟订并协调落实积极应对人口老龄化的政策措施，指导协调老年人权益保障工作，组织开展人口老龄化国情宣传教育，拟订老年人社会参与政策并组织实施，承担老年人口状况、老龄事业发展的统计调查工作。

（9）养老服务司：拟订并协调落实促进养老事业发展的政策措施，承担老年人福利工作，拟订老年人福利补贴制度和养老服务体系建设规划、政策、标准，协调推进农村留守老年人关爱服务工作，指导养老服务机构、老年人福利机构、特困人力资源救助供养机构管理工作。

（10）儿童福利司：拟订儿童福利、孤弃儿童保障、儿童收养、儿童救助保护政策和标准。健全农村留守儿童关爱服务体系，完善困境儿童保障制度，指导儿童福利机构、儿童收养登记机构、儿童救助保护机构管理工作。

（11）慈善事业促进司：拟订促进慈善事业发展政策和慈善信托、慈善组织及其活动管理办法；指导社会捐助工作；拟订福利彩票管理制度，监督福利彩票的开奖和销毁，管理监督福利彩票代销行为。

（12）机关党委（人事司）：负责机关及在京直属单位党的建设和纪检工作，领导机关群团组织的工作，承担内部巡视工作；承担机关及直属单位的人事管理、机构编制、教育培训、科技管理及队伍建设等工作；机关党委设立机关纪委，承担机关及在京直属单位纪检、党风廉政建设有关工作。

（13）离退休干部局：负责机关离退休干部工作，指导直属单位离退休干部工作。

民政部机关行政编制324名。设部长1名，副部长4名；司局级领导职数47名（含机关党委专职副书记1名、机关纪委书记1名、离退休干部局领导职数3名）。

专栏摘自：《民政部职能配置、内设机构和人员编制规定》，规定自2023年10月29日起施行。

第三节　公共部门职位管理与人力资源分类管理

一、公共部门职位管理

（一）公共部门职位管理的概念

公共部门职位管理是指公共部门按照一定的原则、方法和流程，对其内部职位进行科学合理的规划，使职位得以有序展开并实现其应有功能的过程。这一过程旨在确保公共部门的人力资源结构合理，人力资源得到充分利用和发展，以支持公共部门达成目标和完成任务。

（二）公共部门职位管理的一般流程

1. 职位分析

公共部门职位分析是指公共部门在调查及搜集相关信息的基础上，对内部各个职位的工作内容、职责要求、技能要求、工作环境等方面进行系统研究并作出明确规定的过程。这一过程旨在深入了解各个职位的实际情况，为人力资源招聘、绩效评估、培训开发以及组织结构调整等管理决策提供基础和依据。

2. 职位规划与设计

在详细界定每个职位具体的工作职责后，公共部门开始依据职位分析的成果采取一系列措施来规划和设计职位。首先，部门遵循以人为本的原则，确保职位安排能够反映员工的能力和个人需求。其次，根据分级、分类和效率的考量，对所需职位的数量进行精确计算，以避免资源浪费。最后，工作标准的设定既要保证必要的执行质量，也要考虑到可行性和实际操作性。对于某一岗位的任职条件，需要综合评估候选人的资历、技能和经验，以确保选拔最合适的人担任特定职务。通过这样的规范化处理，公共部门旨在构建一个结构合理、职责明确且高效运作的职位体系，从而提高工作效能并增强组织的整体表现。

3. 职位评估

公共部门的职位管理随着社会环境的变化及时地作出适应性改变，在职位作出调整之前需要对职位进行详尽评估。公共部门职位评估是指对组织内部各个职位的价值、贡献和相对重要性进行系统性检查和评估的过程。这一过程通常包括对职位的工作内容、责任范围、所需技能、绩效标准等方面进行定性和定量分析。

4. 职位调整

公共部门职位调整不仅仅是简单的人事变动，而是一项综合复杂的管理决策过程。开启职位调整工作的依据主要是对当前职位设置的全面评估，以及对组织未来发展目标和需求的深入分析。通过这一评估和分析，政府或公共机构能够对职位的具体职责、工作内容和相应的薪酬水平进行适时的调整与优化，从而确保组织能够适应社会变化和快速响应公众需求，同时有助于提升员工的满意度和工作效率，促进组织的长期稳定发展。职位调整活动通常需要专业的管理团队和咨询顾问的支持，以确保这些变化能够最大限度地服务于公共利益并符合国家政策导向。

二、公共部门人力资源分类管理

（一）公共部门人力资源分类管理的内涵

所谓公共部门人力资源分类管理，是指按照一定的标准，对公共部门工作人员或职位进行类别划分、确定等级，并采取相应的管理策略和措施，以实现科学管理的一种人力资源管理方法。它是公共部门人力资源管理中最基础、最重要的一环。标准不同，划分的职位也不同。在具体操作上，按岗位领域不同可以划分为业务类、技术类、行政类和支持类等；按工作性质不同可以划分为事务类、政务类、行政领导类等；按工作对象不同划分为专业技术类和综合管理类等。

分类管理制度是公共部门人力资源管理的基础性制度。在我国，公务员制度的建立和发展是通过对工作人力资源进行分类管理而实现的。公务员制度建立的目的在于满足机关对专业化人才的需要，而专业化人才包括公务员和事业单位专业技术人员。

（二）人力资源分类制度的类别

职位分类制度和品位分类制度是公共部门人力资源管理中的两种典型的人力资源分类制度。职位分类制度是指根据职位的工作内容、职责范围、所需技能和工作复杂性等因素，将职位进行系统化分类，并确定相应的职位等级和薪酬标准的管理制度。而品位分类制度是根据人员的素质、能力、经验和表现等因素，将人员划分为不同的等级或品位，并确定相应的管理和激励措施的管理制度。职位分类制度和品位分类制度各有其特点和应用范围，适用于不同国家的实际发展要求。

无论哪种人力资源分类制度，均是为了解决职责不清、资源浪费、管理僵化等问题，均是提升公共部门的人力资源管理水平，实现组织目标和服务质量的全面提升的重要内容。

（三）公共部门人力资源分类管理的意义

1. 有利于提升公共部门工作人员的专业性

公共部门人力资源分类管理是将公共部门的工作人员或职位划分为不同的类别，每个岗位都有详细的职位描述和职责范围。一方面，避免了工作内容的重叠和职责的模糊不清。另一方面，清晰的分工有助于减少工作中的冲突和推诿，每个员工专注于自己的工作职责。员工能够清楚了解自己的岗位要求、晋升路径，为了自身的职业晋升提高自身专业性，在很大程度上提高了他们为公众服务的积极性。

2. 有利于增强公共部门人力资源管理规范化

人力资源分类管理是公共部门人力资源或职位客观评价的重要依据。人力资源分类管理确保招聘、考核、晋升等环节都有统一的标准和流程，确保所有人力资源在同一标准下进行管理。针对个人暴露出来的问题具体分析、具体指导，使公共部门人力资源管理更加规范，切实提高了管理效率。

3. 有利于促进公共部门人力资源管理公平公正

公共部门人力资源分类管理通过系统化、透明化的管理机制，确保所有人员在相同的标准和程序下进行管理和评估，从而减少主观因素和人为干扰，保障了员工的合法权益，减少了不公平对待和职场歧视。

三、公共部门的职位分类与品位分类

（一）职位分类

1. 职位分类的内涵

公共部门职位分类是指按照工作性质将公共部门的职位划分为若干职门、职系与职组，然后按照不同职组的任职条件将不同的人分为不同的职级、职等，并详细地规定每个职位的具体职责、职称等。其目的是通过科学、合理的分类体系，实现职位管理的规范化、标准化，提高人力资源配置的效率和公平性。职门、职组、职系、职位、职级和职等的关系如图2-8所示。

（1）根据职位性质分类。根据职位的基本性质和工作内容，将职位分为不同的类别，如行政管理类、专业技术类、工勤技能类等。行政管理类主要涉及政策制定、管理协调等职能，如部门经理、项目主管；专业技术类主要是涉及专业知识和技术工作的职位，如工程师、会计师；工勤技能类主要是涉及操作性、支持性工作的职位，如司机、维修工。

（2）根据职位层级分类。根据职位在组织结构中的层级和职责范围，将职位划分为不同的等级，如高级管理、中层管理、基层执行等。高级管理主要是负责决策和战略制定的职位，如局长、处长；中层管理是负责具体管理和协调的职位，如科长、主任；基层执行一般是指负责具体事务性和操作性工作的职位，如办事员、技术员。

（3）根据职位职责分类。根据职位的具体职责和任务，将职位分类为不同的职能类型，如行政职能、财务职能、人力资源职能等。行政职能主要是涉及组织协调、政策执行等职责的职位，如行政助理、办公室主任；财务职能主要是涉及资金管理、财务报表编制等职责的职位，如财务主管、会计；人力资源职能主要是涉及人力资源招聘、培训发展等职责的职位，如人事专员、培训经理。

（4）根据职位工作复杂性分类。根据职位的工作复杂性和技能要求，将职位划分为不同的复杂程度和技能等级，如初级、中级、高级。初级职位主要是要求基础技能和简单工作任务的职位，如初级文员、助理工程师；中级职位主要是要求较高专业技能和一定管理职责的职位，如中级技术员、部门主管；高级职位主要是要求高水平专业技能和管理能力的职位，如高级顾问、总工程师。

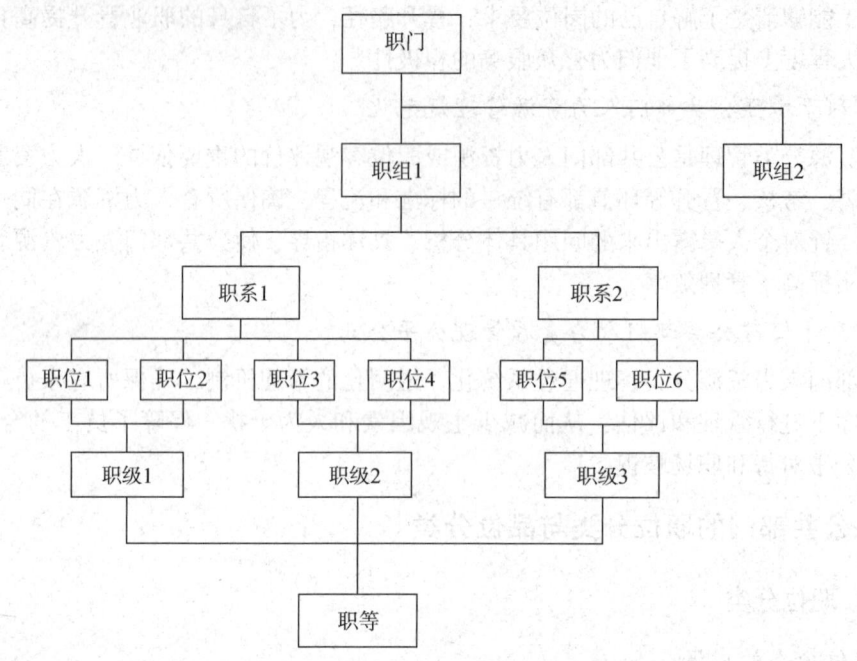

图 2-8　职门、职组、职系、职位、职级和职等的关系

2. 职位分类的特征

（1）以"事"为中心。公共部门职位分类以"事"为中心，主要体现在其关注职位所需完成的具体任务和职责，而不是单纯地以人的特点或能力为基础来进行分类和管理。这意味着职位分类的主要依据是职位所要完成的工作任务，而不是任职者的个人特点或资历。例如，在一个公共部门中，职位会被分类为行政管理类、专业技术类、工勤技能类等，具体到每一个职位，又会有详细的任务描述，如政策制定、项目管理、技术支持等。当然，职位的设置和分类不仅仅是为了明确单个职位的任务，更是为了确保整个组织的工作流程顺畅、有序。

（2）官等和职位重合统一。在公共部门中，职位分类不仅考虑职位的职能和职责，还会结合职位的官等，即职位在组织层级中的地位和级别。职位的官等和其职责之间需要有明确的对应关系，以确保职位的职责能够与其所需的官等和权力相匹配。例如，一个高级管理职位，不仅在职责上需要承担重要的决策和管理任务，在官等上也必须相应地处于较高的层级，以便能够行使必要的权力和资源，来有效地完成其职责。这种官等与职位的重合统一，确保了职位的设置和管理具备内在的逻辑和一致性。

（3）分类方式"先横后纵"。公共部门职位分类采取"先横后纵"的分类方法。首先进行横向分类是为了明确各职位的基本性质和职能类别。横向分类即根据职位的职能、工作性质和专业领域确定职门、职组、职系。完成横向分类后，接着进行纵向的层级划分，即根据职位的职责复杂性、责任范围和所需的技能水平，进一步将每类职位分为不同的层级。纵向分类使每类职位内部有了明确的等级划分，如初级、中级和高级职位。这种层级划分不仅体现了职位的职责和复杂性差异，也有助于明确各职位在组织中的地位和相互关系。

（4）强调人员的专业性。在职位分类过程中，公共部门会根据职位的职能和工作内容，详细定义职位所需的专业背景和技术要求。这不仅包括一般的专业知识，还涉及具体的操作技能和实践经验，以确保任职者能够有效地完成工作任务。比如，在专业技术类职位中，明确要求职位需要某种特定的专业知识，持有相关专业资格证书或从业资质。

3. 职位分类的优点

（1）因事设人，可以避免机构重叠、人浮于事以及公权私用等弊病，确保了每个职位的工作职责和任务都能够明确地被界定和描述，使员工清楚了解自己的工作内容和职责范围，避免了工作职责不清晰或交叉的问题。

（2）人力资源考核标准客观公立，贯彻了专业性原则。公共部门会进行专业化的职位评估，确定每个职位的专业技能要求、职责范围和工作复杂性。这种专业化的评估，可以确保职位要求与实际工作内容相匹配，从而提升工作效率和质量。

（3）实行同工同酬，官等与报酬相联系。通过明确的职位分类系统确保同样职责和工作内容的职位获得相同的报酬，同时根据职位的层级和职责复杂性确定相应的薪酬待遇，保障了公共部门的薪酬分配公平性和合理性，提升了员工的工作积极性和满意度。

4. 职位分类的缺点

（1）职位分类程序烦琐复杂，运行成本高。由于职位分类通常涉及多个步骤，包括职位分析、职位评估、职位分类、编制职位说明书等。这些步骤需要多个部门和人员的协同工作，并花费大量的时间和人员来收集和整理信息，确保职位的准确性和完整性。特别是在大型组织中，职位数量众多，完成全面的职位分类工作会非常烦琐。

（2）注重公开化和量化指标，缺乏弹性。职位分类通常依赖公开化和量化指标，强调职位的标准化，往往忽视个体差异和具体情况。此外，在快速变化的技术领域，新的职位和技能需求不断涌现，固定的职位分类标准可能无法及时更新和调整，出现僵化，导致一些新兴职位无法被准确分类。

（3）激励性减弱。职位分类程序复杂烦琐，可能导致激励机制设计不足或执行困难。员工可能感觉晋升的动力不足，薪酬的确定和调整、晋升的标准需要经过烦琐的程序和层层审批，导致薪酬调整不够及时或者不够精准，影响员工的绩效激励效果。

（4）人才发展受限，造成综合性管理人才的欠缺。职位分类系统通常将职位划分得非常具体和细致，这种细化的分类有助于精确匹配职位需求和员工技能，但也可能导致员工的工作范围过于狭窄，难以获得跨职能的经验和视野。随着时间的推移，员工可能会在自己的专业领域内深耕细作，但缺乏在不同领域和岗位间的轮岗和学习机会，限制了他们成为综合性管理人才的可能性。

📖 **专栏 2-4**

组织人事处科员职位说明书示例

一、职位基本信息

职位名称	组织人事处科员	职位编号	×××
所属部门	组织人事处	职位编制	×人
直接上级职位名称	组织人事处科长	直接下属职位名称	×××

二、职位设置目的

负责机关、所属事业单位组织人事、机构编制、社会保障等工作

三、主要工作职责（按重要性排序）

序号	二级职责	三级职责
1	组织人事	1. 协助建立健全人力资源管理制度。这包括参与招聘、培训、工资、保险、福利、绩效考核等人力资源制度的制定和完善 2. 管理员工信息和档案。组织人事处科员需要建立和维护员工的人事档案，包括个人信息、教育背景、工作经历等
2	机构编制	1. 参与组织或单位的机构编制工作，协助上级制定和调整机构设置、人力资源编制方案 2. 需要负责收集、整理和分析机构编制数据，包括人力资源编制数量、结构、分布等情况 3. 当组织或单位需要调整机构编制时，科员需要协助上级制定调整方案，并按照相关程序和要求进行报批
3	社会保障	1. 社会保障政策执行与监督 2. 社会保险管理 3. 社保数据与信息管理
4	队伍建设和教育培训	1. 参与制订队伍建设规划。科员需要协助上级制订或修订组织的人才队伍建设规划，明确人才发展的目标、任务和措施 2. 组织与协调教育培训活动。负责组织、协调和安排各类教育培训活动，包括内部培训、外部培训、专题研讨等 3. 管理与维护教育培训资源。负责建立和维护教育培训资源库，包括培训课程、教材、讲师等资源

（二）品位分类

1. 品位分类的内涵

"品"指官阶，"品位"指根据官位高低、职务大小排列而成的等级。品位分类是一

种以人为中心的分类方法，其根据公共部门工作人员的资历条件划分等级，以职位高低确认待遇。这里指的资历条件通常包括个人学历、工作经验、工作能力、个人背景、任职年限、德才表现等。品位分类不具体区分职位的专业领域，而是侧重于职位在组织层级中的相对位置和重要性。

与职位分类相反，品位分类方法关心纵向的职务等级划分，着重解决公务员的录用、晋升、工资福利待遇问题，而较少关心横向工作性质和范围的划分。相对职位分类而言，品位分类是一种比较简单、易于实施的人力资源分类方法。

2. 品位分类的特征

（1）以"人"为中心。品位分类注重人员职务等级的划分，而划分公务人员职务等级的依据是公务员自身的资历与德才表现，在人力资源录用和晋升过程中更看重公职人员的个人背景条件，而非仅仅关注职位本身的职责和工作内容。因此，在品位分类中，同一品位下的职位可能存在差异，个性化明显。

（2）官位和职位分离。在品位分类中，官位指的是职位所处的等级或层级，而职位则是指具体的工作内容和职责。这种分离意味着同一官位下的不同职位可能拥有不同的职责和工作内容，而同一职位可能在不同的官位下担任，这取决于其所处的层级和重要性。这种分离使职位的管理更加灵活和适应性更强，能够更好地适应不同的组织结构和管理需求。

（3）注重培养综合性人才。品位分类往往注重综合性人才的培养，并不强调公务员具备在某一方面精益的专业知识和技能，在人员晋升、交流与调动过程中对个人过往专业经验和工作性质的考虑较少，更注重个人的综合素质和适应能力。

（4）人事架构相对简单。相比职位分类，品位分类往往更加注重对个人绩效的评估和激励，对职务工作与责任内容的划分比较广泛，人事架构相对简单，减少了管理层级的复杂性，有助于加快决策速度和信息传递效率。

3. 品位分类的优点

（1）分类方法简单易行，而且富于弹性。品位分类没有严格的分类程序和依据，人事架构简单，在实践中简便易行，可以根据环境变化快速地进行具体调整。

（2）有利于培养综合性人才和学习型组织文化的稳固。品位分类实行"官随人走"政策，"官随人走"意味着官员可以随着个人的发展和需求在不同部门之间流动，不仅增加了官员的不同专业的工作经验和知识，而且打破了部门之间的壁垒，促进不同部门之间的交流和合作，有利于形成组织内部的学习型和协作型文化。

（3）稳定公共部门人才队伍，能为公职人员提供职业安全感。官职分离的做法，使公职人员不会因职位调动而引起地位、待遇的变化，同时，鼓励公职人员在不同部门和岗位之间进行灵活流动，这种内部流动机制可以为公职人员提供更多的职业发展机会，增加他们的职业安全感。

（4）吸收优秀人才机会大大提升。品位分类更看重公职人员的个人学历、资历、德才表现等，有利于吸收高学历优秀人才，提升公共部门整个人才队伍的整体素质。

4. 品位分类的缺点

（1）品位分类欠缺规范化，容易忽视对专业人才的培养。由于品位分类人事架构相对简单，对职务、职位的描述不够具体，缺乏系统的操作流程说明，品位分类管理在执行过程中出现随意性和不一致性，不利于公共部门科学管理体系的建立。

（2）品位管理注重培养和吸纳通才式公职人员，因此会导致公共部门专业人才的欠缺。同时这种分类管理制度也会限制那些低学历但工作能力强的公职人员的发展，出现"同工不同酬"问题，公职人员存在心理落差，不利于部门发展。

（3）可能造成因人设岗问题。品位分类以人为中心设置职位，划分职责，强调人在事先，容易滋生官僚主义，造成机构臃肿、人浮于事的局面。

（三）职位分类与品位分类的区别与联系

1. 区别

职位分类和品位分类各有优劣，两种分类方法的差异主要体现在以下三个方面。

（1）侧重点不同。职位分类坚持以"事"为中心，侧重于对岗位和职务的细化分类，按照工作的性质、职责和要求对职位进行划分，明确各职位的职责范围、技能要求和晋升路径；而品位分类坚持以"人"为中心，侧重于对人的综合素质、能力和发展潜力进行分类，更注重培养综合性人才，关注个人的整体素质和能力发展，而不仅仅是某一特定职位的要求。

（2）分类依据不同。品位分类划分公务人员职务等级的依据是公务员自身的资历与德才表现，在人力资源录用和晋升过程中更看重公职人员的个人背景条件，对人不对事；职位分类则依据工作性质对公职人员进行分类，对事不对人。

（3）灵活性不同。品位管理较为灵活，员工可以在不同岗位之间流动，根据个人能力和组织需要进行调配，适用于工作弹性大、工作效果不易量化的职位；职位分类较为固定，基于职位的职责和要求，变动较少，强调专业化和岗位的明确性，适用于稳定性强、专业化水平高的职位。

2. 联系

无论公共部门采用职位分类还是品位分类，都是为了统一的目标，即提高组织的整体绩效和效率。在实际管理中，职位分类和品位分类可以互为补充。职位分类确保岗位职责明确和专业性，品位分类则培养员工的综合能力和跨岗位适应性。

（四）公共部门人力资源分类制度的趋势

1. 职位分类和品位分类出现融合、互补

在实践中，公共部门开始意识到职位分类和品位分类各有优缺点，并开始探索将两者进行融合与互补的可能性。一些公共部门在职位分类的基础上，引入了品位分类的元素，将职位的等级与公职人员的资历、能力等因素相结合，以更全面地评价公职人员的工作表现和能力水平。或者在品位分类的基础上，吸收了职位分类的优点，通过对职位的分析和评价，明确每个职位的职责和权限，以提高管理效能和水平。比如，我国香港特别行政区政府在公务员管理中采用融合职位分类和品位分类的方法。香港公务员系统中有明确的职位分类，但晋升和薪酬制度则更多地基于公职人员的资历、能力和工作表现。这种制度允许公职人员在满足一定条件后，通过内部竞争获得更高级别的职位或更高的薪酬。

这种融合与互补的趋势有助于公共部门更全面地考虑公职人员的个体差异和职位需

求,实现人事管理的科学化和人性化。同时,也有助于激发公职人员的工作积极性和创造力,提高公共部门的整体绩效和服务水平。需要注意的是,这种融合与互补并非简单的叠加或替代,而是需要根据公共部门的实际情况和需要进行灵活调整和优化。

2. 人力资源分类管理逐渐简化职位

随着公共部门人力资源分类管理实践的不断深入,从注重职位细化到注重职位简化的趋势出现。这种转变反映了公共部门对人力资源分类管理理念的更新以及对提高管理效率和灵活性的追求。过去,公共部门在人力资源分类管理上往往过于注重职位的细化,导致职位类别过多、过于复杂,这不仅增加了管理的难度和成本,还限制了人力资源的流动和发展。而随着社会的发展和公共部门职能的拓展,对人力资源的要求也变得更加多元化和复杂化,简单的职位细化已经无法满足管理的需求。因此,公共部门开始注重职位的简化,通过减少职位类别、合并相似的职位、使用更广泛的职位描述等方式,使职位设置更加简洁、明了,从而更好地适应外部环境的变化和内部管理的需求。

3. 宽带薪酬逐渐被引入公共部门

宽带薪酬制度逐渐被引入公共部门,作为一种新型的人力资源管理策略。宽带薪酬是指对多个薪酬等级以及薪酬变动范围进行重新组合,从而变成只有相对较少的薪酬等级以及相应较宽的薪酬变动范围。公共部门的组织结构逐渐呈现出扁平化的特点,传统的薪酬体系不足以支撑公共部门完成变革,而宽带薪酬更有利于适应公共部门战略的动态调整。

四、公共部门人力资源分类实践状况

从各国政府公务人员分类的发展历史来看,品位分类和职位分类这两种模式的选择往往与当时社会的政府管理职能的复杂性和专业化程度密切相关。

在传统社会中,政府管理职能相对简单,且强调等级制度,因此通常采用品位分类管理模式。品位分类主要根据公务人员的素质、能力和潜力等因素进行分类,它考虑员工的现有工作能力,同时考虑员工的发展潜力和未来发展方向。这种分类方式有助于更好地分配工作和管理员工,将员工分配到适合他们的工作岗位上,并进行精细化管理。然而,随着现代社会的发展,政府管理职能变得日益复杂,且强调专业化分工。因此,大多数国家开始实行职位分类管理模式。职位分类主要根据岗位职责和工作内容进行分类,它更加注重员工的工作能力和职责。这种分类方式有助于更好地规划和组织工作,优化公司的组织结构和人力资源配置。

近年来,各国政府公务人员的分类管理制度一直处于变化发展中。实行品位分类管理的国家在不断借鉴职位分类管理的优点,如更加注重工作能力和职责的匹配,以及更加客观的分类方式。而实施职位分类管理的国家也在不断吸取品位分类管理的有益成分,如更加注重员工的素质、能力和潜力等因素,以及采用更加精细化的管理方式。因此,目前各国政府公务人员的分类管理呈现一种相互补充、取长补短的发展趋势。这种趋势有助于各国政府更好地适应现代社会的发展需求,提高政府管理效率和服务质量。

（一）西方国家公务员分类管理

1. 美国公务员的职位分类管理

职位分类制度源于美国，是美国文官管理的一大特色，在美国人事管理中发挥着重要的作用。美国公务员的职位分类管理源自19世纪。1838年，美国参议院通过了一项议案，要求对公职人员按照工作性质、职责和所需资格条件进行分类，是美国公务员职位分类管理的早期雏形。

19世纪末20世纪初，美国开始逐步建立公务员制度，并将职位分类管理作为其核心内容之一。1883年《彭德尔顿法》的颁布标志着美国公务员制度向功绩制转变，为职位分类管理提供了法律基础。随后，美国陆续成立了多个委员会和机构，如部务规程委员会、薪金分类调整联合委员会等，对公务员职位进行深入研究，并制定了相应的分类标准和薪酬体系。

1923年，美国国会正式通过了《联邦政府职位分类法》，标志着美国公务员职位分类制度的正式确立。该法案详细规定了公务员职位的分类标准、职等划分和薪酬体系，为公务员职位分类管理提供了明确的法律依据。此后，美国不断对职位分类制度进行调整和完善，逐渐形成了两大职位序列：一般职位序列（General Schedule，GS）和技艺保管序列（Grafts Protective Schedule，GPS）。GS涵盖了政府中的大部分职位，包括专门与科学职务类、次专门职务类、事务行政与财政职务类等。而GPS则主要适用于技艺与保管职务类、灯塔与仓库职务类等特殊职位。这种分类方式有助于实现公务员管理的科学化和规范化。

随着时代的变迁和社会的进步，美国的职位分类制度也在不断发展和完善。1978年《文官制度改革法》的颁布进一步推动了美国公务员职位分类管理的发展。该法案设立了高级公务员序列（Senior Executive Service，SES），并对其他职位分类制度进行了改革。此外，该法案还引入了高级公务员绩效工资制度，使公务员的薪酬与绩效挂钩。21世纪以来，随着新公共管理理念的兴起，美国公务员分类管理制度也进行了相应的变革。1993年，《重塑人力资源管理》报告发布，提出了与公务员职位分类制度有关的具体举措，如废除15职等的分类标准和简化标准的分类制度等。

2. 英国公务员的品位分类管理

英国公务员的品位分类管理源于19世纪中叶，其发展历程与英国政治体制和社会需求紧密相连。

早期，英国公务员制度尚未形成明确的分类管理体系，但随着工业革命的发展，政府管理职能日益复杂，对公务员的专业化和精细化管理需求增加。在这一背景下，英国开始探索公务员的分类管理。1805年，英国财政部设立了常务次官，这一职位的设立标志着公务员分类管理的雏形出现。随着时间的推移，1830年，英国政府各部门都设立了常务次官，这为公务员分类管理奠定了基础。19世纪中叶，英国公务员的分类管理体系逐渐形成。最初，公务员主要分为高级文官和低级文官两个级别，高级文官主要负责执行政策，而低级文官主要负责办理日常事务。这种分类方式虽然简单，但已初步体现公务员品位分类的思想。

到了20世纪初，英国公务员的分类管理体系进一步完善。1914年，英国公务员分类管理体系初步形成，文官被更详细地划分为不同的等级和职类。1945年，英国又将文官分为一般行政人力资源（包括行政级、执行级、文书级、助理文书级）和专业技术人力资源，进一步细化了分类管理。

然而，以品位分类为主、注重"通才"的封闭式公务员分类管理制度难以适应社会分工和公共管理的要求。因此，1968年，富尔敦委员会（Fulton Committee）在其发布的《富尔敦报告》中，明确指出了英国品位分类制度的缺点，并提出了一系列改革建议。该报告认为当时的品位分类制度存在僵化、烦琐、封闭等问题，这些问题导致了公务员系统的不合理性和低效性。针对这些问题，富尔敦委员会建议改革品位分类等级结构，引入并建立公务员职位分类制度。20世纪80年代以后，为了精简结构，促进行政管理人力资源的专业化，英国又一次推行了公务员制度的变革，主要改革内容有精简机构与裁减冗员、推动公务员队伍的专业化、引入竞争与绩效管理、引入市场机制等，这些改革措施进一步推动了公务员分类管理制度的发展和完善。

（二）我国公务员的职位分类

1. 我国公务员职位分类制度的发展

公务员职位分类制度在我国并非一蹴而就，而是经历了长时间的探索和实践。其最初的起源可以追溯到改革开放初期，为了适应社会主义市场经济的发展和政府职能的转变，我国开始探索建立更加科学、合理的公务员管理体系。在此过程中，我国借鉴国外先进的公务员职位分类制度，结合我国的实际情况，逐步形成了具有中国特色的公务员职位分类制度。

（1）初步建立阶段。从1953年起，国家逐渐形成了"分级分部"的管理模式，由中央和各级党委统一领导，由中央和各级党委组织部门统一管理。把所有的干部划分为九类，归中央领导，由各级党委管理。但这一阶段的管理模式并没有形成成熟的分类制度。

（2）确立阶段。1987年，中国共产党在召开的第十三次全国代表大会上确立了干部分类管理体制，由此国家公务员制度在国家机关得以推行。党的十三大报告首次提出了公务员政务、业务两分法，为我国公务员职位分类制度的建立奠定了基础。

（3）完善阶段。进入21世纪后，我国公务员职位分类制度不断完善。政府根据公务员职位的性质、特点和治理需要，将公务员职位划分为综合治理类、专业技能类和行政执法类等类别。同时，不断完善职位分类的配套制度，如职位说明书、职务与级别确定等。

2. 我国公务员职位类别

2019年6月1日起施行的《公务员法》规定，公务员职位类别按照公务员职位的性质、特点和管理需要，划分为综合管理类、专业技术类和行政执法类。

（1）综合管理类。这是公务员职位的主体部分，大部分公务员职位属于这类。综合管理类职位主要负责综合管理类的工作，包括组织协调、规划咨询、决策监督等机关单位内部的管理工作。

（2）专业技术类。专业技术类的公务员职位主要负责专业技术方面的工作，为机关单位提供技术支持。这个岗位的专业性比较高，具有不可替代性。专业技术类的公务员职位主要集中在审计、公安、海关等部门，例如法医鉴定、影像技术、检验等岗位。

（3）行政执法类。这类岗位主要集中在市场监管、农业、交通运输、城市管理等部门，主要是对相关人力资源进行行政许可、处罚、收费、检查等，岗位具有执行性、强制性。

此外，根据单位属性，公务员职位一般可分为省级（含副省级）或市（地）以下。省级（含副省级）是指国家、中央、部以及省级政府和行政部门的职位，市（地）以下是指市政府以及市政府以下部门里面的行政管理部门职位。

3. 公务员职务序列、职务层次和级别

公务员职务序列、职务层次和级别是我国公务员管理体系中的重要组成部分，我国《公务员法》规定，实行公务员职务与职级并行制度，根据公务员职位类别和职责设置公务员领导职务、职级序列。

（1）职务序列。职务是职位、职责和职权的统一。我国公务员的职务序列是根据公务员职位的性质、特点和管理需要划分的职务层次和职务名称。根据公务员职位类别和职责，我国《公务员法》将公务员职务划分为领导职务和职级序列。领导职务是指在公共部门内具有决策、组织、管理和指挥职能的职务。公务员领导职务根据宪法、有关法律和机构规格设置。公务员职级在厅局级以下设置；综合管理类以外其他职位类别公务员的职级序列，根据《公务员法》由国家另行规定。

根据有关法律的规定，通过选任制任用的领导职务包括以下八类。

①国家主席、副主席。

②国务院总理、副总理、国务委员、各部部长、各委员会主任、审计长、秘书长。

③中央军委主席、副主席和中央军委委员。

④最高人民法院院长、副院长、审判员、审判委员会委员、军事法院院长，最高人民检察院检察长、副检察长、检察员、检察委员会委员和军事检察院检察长。

⑤省长、副省长，自治区主席、副主席，市长、副市长、州长、副州长、县长、副县长，区长、副区长。

⑥乡长、副乡长，镇长、副镇长。

⑦本级人民政府秘书长、厅长、局长、委员会主任、科长。

⑧地方各级人民法院院长、副院长、庭长、副庭长、审判委员会委员、审判员，地方各级人民检察院副检察长、检察委员会委员、检察员。

另外，通过选任制任用的公务员领导职务还包括各级党委、人大、政协机关的领导职务。通过委任制任用的领导职务包括国务院各部委的副职领导人、县级以上人民政府组织部门的副职领导人，以及各机关内设机构的领导职务等。

（2）职务层次。公务员的职务层次是根据职务高低、责任大小和职位难易程度等因素划分的，是公务员职务序列的具体体现。从职务层次上分，领导职务层次可分为国家级正职、国家级副职、省部级正职、省部级副职、厅局级正职、厅局级副职、县处级正职、县处级副职、乡科级正职、乡科级副职；综合管理类公务员职级序列分为一级巡视员、二级巡视员、一级调研员、二级调研员、三级调研员、四级调研员、一级主任科员、二级主任科员、三级主任科员、四级主任科员、一级科员、二级科员。公务员领导职务、职级与级别的对应关系，由国家规定。公务员领导职务采用选任制、委任制和聘任制三种任用形式，而公务员职级实行委任制和聘任制两种任用形式。

综合管理类以外其他职位类别公务员职级序列，由国家另行规定。国务院及其他主管部门可以根据授权，视公务员管理的实际情况，采取行政法规、部门规章或发布的决定、命令范性文件，对上述公务员的职务序列作出具体规定。

（3）级别。公务员的级别是根据公务员所任职务、德才表现、工作实绩和资历确定的，是公务员的等级标识。我国公务员的级别分为一级到二十七级，共二十七个级别，其中领导职务和非领导职务的级别范围有所不同。级别的确定与公务员的职务、职责、工作表现等密切相关，是公务员晋升、调整待遇等的重要依据。

专栏 2-5

我国公务员领导职务及职级序列与职务等级的对应关系

1. 领导职务
   (1) 国家级正职：一级。
   (2) 国家级副职：四级至二级。
   (3) 省部级正职：八级至四级。
   (4) 省部级副职：十级至六级。
   (5) 厅局级正职：十三级至八级。
   (6) 厅局级副职：十五级至十级。
   (7) 县处级正职：十八级至十二级。
   (8) 县处级副职：二十级至十四级。
   (9) 乡科级正职：二十二级至十六级。
   (10) 乡科级副职：二十四级至十七级。

   副部级机关内设机构、副省级城市机关的司局级正职对应十五级至十级，司局级副职对应十七级至十一级。

2. 职级序列
   (1) 一级巡视员：十三级至八级。
   (2) 二级巡视员：十五级至十级。
   (3) 一级调研员、二级调研员：十八级至十二级。
   (4) 三级调研员、四级调研员：二十级至十四级。
   (5) 一级主任科员、二级主任科员：二十二级至十六级。
   (6) 三级主任科员、四级主任科员：二十四级至十七级。
   (7) 一级科员：二十六级至十八级。
   (8) 二级科员：二十七级至十九级。

本章小结

公共部门的组织结构主要包括层次、部门、职务、职权以及人力资源编制等要素，组织结构描述了公共部门内部的层级关系、职责分工、权力分配和信息流动等方面的布局和设计。大多数公共组织是高度正式化、严格的层级控制的科层组织，传统的科层组织结构具有代表性的有直线式组织结构、职能式组织结构、直线职能式组织结构三类，为适应时代变化、满足社会的需求，迫切需要一种新的公共部门组织结构以及与之相适应的职位设计理念。比较典型的超事业部型组织结构、矩阵型组织结构、流程型组织结构、跨职能团队等。此外，公共部门编制管理是指公共部门为实现其特定功能或目标所进行的编制设置、配置、调整和使用等一系列活动。公共部门职位管理一般流程有职位分析、职位规划与设计、职位评估与职位调整。公共部门人力资源分类管理主要为职位管理和品类管理，各国公共部门人力资源分类管理呈现一种相互补充、取长补短的发展趋势。

核心概念和知识点

直线式组织结构；职能式组织结构；直线职能式组织结构；矩阵型组织结构；流程型组织结构；机构编制；职位管理；品位分类；职位分类。

课后习题

1. 公共部门组织结构有哪几种基本类型？它们各自的优缺点和适用范围是什么？
2. 公共部门人力资源分类管理制度的发展趋势是怎样的？
3. 公共部门编制管理包括哪几部分？
4. 公共部门人力资源分类管理有何作用和意义？
5. 品位分类有何特征？其优点和缺点是什么？
6. 职位分类有何特征？其优点和缺点是什么？
7. 美国的职位分类制度对我国有何启示？

本章案例研究

浙江景宁："四式"分类管理农村党员

"千万不要相信陌生人说的高回报投资，更不要把验证码告诉陌生人！"近日，在浙江省景宁县沙湾镇农村信用合作社大厅，青年党员柳贤龙一边向村民发放反诈骗宣传手册，一边讲解防电信诈骗方法。

景宁县有 6 900 余名农村党员，近三分之二的党员流动到县内外打工，在村以留守高龄、村干部等群体党员为主。针对这一现状，2024 年以来，该县探索实施青年党员先锋式、村"两委"干部践诺式、流动党员跟踪式、老党员关爱式"四式"分类管理办法，增强农村党员管理针对性，促进党员发挥先锋模范作用。

通过走访调研，景宁将全县农村党员分成青年党员、村"两委"干部、流动党员、老党员四种类别，分类登记成册。由各乡镇（街道）党（工）委牵头，收集各村在产业发展、村庄治理、民生服务等方面的需求，形成"帮扶清单"，在村党群服务中心、养老食堂、爱心菜园、重点项目等公共服务区域设置"先锋岗"，分别由村"两委"干部、在村青年党员进行揭榜践诺、轮岗值守；实行村"两委"干部联系流动党员、在村青年党员联系老党员制度，通过"一对一"定期开展上门送学、暖心关爱、网络"面对面"等活动，加强流动党员情况掌握和跟踪服务，做好老党员精准帮扶。

为确保管理质效，景宁还推出党员志愿服务积分管理制和村"两委"干部工作绩效考核制，对村"两委"干部和青年党员联系服务、揭榜践诺情况实行一事项一登记、一季度一公示，结果作为党员先锋指数考评和村"两委"干部发放报酬重要参考。目前，全县村"两委"干部和青年党员先锋围绕项目招引、基层治理、服务群众等揭榜践诺5 000余个事项，组织流动党员开展活动2 800余次。

（案例来源：中国组织人事报新闻网）

思考与探讨

请查找并学习相关资料，阐述分类管理农村党员的理论依据以及意义。

第三章 公共部门人力资源规划与工作分析

引导案例

邮政人力资源工作全面深化"三项制度"改革，加快人力资源工作转型

2020年全国邮政人力资源工作会议强调全面深化"三项制度"改革，加快人力资源工作转型。两年来，围绕企业中心工作，集团公司加大人力资源管理改革创新力度，有效发挥组织保障作用，实现了五个新变化，即选人用人工作展现新气象、干部监督管理体现新导向、人力资源配置提升新效能、分配激励机制激发新活力、干部人才培养赋予新动能。

要适应形势，全面加快人力资源工作转型。从贯彻新时代党的组织路线、中央深化国有企业改革等五个角度，对中国邮政人力资源工作面临的形势任务进行了深入分析，得出在干部人才队伍素质、市场化激励机制建设、人力资源配置方式、投入效率效益、支撑服务能力等方面还存在不足。"知常明变者赢，守正创新者进。"面对新形势新要求新问题，人力资源工作必须遵循规律，把握趋势，加快工作转型，将是否有利于提高人力资源配置效率、是否有利于促进企业发展质量和效益提升、是否有利于调动干部员工积极性作为检验人力资源改革转型成效的根本标尺。要在五个方面开展工作，进行"五化"转型，即干部工作要向"体系化"转型，激励机制要向"市场化"转型，考核评价要向"价值化"转型，组织架构要向"扁平化"转型，管理方式要向"智能化"转型。

要统筹谋划，扎实推动人力资源重点改革工作。2020年是邮政人力资源全面改革的起始年，各单位党委自觉同党中央深化国有企业改革的要求对标对表，深刻领会新形势下人力资源"六个理念"、把握"六者"的角色定位，直面"五方面问题"，按照"五化转型"方向，落实国企改革三年行动方案要求，从深化干部人事制度改革、深化劳动用工制度改革、深化薪酬分配制度改革、加强人才赋能工作四个方面着力，抓好"十五项"重点工作，即强化领导班子建设，完善优秀年轻干部选拔培养机制，调整非领导职务管理政策，健全激励干部担当作为的机制，从严管理监督干部，优化人力资源配置结构，规范用工与外包管理，扎实推进中心局改革，取消机构升格建制，完善人工成本配置机制，建立全员绩效考核体系，全面推行计件工资制，健全分类分层培训体系，构建人才评价体系，

加强培训能力建设。

以下从七个方面对近期全国邮政人力资源工作进行具体部署。一要贯彻新时代党的组织路线，着力加强领导人员队伍建设。健全干部管理制度体系，优化领导班子结构，加大优秀年轻干部选拔培养力度，改进选人用人方式，完善干部考核机制。二要落实新时代干部监督工作要求，不断提高干部监督工作质量和水平。把政治监督摆在首位，深化领导人员担当作为监督，深化领导人员日常监督，深化选人用人工作监督，深化巡视巡察发现问题整改的督促检查。三要坚持"扁平、协同、高效"的原则，持续调整优化企业组织架构。积极稳妥推进中心局改革，理顺网运管理与调度职能，进一步加强和规范机构编制管理。四要按照"调结构、提素质、增效能"的要求，加大人力资源优化配置力度。实施劳动用工分类管控，加强业务外包管理，打通邮速人员双向流动通道。五要完善薪酬福利制度，充分调动干部员工的积极性。提高工资配置科学性，推进薪酬分配市场化，启动全员绩效管理体系建设，完善福利保障体系。六要大力实施人才赋能，有效提升员工队伍能力素质。强化分类分层培训，健全人才选拔评价机制，创新培训方式方法，加强赋能资源建设。七要加强基础管理工作，提升人力资源管理水平。深化人力资源支撑中心建设，完善人力资源信息系统功能，做好退休人员社会化移交工作，加强自身队伍建设。

案例来源：汪尧. 2020年全国邮政人力资源工作会议强调：全面深化"三项制度"改革，加快人力资源工作转型 [N]. 中国邮政报，2020-09-27.

本章学习目标

1. 理解公共部门人力资源战略管理的内涵
2. 掌握人力资源规划的内涵和程序
3. 掌握公共部门人力资源需求和供给预测的方法
4. 掌握公共部门工作分析的内容和程序
5. 掌握公共部门工作分析的方法

本章重点问题

1. 公共部门人力资源战略
2. 公共部门人力资源规划的程序
3. 公共部门人力资源需求和供给预测
4. 公共部门工作分析内容和程序
5. 公共部门工作描述和工作规范
6. 公共部门工作分析方法

本章思维导图

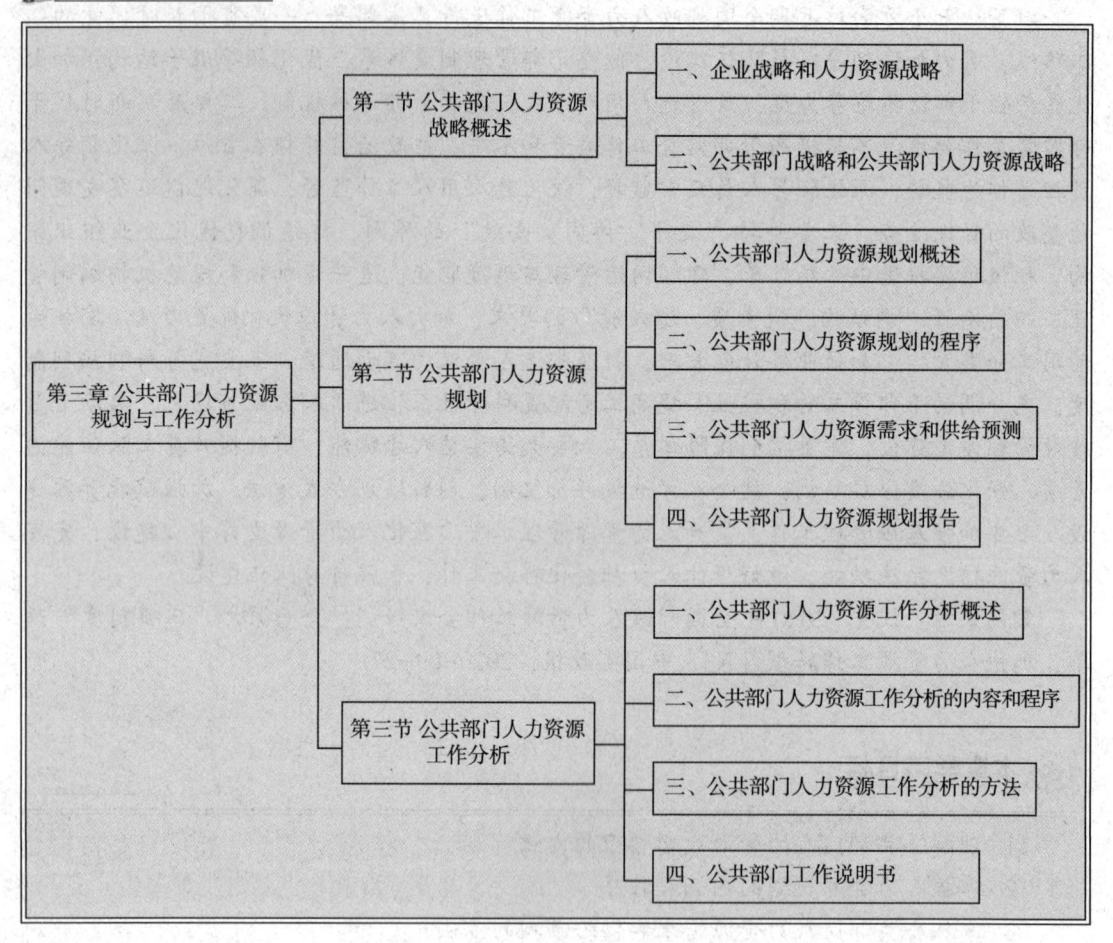

```
第三章 公共部门人力资源规划与工作分析
├── 第一节 公共部门人力资源战略概述
│   ├── 一、企业战略和人力资源战略
│   └── 二、公共部门战略和公共部门人力资源战略
├── 第二节 公共部门人力资源规划
│   ├── 一、公共部门人力资源规划概述
│   ├── 二、公共部门人力资源规划的程序
│   ├── 三、公共部门人力资源需求和供给预测
│   └── 四、公共部门人力资源规划报告
└── 第三节 公共部门人力资源工作分析
    ├── 一、公共部门人力资源工作分析概述
    ├── 二、公共部门人力资源工作分析的内容和程序
    ├── 三、公共部门人力资源工作分析的方法
    └── 四、公共部门工作说明书
```

第一节　公共部门人力资源战略概述

一、企业战略和人力资源战略

（一）企业战略

1. 企业战略的内涵

企业战略的核心是明确企业所追求的目标与方向，并采取相应的措施来达成这些愿景。企业战略管理是对企业战略目标进行制订、实施、控制、评价等一系列活动的总称。企业战略管理实质上是一个将企业的核心目标、相关政策和具体行为有序地融为一个有机的整体体系的过程。它要求管理者在组织内部制订出明确具体的战略目标、战术措施以及相应的保障措施。迈克尔·波特（Michael Porter）把公司的策略分类为成本领先策略、差异化策略和集中策略。企业可以根据自身的实际情况和外部环境的分析结果，选择一种适

合自身的战略。

2. 企业战略管理的步骤

企业战略管理过程可以被细分为五个基本步骤。

（1）明确企业的愿景和使命。在制定公司战略时，应考虑到如何实现这个愿景，即确立企业的经营理念，以知道企业的战略选择和行动，其中涵盖了说明企业共有的价值观念，以及企业存在的意义等内容。我们不仅要确定企业在生产经营过程中与客户、供应商及竞争者等特定利益群体间的关系，还要确定如何满足这些相关利益相关者的需求，例如强调为员工发展创造机会，以及为社会创造更多的就业机会等。

（2）对企业经营面临的外部环境进行深入考察。企业经营环境可以分为外部宏观环境和内部微观环境两类。此处是指对那些可能影响企业达成其愿景的技术、经济、政治和社会因素进行深入的系统性分析。通过这些要素的综合作用来促进企业战略目标实现，进而提高其经济效益与社会效益。从外部环境来看，外部环境也是影响企业经营效率的一个关键因素。高效规范的科学管理是增强企业外部环境适应能力必由之路。

（3）制订战略规划。企业应当评价企业的优势和劣势。分析的重点在于企业内部资源相对于竞争对手而言具有哪些明显的优势，以及这些优势受到哪些因素的限制。通过战略分析确定企业发展的战略目标和实现目标所需采取的行动方案，并在此基础上对未来一段时间内可能发生的各种变化进行预测和估计。

（4）确定企业的发展战略目标。根据战略制订出具体的战略目标，并提出相应的实施措施。在分析影响企业的外部环境和内部资源之后，确定企业的战略方向。公司必须明确其短期到中期的发展方向，包括公司的销售总额、盈利、预计的资本回报率，以及在客户服务和员工成长等核心领域的目标设定。

（5）实施战略。企业有责任将预先制订的战略规划转化为具体的行动和项目，并进行资源的合理分配。

（二）人力资源战略

1. 人力资源战略的内涵

关于人力资源战略，存在两种不同的解读。一种观点将其视为市场定位的过程，并根据迈克尔·波特的企业战略分类思路，将人力资源战略划分为成本领先、质量领先和差异化三个不同的战略类别。这是因为人力资源战略属于企业发展战略的一部分，与其他战略有着密切的关系，因此也可以说企业的战略就是其人力资源管理策略。还有一种观点将人力资源战略视为企业通过人力资源管理来达成其战略目标的一种管理手段，这种方式被称为战略性人力资源管理。这种观点认为，人力资源战略是一个动态系统；企业的人力资源策略是基于对内部和外部环境的深入分析，来明确企业的目标，并据此设定人力资源管理的目标，进而通过多种人力资源管理功能活动来实现这些目标。

2. 企业战略和人力资源战略的关系

企业战略和人力资源战略是企业中两个不同的战略。企业战略的范围通常比人力资源战略更广。企业战略需要考虑市场环境、竞争对手、技术趋势等外部因素，也需要考虑组织内部的资源和能力。人力资源战略则更加关注员工的能力和素质，以及如何将这些能力和素质与企业战略相匹配。人力资源作为与市场营销、财务会计、生产制造并列的子系统，对企业总体战略的实现具有重要的意义。在实际操作中，企业的策略和人力资源的策略可能存在差异。

举例来说，当企业采纳成本领先的总体策略时，可能会选择减少劳动成本的方法，以实现成本的最小化；当企业为了减少成本而决定裁员时，往往与企业强调员工的稳定、个人成长和自身对社会就业的责任的理念相违背；企业为了提高产品质量和服务水平等，也会选择降低人力成本的措施以达到提升自身竞争力的目的。尽管企业战略可能旨在推动产品的创新和技术的领先地位，但企业在人力资源管理上却倾向于成本为导向的策略，这使企业的人力资源管理对于实现企业的总体目标并没有起到积极的推动作用。企业在实施整体战略的过程中，应该考虑企业自身的人力资源情况。如果一个企业选择了产品领先和技术创新的策略，但其人力资源的现状并不足以支持这种策略，那么企业的整体战略很可能会受到人力资源的限制。人力资源的策略与公司的策略相匹配，对于达成公司的目标发挥着至关重要的作用。

二、公共部门战略和公共部门人力资源战略

（一）公共部门战略

公共部门战略是指政府或公共机构为实现其使命和目标而制订的长期规划和行动计划。这些战略通常包括政策、项目、资源分配和管理等方面的决策，旨在提高公共服务的效率和质量，满足公众需求，推动社会进步和经济发展。公共部门战略需要考虑政治、经济、社会、环境等多个因素，以确保其可行性和可持续性。此外，公共部门战略的执行需要与各利益相关者进行合作和协调，包括政府内部部门、民间组织、企业和公众等，以确保其有效性和透明度。

公共部门战略管理是以企业或公共机构为对象，通过制订战略规划、实施战略规划、评估规划结果来实现其目标和任务的全过程。在公共部门的战略管理中，我们需要持续地重新评估自己的任务和价值观，并从组织的外部环境，以及组织与环境之间的互动关系来审视公共部门的管理方式。这其中，使命管理、政治管理和运营管理共同构建了公共部门的"战略三角"结构。

（二）公共部门人力资源战略

1. 公共部门人力资源战略的内涵

公共部门人力资源战略是指公共机构或政府部门为了有效地管理和利用人力资源，以实现其组织目标和公共服务使命而制定的长期规划和策略。这一战略的核心在于优化人力资源配置，以确保公共部门能够拥有高素质、高效率的工作团队，从而更好地满足社会公众的需求。它涵盖招聘、培训、激励、绩效管理等方面，旨在建立健康、稳定、高效的组织结构，推动公共服务的提升和社会发展的进步。这一战略的制定和实施需要考虑到公共部门的特殊性和公共利益的重要性，同时需要与社会、经济、科技等方面的变化相适应，以确保其长期有效性和可持续发展。

公共部门人力资源战略的核心特质在于，其在服务于组织战略的基础上，将公共部门的人力资源管理与组织战略紧密地结合在一起。通过优化人力资源管理方法，改进组织文化，激发组织成员的积极性、主动性和创造力，从而提升组织的整体绩效。这不仅满足了社会大众的需求，适应了经济社会发展对公共部门的期望；也满足了组织成员在个人发展和自我实现方面的需求。

2. 公共部门组织战略和人力资源战略的关系

（1）公共部门的战略方向直接影响到公共部门的人力资源战略。

公共部门人力资源管理的目标在于实现组织战略目标，而战略是一个系统过程，包括一系列相互关联又互相制约的要素和环节，其中最重要的就是人力资源管理战略。公共部门的人力资源战略是基于组织战略构建的一种职能战略，它为人力资源管理提供了明确的方向和规划。

（2）公共部门的人力资源战略是支持公共部门组织战略的关键。

公共部门人力资源战略是以人力资源管理为基础，并对人力资源管理实施有效支持的过程，它体现在人力资源管理各环节上。组织战略与人力资源管理职能活动之间的联系是通过人力资源战略来实现的，其匹配度直接影响到人力资源管理与组织战略之间的一致性水平。公共部门人力资源战略包括战略性人力资源规划、战略性人力资源配置及战略性绩效管理三个层次，三者之间存在明显的双向作用和相互依赖性。

专栏 3-1

成员绩效角度的三种人力资源战略

戴尔和霍德认为人力资源战略是有关人力资源目标的决策以及实现目标的手段，并从控制组织成员绩效的角度提出以下三种战略。

（1）诱导战略（Inducement）。诱导战略强调通过各种激励和奖励机制来激发员工的积极性和创造力。这种战略关注设计和实施激励体系，如薪酬激励、晋升机会、福利待遇等，以吸引和留住高素质的人才。戴尔和霍德认为，通过提供具有竞争力的激励措施，可以激发员工的工作动力和效率，进而促进组织的发展和成长。

（2）投资战略（Investment）。投资战略注重为员工提供持续学习和发展的机会，以提升其技能和能力水平。这种战略涉及培训计划、教育补贴、职业发展规划等，旨在激发员工的学习热情，帮助其不断适应变化的工作环境和岗位要求。戴尔和霍德认为，通过持续地投资员工的职业发展，可以增强员工的工作满意度和忠诚度，同时提升组织的竞争力和创新能力。

（3）参与战略（Involvement）。参与战略强调员工参与决策和问题解决过程，以增强他们对组织的归属感和责任感。这种战略包括建立有效的沟通机制、开展员工参与的决策和项目、搭建员工反馈渠道等，旨在促进员工与组织之间的密切联系和合作关系。戴尔和霍德认为，通过培育一种开放、透明的组织氛围，可以激发员工的团队精神和创新能力，从而推动组织实现长期的可持续发展。

第二节　公共部门人力资源规划

一、公共部门人力资源规划概述

公共部门的人力资源规划不仅是公共部门人力资源管理的核心环节，也是确保在合适的时机招聘到足够数量的合格员工的关键条件。

（一）公共部门人力资源规划的内涵

公共部门的人力资源规划是一个过程，组织会根据其在特定时间段内的战略目标来确定对人力资源的需求，并确保在适当的时间和工作岗位上有足够数量的合格人员。它是一项复杂而系统的工程，涉及许多方面，如招聘与甄选、培训与开发、绩效考评等。人力资源规划主要阐述了以下几个方面：应该采取什么行动、如何进行、需要分配多少人力资源，以及在何时和何地进行这些活动。它不仅关系着公共部门自身的长远发展，还影响着整个社会经济的发展。人力资源规划在本质上是公共部门在确定的发展方向和目标下进行的人力资源计划管理。它是一种以战略为导向的管理控制体系，其基本职能就是预测未来的人力资源发展趋势和配置人力资源。公共部门的人力资源规划明确了公共组织在特定时间段内所需的人力资源类型，并提出了相应的策略来满足这些需求。

公共部门的人力资源规划是建立在公共部门在特定时间段内的战略目标之上的。在不同的社会发展阶段，公共部门人力资源规划具有不同的特点。人力资源管理活动的目的是实现组织的战略目标，它是为了配合组织战略目标的实现而进行的，而在一定的时间范围内，组织战略目标是制定人力资源规划的基本条件和方向指南。公共部门战略决定着整个社会经济发展的全局和长远目标，并在很大程度上制约着人力资源开发管理的水平。如果公共部门的人力资源规划与其战略目标出现偏差，那么公共部门的人力资源开发和管理活动不仅会失去其固有价值，还可能会妨碍公共部门战略目标的顺利实现。

专栏 3-2

规划与战略、计划的区别和联系

在公共部门的人力资源管理中，规划与战略、计划之间存在密切的联系，但它们在概念和应用上有一些不同之处。

规划是指确定组织未来的目标和方向，并制定实现这些目标的方法和措施的过程。在公共部门的人力资源管理中，规划涉及对人力资源的整体布局和发展方向的策划和安排。规划的重点在于对人力资源的需求、供给、配置、开发等方面进行分析和评估，以确保组织能够有效地利用人力资源来实现其使命和目标。

战略是指为了达成长期目标而制订的长期计划和方法。在公共部门的人力资源管理中，战略关注于如何利用人力资源来支持组织的长期发展和成功。这包括确定与人力资源相关的战略目标、价值观、文化和政策，以及设计相应的战略举措和措施，以确保人力资源的有效管理和利用。

计划是指为实现特定目标而确定具体步骤和时间表的行动方案。在公共部门的人力资源管理中，计划是根据组织的规划和战略制订具体的人力资源管理计划和方案。这包括招聘计划、培训计划、绩效管理计划、激励计划等，旨在确保人力资源能够按照战略目标的要求进行有效管理和运作。

在公共部门的人力资源管理中，规划、战略和计划之间存在着密切的联系和互动。规划提供了确定战略和计划的基础和方向，战略则为规划提供了长期目标和导向，而计划是在战略指导下实施的具体行动方案。因此，规划、战略和计划是相辅相成、相互支持的，都是公共部门人力资源管理的重要组成部分。

（二）公共部门人力资源规划的系统性

公共部门人力资源规划是一个全面而平衡的过程，它会受到公共部门内部和外部环境的影响。在新公共管理运动背景下，公共部门人力资源规划需要从战略层面上对其进行重新思考。人力资源规划是一个由多个要素按照特定的结构和作用机制相互联系组成的统一整体，它是公共部门人力资源管理的一个子系统，并与公共部门的其他子系统有联系。考虑到这种关系，综合平衡人力资源规划内部各子系统关系是人力资源规划的重要前提。

1. 人力资源规划的平衡

人力资源规划的平衡意味着在设计与执行人力资源战略时，必须综合考虑各种因素的和谐和均衡，目的是实现组织最优表现和员工的满足感。这种平衡涉及许多细节。

（1）人力资源应实现供应和需求的均衡，即要保证组织中有充足的拥有适当素质的员工，这是满足现有和未来工作需求的关键，同时防止出现人员短缺或过度的问题。

（2）内外部平衡。在招聘过程中确保内部员工得到平等和公平的竞争机会。在招聘、升迁和薪资结构方面，也需充分考虑外界市场的薪资待遇和商业竞争，以便有效地吸引和留住高质量的人才。

（3）成本与效益的均衡。确保人力资源的投资与回报之间达到均衡，从而最大限度地推进组织的生产力与成果，同时对成本进行有效管理。在追求员工绩效和组织成长之间找到一个均衡点是关键：通过平衡员工的表现与他们的职业发展需求来激发他们努力实现个人和组织的目标，同时给予他们所需的培训和发展机遇，从而提高他们的专业技能，明确他们未来的职业发展方向。

（4）长期与短期的均衡。考虑到组织的长远发展愿景与短期的业务需求之间的联系，要确保人才管理策略既能够支撑公司的持续运营，也能推动组织的可持续发展。

2. 人力资源规划需要考虑的问题

具体在规划中，我们要充分考虑以下几个方面。

（1）我们需要将公共部门及其工作人员的中期到长期的发展议题融入整体规划。在我国社会主义市场经济条件下，政府对公共部门进行宏观管理，必须有科学的、长远的战略规划，这就要求我们制订并实施人力资源规划。人力资源规划作为公共部门的策略性行动，旨在为公共部门未来的策略目标和行动预备所需的各种专业人才。

（2）在进行公共部门的人力资源规划时，必须充分考虑其中期到长期的特性。从长远角度来看，公共部门人力资源管理工作需要长期持续开展下去，所以在进行人力资源规划时，不能盲目追求短期效果，而应该以长远目标为导向。在进行规划的时候，我们必须全面考虑公共部门现有员工的未来发展需求，并结合员工的素质评估和能力分析，确保公共部门员工的长期发展与公共部门的长期发展是一致的。

（3）它必须与人力资源管理策略和方法相结合。这些政策措施是政府实施宏观调控的重要手段之一，也是提高公共服务水平和效率的重要途径。这些政策和行动包括公共部门雇员的内部培训、晋升和就业政策、公共部门雇员的奖励和惩罚政策，以及外部招聘策略。只有确定科学有效的人力资源开发和管理战略和方法，才能保证公共部门人力资源的需求和供给，确保公共部门人力资源供给及时、充足、稳定。

(三) 公共部门人力资源规划的种类

从不同角度分析，公共部门人力资源规划的类型不同。

1. 根据组织和部门层面划分

根据组织和部门层面划分，公共部门人力资源规划可以分为宏观层面的人力资源规划和微观层面的人力资源规划。其中，宏观层面的人力资源规划是公共部门人力资源战略中最重要也是最关键的环节之一。

从宏观层面看，公共部门的人力资源规划涵盖了组织层面的人力资源规划以及部门层面的人力资源规划。在公共部门的整体组织结构中，也应进行组织级的人力资源策划。公共部门组织级的人力资源规划涉及对整个组织的人力资源需求进行深入的分析和预测，明确组织的人力资源目标，并确定相应的策略和计划来实现这些目标。公共部门的人力资源管理活动必须围绕组织的发展战略展开，因此，要通过科学、合理的规划使之符合组织的总体发展战略要求。这类规划一般涵盖对公共部门全体人力资源需求的全面评价、前瞻性预测及详细规划，目的是确保该组织具备充足的人力资源以支撑其战略愿景。部门级的人力资源规划是针对不同职能部门的人力资源管理活动开展的人力资源规划，主要是对各部门内部的人力资源需求进行深入的分析和策划，确保每一个部门都能高效地满足其独特的人力资源要求。这类规划一般涵盖各个部门在人力资源方面的需求、招聘方案、培训方案以及发展计划等多个方面，目的是确保每个部门都具备充足的人力资源来实现其部门设定的目标。在公共部门中，由于涉及不同层次的人员配置问题，需要建立一个由多个层级构成的系统，其中每一级都有相应的职位要求与职责范围。公共部门可以通过组织级和部门级的人力资源规划，更有效地协调各部门间的人力资源分配，从而提升整个组织的绩效和效率。

从微观层面看，公共部门人力资源规划包括岗位级人力资源规划和项目级人力资源规划。岗位级人力资源规划侧重于对各部门内部人力资源需求的分析和规划，以确保各部门能够有效满足其特定的人力资源需求。该规划通常包括确定该职位所需的技能、知识和经验，以及招聘、培训和发展计划。项目级人力资源规划主要关注项目所需的人力资源，包括项目组成员的数量、技能、装备等。这种规划通常包括确定项目团队的构成、招聘和培训计划等，以确保项目能够按时、按质完成。通过岗位层面和项目层面的人力资源规划，公共部门可以更好地了解各个岗位和项目的需求，从而更好地匹配人才和职位，提高员工绩效和满意度。

2. 根据时间跨度划分

根据时间跨度划分，公共部门人力资源规划可分为长期、中期和短期。长期规划的时间一般在5年以上，中期规划一般为3~5年，短期规划一般为6个月~3年。值得注意的是，尽管短期、中期、长期是依据时间来进行划分，但其是相对的、变化的，不同的组织在不同的社会背景和竞争环境下，对于短期、中期、长期时间的划分也不尽相同。

通常，规划期与环境的不确定性影响之间存在如表3-1所示的关系。

表 3-1　规划期与环境的不确定性影响

短期规划：不稳定/不确定	长期规划：稳定/确定
组织面临诸多竞争者	组织居于强有力的市场竞争地位
经济社会环境经常变化	组织具有稳定的市场环境
政治法律环境经常变化	社会、政治和技术等环境变化是渐进的
产品和服务需求不稳定	稳定的管理信息系统
组织规模小	稳定的产品和服务需求
管理水平低	管理水平先进

3. 根据规划的层次划分

根据规划的层次划分，公共部门人力资源规划可以分为总体规划和业务规划。其中，总体规划是基于组织战略，围绕规划期内人力资源管理的总目标、总原则、总政策、总体实施步骤和总体预算进行的系统性安排。具体而言，就是对组织中人员、机构及其职能设置、职务序列以及岗位职责进行全面而系统的设计和确定。当整个机构遭遇重大调整或需要进行重组时，必须重新审视组织的结构和职位，并在此基础上确定整体的规划策略。总体规划包括人员招聘、培训、绩效评估和薪酬管理四个方面。业务规划可以被视为一个具体的计划，每一个项目都包括目标、内容、政策、流程和预算等多个方面，确保整体规划的目标实现，如表 3-2 所示。

表 3-2　公共部门人力资源业务规划

名称	目标	政策
配置计划	人员结构优化、职位轮换等	职位轮换范围等
晋升计划	骨干人员培养	晋升比例、选拔标准等
接续计划	后备人员数量	人员结构优化等
培训开发计划	提高素质增长知识，提高专业技能	培训的对象、内容、方式、效果等
薪酬激励计划	减少人才流失，提升组织效率	薪资结构水平、激励政策等
员工关系计划	提高工作效率，改善员工关系	加强沟通、民主管理等
退休解聘计划	降低劳动成本，提高劳动生产率	退休政策等

（四）公共部门人力资源规划的作用

1. 有助于组织战略目标的实现

人力资源规划是基于组织战略目标来确定的，并进一步将其转化为关键的人力资源政策和行动。人力资源规划是一种战略性管理活动，它通过确定人力资源管理目标、计划与控制等一系列手段来协调企业各部门之间以及员工个人与公司其他成员之间的关系。当公共部门的战略目标发生变化时，人力资源战略也会随之改变。人力资源规划的目的是通过提供合适的人才来确保组织战略目标实现。人力资源规划是人力资源管理与开发的重要内容之一，是现代企业管理的一项基础性工作。人力资源规划构成了组织战略规划的一个重要组成部分，其目的是实现组织的战略目标，它通过对人力资源进行前瞻性的调整、配置和补充，从而在组织战略的制定和执行过程中发挥至关重要的作用。

2. 确保组织发展中人员的供需动态平衡

随着环境变化的不稳定性不断上升，公共部门的变革速度也在加快，这导致了组织战略和人力资源战略的相应调整，因此，人力资源的供需关系也在不断变化。通过深入分析内外部环境，了解人力资源的供给与需求情况及可能的变化趋势，制订有效的招聘、选拔、培训和晋升计划，公共部门可保持内部人员供需平衡。此外，优化人员配置，合理安排工作任务和岗位分配，提高工作效率和生产力也是公共部门人力资源规划的目的之一。人力资源规划需要在充分考虑环境变化的基础上，为组织找到人力资源供需的动态平衡。

3. 为其他各项职能活动提供依据

人力资源规划旨在通过对组织现有人力资源状况的全面盘点，来预估该组织在未来某一特定时间段内对人力资源的需求。它以企业战略目标和战略发展目标为依据，根据员工对工作环境和条件的要求有计划地安排人力资源。作为公共部门人力资源管理系统的一个组成部分，它提供了招聘、晋升、职业生涯规划、培训开发、绩效评估和薪资管理等基础信息，并决定了人力资源管理其他方面的发展。

4. 有利于组织合理控制人工成本

人力资源规划通过精密的人力资源需求分析，有助于公共部门准确把握未来的人力资源需求趋势，避免因过度招聘或招聘不足而导致的人力资源浪费或生产力不足；能够帮助公共部门合理安排人员的使用和调配、优化人员配置，避免人员过剩或短缺的情况，从而提高劳动力利用率、降低人力资源成本，把人工成本控制在合理的范围之内。

5. 有助于兼顾组织利益和员工个人利益

组织通过人力资源规划获取合适的人力资源，确保公共部门的人力资源需求与组织战略目标一致，为员工提供具有发展潜力和职业晋升空间的工作机会，从而激发员工的工作动力和积极性，确保组织目标的实现。同时，规划也应重视员工的工作与生活平衡，通过合理安排工作时间和休假制度，关注员工的身心健康，提升员工的生活质量和工作满意度。

二、公共部门人力资源规划的程序

1. 信息收集

在人力资源规划中，首先要做的是收集相关的信息，并通过分析，找出影响人力资源配置的关键因素，确定合理有效的配置方案，以满足企业战略发展的需要。基于此，确定现有的人力资源与组织为实现其战略目标所需的人力资源之间存在的差异，以帮助管理者了解和控制本部门及员工目前和将来可能面临的各种问题，并在此基础上制订有效的人力资源管理计划。需要收集的信息主要有以下一些。

（1）该组织所承担的使命、设定的战略目标以及人力资源战略等多方面的职能战略。

（2）组织所处的内部和外部环境，例如，劳动力市场的构成、市场的供应和需求情况、对职业的看法，以及选择工作的心态等因素。

（3）当前的人力资源状况。负责组织和管理现有的人力资源，包括其数量、质量、组织结构、发展前景、内部和外部的流动，以及相关的现行政策。

2. 供需预测

在人力资源规划中，供需预测被视为一个技术性的核心环节。基于收集的信息和执行的人力资源政策，使用经验评估、统计技术和预测模型来进行预测，从而确定各个规划阶段的人力资源"净需求"。

3. 制订规划

基于人力资源的策略以及供需的预期数据，可以计算出人力资源的"净需求"状况，也就是平衡、短缺与过剩的状态，分析人力资源管理在企业中所处的地位以及对企业发展产生影响的各种因素。基于此，可进一步拟定人力资源的整体规划、各个具体的业务计划以及与之相关的人力资源策略。在此基础上建立基于战略规划的人力资源规划流程。在总体规划与业务规划、各个业务规划之间，以及总体规划与业务规划与组织其他规划之间，都需要实现有效的协调和一致性，以确保规划能够被有效地执行。

4. 实施规划

确保人力资源的整体规划和各种业务规划得到有效执行。组织也要提供一定的支持和保障。

5. 评估调整

在执行总体规划和各种业务规划之后，需要根据实施效果来评估其有效性，并根据评估结果及时反馈，以修正人力资源规划。战略规划与战略执行之间存在着一定的矛盾，即战略的制定与实施是两个不同阶段。鉴于战略目标的持续变化，预测的准确性也受到影响，因此在规划执行过程中可能会遇到各种问题，比如：预期目标是否已经实现？没实现的话，存在什么问题？原因是什么？应采取何种措施解决问题？这些问题的解决都要通过规划来体现。如果我们不对规划进行深入的评估，那么人力资源管理将无法得到有效的指导，从而使规划丧失其固有的价值。对评估结果的即时反馈是必要的，以便对规划进行即时的修订。

首先，评估必须是客观的、公平的、精确的。其次，比较实际招聘的人数与预期需求的人数、劳动生产效率的真实水平与预期水平、人员流动的实际状况与预测情况、实际执行的方案与规划的方案、方案的实际结果与预测的结果、人力资源和行动方案的成本与预算、行动方案的收益与成本等。如果在实施中发现有偏差，就需要根据具体情况调整或重新制订计划。最后，征询部门主管、基层管理人员及其他有关方面人员的看法。

公共部门人力资源规划是一个开放、动态的过程，其程序如图3-1所示。

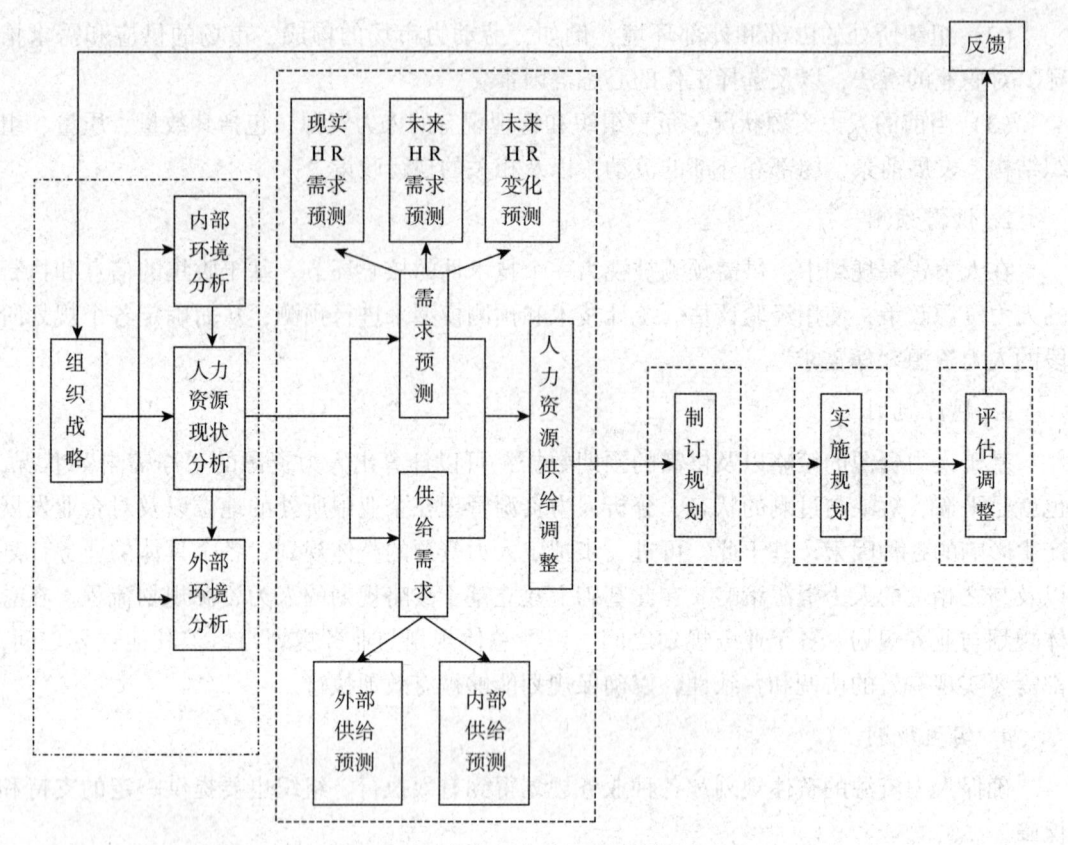

图 3-1 公共部门人力资源规划的程序

三、公共部门人力资源需求和供给预测

(一) 公共部门人力资源需求预测

1. 公共部门人力资源需求预测的内涵

公共部门的人力资源需求预测的内容涵盖综合分析、规模预测、结构性预测、质量评价、定期调整和决策支持等多个方面。其目的是全方位地评估公共部门的未来成长趋势和各种相关因素，从而确定在某一时间框架内所需的人力资源的数量、构成和品质，进一步为组织的人力资源管理决策提供科学依据，确保人力资源的最佳配置与应用。

2. 公共部门人力资源需求预测的步骤

(1) 基于组织的构架和职位的配置，来决定人员的编制和配置。

(2) 对现有的人力资源进行全面的盘点，仔细检查是否有人员短缺或超编的情况，并对组织内的成员是否满足职位资格标准进行审核。

(3) 探讨并确定各个部门当前的人力资源需求状况。

(4) 根据组织未来发展确定未来的组织结构设置。

(5) 根据组织未来发展确定各部门还需增加的职务、人数，结果即为未来的人力资源需求。

(6) 在预测的时间段内，对即将退休的员工进行统计。

(7) 根据历史数据，预测未来可能发生的晋升及离职情况。

(8) 汇总（6）和（7）的统计预测结果，即为未来流失的人力资源趋势。

(9) 将当前的人力资源需求、未来的人力资源需求以及未来可能流失的人力资源进行汇总，从而得出人力资源需求的预测结果。

3. 公共部门人力资源需求预测的方法

预测不仅可以依赖复杂的软件程序和大量的历史数据，还可以进行简单直接的逻辑推断，关键是要确保预测结果的准确性和有效性。预测方法可分为定性方法和定量方法。定性预测的常用方法包括德尔菲法、访谈法和经验判断法等，其中德尔菲法的应用尤为广泛。定量预测方法主要有成本分析法、趋势分析法和回归预测法。

(1) 德尔菲法。德尔菲法又称专家预测法，是邀请特定领域的专家或经验丰富的管理人员对特定问题进行预测，经过多次沟通协商达成共识的方法。德尔菲法作为一种常用的主观评判方法，凝聚了许多专家预测的智慧，以解决个人预测中可能遇到的信息不足和判断不够精确的问题。从另一个角度看，这种方法不通过集体讨论来进行。因为如果每个专家都能根据各自的经验对问题作出正确的回答，就可以减少由"一言堂"造成的混乱局面。当专家们以面对面的方式集体讨论时，可能会导致一些人因受到身份和社会地位差异的影响，变得不太愿意对他人进行批评，甚至可能会放弃他们的合理观点。这样，专家间就形成一种相互制约的关系。在德尔菲法里，专家们通过一个中介或协调者来搜集、分享和总结他们的反馈数据。这种方法可以避免专家之间的冲突和矛盾。德尔菲法在预测过程中通常需要进行多次尝试，以便让专家们的观点逐渐达成共识，这种方法具有很高的预测精度，特别适用于那些数据不足的预测场景。这种方法可以提高决策质量，缩短决策程序。其不足之处在于需要更多的时间。

专栏 3-3

德尔菲法需要注意的问题

在使用德尔菲法时，需注意以下几个方面。

(1) 选择合适的专家至关重要。专家应该在各自领域拥有专业的知识和经验。同时，要保证专家遴选多元化，涵盖不同观点和经验，且入选专家数量不宜过少。选择 20~30 人的时间比较合适，意见返回率不要低于 60%，否则缺乏广度和权威性。

(2) 问题设计要明确、具体，能够引导专家提出有益的意见和建议。避免提出过于宽泛或模糊的问题，避免专家意见分歧或无法达成共识。

(3) 德尔菲法的循环次数应该是有限的，并且需要在开始时就确定。过多的循环可能会导致专家们疲劳或失去兴趣，同时会延长整个过程的时间。

(4) 进行统计分析时可以根据不同专家的权威性赋予不同权重。

(2) 成本分析法。成本分析法是从成本的角度进行预测，其公式如下：

$$NHR = TB / [(S + BN + W + O) \times (1 + \alpha \cdot T)]$$

式中，NHR 为未来一段时间内需要的人力资源数量；TB 为未来一段时间内人力资源预算总额；S 为目前每人的平均工资；BN 为目前每人的平均奖金；W 为目前每人的平均福利；O 为目前每人的平均其他支出；α 为组织计划每年人力资源成本增加的平均百分数；T 为未来一定年限。

（3）趋势分析法。趋势分析法和成本分析法有相似之处，但前者着眼于发展趋势分析，后者着眼于人力资源成本分析。其公式如下：

$$NHR = \alpha \cdot [1 + (b-c) \cdot T]$$

式中，NHR 为未来一段时间内需要的人力资源数量；α 为目前已有的人力资源数量；b 为组织计划平均每年发展的百分比；c 为组织计划人力资源发展与组织发展的百分比差异，主要体现组织在未来发展中提高人力资源效率的水平；T 为未来一定年限。

（4）回归预测法。回归预测法是以组织某些因素与人力资源数量之间的关系为基础，通过建立回归方程进行预测的预测方法。它又可分为一元线性回归预测法和多元线性回归预测法。

①一元线性回归预测法。如果只考虑公共部门某一因素对人力资源需求的影响，可以采用一元线性回归进行预测。当人力资源的历史数据呈较有规律的近似直线趋势分布时，可求得回归方程 $y = \alpha + \beta x$，其中因变量 y 为人力资源需求量；自变量 x 为公共部门提供的产品或服务数量；α 是需要根据公共部门过去的数据进行推算的未知系数，表示当 $x=0$ 时，y 的数值，即长期趋势的基期水平；β 为趋势斜率，即 x 每变动一个单位时的增减量。α 和 β 的估算方法有多种，其中，根据最小二乘法计算的公式是：

$$\alpha = \frac{\sum y}{n} - \beta \frac{\sum x}{n}; \quad \beta = \frac{n\sum xy - \sum x \sum y}{x\sum x^2 - (\sum x)^2}$$

②多元线性回归预测法。公共部门的人力资源需求可能受到多种因素的影响。因此，如果存在两个或更多因素对人力资源需求的影响，就要采用多元线性回归预测法。

多元线性回归预测的基本公式可表达为：

$$y = \alpha_0 + \alpha_1 x_1 + \alpha_2 x_2 + \alpha_2 x_2 + \cdots + \alpha_i x_i$$

式中，y 为人力资源需求量；$x_1, x_2, \cdots, x_i$ 为影响人力资源需求量的若干因素；$\alpha_0, \alpha_1, \alpha_2, \cdots, \alpha_i$ 是根据过去的数据进行推算的未知系数。

找出和确定人力资源需求随各因素的变化趋势，就可推测出将来某年的人力资源需求量，其基本步骤如下。

一是确定与人力资源需求相关的因素。需要考虑的因素应与组织的特征相关，这些因素的变动与人力资源的需求变动应当是成比例的。这些因素可能包括但不限于行业需求、经济状况、市场竞争、技术进步、政策法规、组织发展战略等。

二是找出历史上这些因素与人力资源数量之间的关系。其包括过去几年的人力资源数量，以及与之相关的因素数据。

三是变量选择。在建立预测模型之前，需要选择可能影响人力资源需求的自变量。这些自变量可能包括行业增长率、市场需求量、经济指标、技术投入、人力资源培训等。确保所选自变量具有一定的预测能力和相关性。

四是计算劳动生产率。

五是确定劳动生产率的变化趋势。基于预测的人力资源需求量和预期的产出量，计算未来劳动生产率的变化趋势。这可以通过比较预测的人力资源需求量与实际产出量之间的关系来实现。

六是持续监测和调整。定期监测人力资源需求量的变化情况，及时调整管理策略和模型参数，以适应不断变化的组织环境和市场需求。

这一预测方法不将时间作为变量，能够综合考虑组织内外多种因素对人力资源需求的影响，从而使预测结果更准确。如果历史数据表明某些变量与人力资源的需求并不呈线性关系，那么就要采用多元非线性回归的预测方法。在实际应用时，通常采用数学手段将其转换为线性回归进行分析。

（二）公共部门人力资源供给预测

公共部门人力资源供给预测是估计未来一段时间内组织内部和外部供给的人力资源数量、质量和结构的活动，可分为人力资源内部供给预测和人力资源外部供给预测。影响供给预测的因素包括外部和内部两部分，外部因素又分为地区性因素和全国性因素，内部因素包括组织成员的数量、质量和结构等。

1. 公共部门人力资源内部供给预测

在预测公共部门人力资源的内部供应时，要对组织内现有的人力资源状况进行深入分析，包括但不限于年龄素质、工作经验、工作期限、培训项目等基础属性，以及发展潜力、晋升可能性和职业目标等相关信息。另外还要对组织内成员的流动模式和流动率进行总结，主要的流动模式包括死亡、伤残、退休、离职、晋升、降职，以及平行职位的流动等，流动率涵盖离职率、调动率及升迁率，可以以年为期限。预测内部供应的方法主要可以划分为定性和定量两大类，其中，定性方法如人员接替法，而定量方法如马尔可夫转移矩阵法。

（1）人员接替法。人员接替法是一种有效的人力资源管理方法，其目的是高效地组织员工的离职和新员工的进入，以保证组织的连续性和有效性。这种方法可以考虑员工的经验、技能和工作水平，制订适当的继任计划和培训计划，促进新员工快速融入工作环境，从而提高组织的竞争力和绩效水平。

某校的人员接替示意如图 3-2 所示。字母和数字是对其绩效和晋升可能性的评估。A 表示可以提拔，B 表示还需要培训，C 表示现任职位不合适。对其绩效的评估在此分为四个等级：1 表示绩效突出，2 表示优秀，3 表示一般，4 表示较差。人员接替示意图不仅可以使组织明了其内部管理人员的情况，而且能体现出组织对管理人员职业生涯发展的关注。如果出现人员不能适应现职或缺乏后备人员的情况，组织就可以尽早准备。

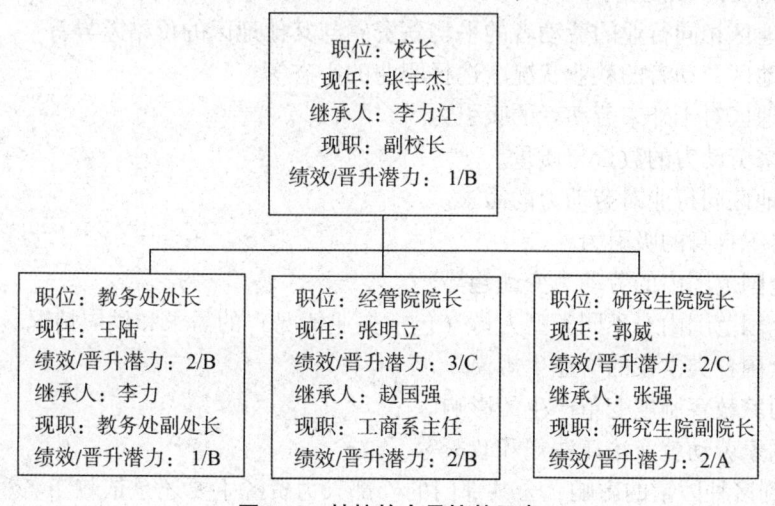

职位：校长
现任：张宇杰
继承人：李力江
现职：副校长
绩效/晋升潜力：1/B

职位：教务处处长
现任：王陆
绩效/晋升潜力：2/B
继承人：李力
现职：教务处副处长
绩效/晋升潜力：1/B

职位：经管院院长
现任：张明立
绩效/晋升潜力：3/C
继承人：赵国强
现职：工商系主任
绩效/晋升潜力：2/B

职位：研究生院院长
现任：郭威
绩效/晋升潜力：2/C
继承人：张强
现职：研究生院副院长
绩效/晋升潜力：2/A

图 3-2 某校的人员接替示意

在实际操作中,候选人可能不止一人,也可能暂时空缺。职位候选人也不一定必须来自本单位或本部门,其工作业绩也不一定是最佳的,只要他具备胜任该工作的能力或潜力。现实中,我们还可以采用表3-3所示的表格来表示人员接替情况。

表3-3 人员接替表

职位:校长					
姓名	晋升可能性排序	现职	绩效	晋升潜力
李力江	1	副校长	1	B
王陆	2	教务处处长	2	B
郭威	3	研究生院院长	2	C
张明立	4	经管院院长	3	C

(2) 马尔可夫转移矩阵法。马尔可夫转移矩阵法是描述未来状态仅与当前状态相关的马尔可夫过程的数学工具,它通过构建状态空间和状态转移概率矩阵,对系统状态进行建模和预测。转移矩阵中的元素表示从一个状态到另一个状态的概率,通过迭代得到不同时间的状态分布。马尔可夫转移矩阵法是一种基本的定量方法,是一种动态的预测技术,它以转移率是固定的为前提。一旦各类的人数、转移率和补充人数既定,就可得出未来人员的数量分布。

2. 公共部门人力资源外部供给预测

一个组织的内部资源无法满足其对人力资源的需求时,就必须寻求外部的资源供应。因此,从外部环境的角度来看,这实际上是对人力资源的宏观外部环境进行的分析,主要涉及以下十五个因素。

(1) 该地区的人口总数与其人力资源的比例。它确定了该地区可提供的人力资源的总量。

(2) 该地区人力资源的总体构成。

(3) 该地区的住房、交通、生活等条件。

(4) 该地区的科教水平。

(5) 该地区相同行业的劳动者的平均薪资、与其他地区的价格差异等。

(6) 该地区劳动者的就业状况、选择职业的心态等。

(7) 该地区对于外来劳动者的吸引力。

(8) 外来劳动力的数量与质量。

(9) 该地区同行业对劳动力的需求。

(10) 组织自身的吸引力。

(11) 全国范围内的劳动力变动趋势。

(12) 全国范围内对不同类型人员(包括失业情况)的需求和供应情况。

(13) 全国各类学校的毕业生规模。

(14) 国家教育制度变革产生的影响。

(15) 国家劳动就业法律法规和政策等。

虽然受到多种因素的影响,公共部门的外部人力资源主要还是依赖于各种类型的学校毕业生、退役军人,以及其他部门流失的人员。因此,在特定的公共组织内部职位中,上述某些影响元素在特定的时间和地点可以视为常量，这有助于显著减少工作负担。

预测公共部门人力资源的外部供应主要采用以下方法：首先，参考相关的法律、法规、政策和其他相关资料；其次，向相关的部门、教育机构、人才市场等进行咨询；最后，可以自行或委派相关机构进行人力资源的调研，例如召开会议或抽样调查等。

四、公共部门人力资源规划报告

在公共部门人力资源规划中，撰写人力资源规划报告被视为最终步骤。一个全面的人力资源规划报告通常由两个主要部分构成，分别是总体规划和具体规划。

（一）总体规划

总体规划是结合公共部门的发展战略，针对规划期内人力资源管理的总体目标（包括总体工作绩效、员工总数、员工素质、员工满意度等），通过科学合理的人力资源管理，实施招聘、培训、激励、考核等策略和措施，涉及公共部门人力资源的基本政策。总体规划所筹划的实施步骤一般是具有指导性的，通常按年度进行筹划。

总体规划主要包括以下内容。

（1）对公共部门的人力资源供需现状进行评估与分析，实施有力的策略以确保人力资源供需之间的平衡。

（2）根据公共部门发展战略和内外部环境的变化，对公共部门人力资源未来可能出现的供求形势进行预测，进行动态均衡工作。

（3）规划公共部门人力资源开发与管理程序。内容包括新员工招聘、培训等活动的具体目标、任务、政策、步骤和预算。

（4）确保人力资源总体规划与其他专项规划相互衔接，同时保证专项规划的内在平衡。

（5）完善有关提高人力资源规划效益的内容。

（二）具体规划

具体规划是对整体规划的细化和具体化。具体规划的内容主要涵盖人员补充规划、人员使用规划、人员教育和培训规划、人员职业生涯和发展规划，以及人员绩效考核和激励规划等方面。

1. 人员补充规划

受多种因素的影响，公共部门经常会出现新的职位和空缺，这就需要组织制定必要的政策和措施，以确保在职位空缺时能够及时得到人员的补充，这就是人员补充规划。人员补充规划可以通过编制员工发展计划、招聘计划、培训计划，以及其他一些人力资源管理制度加以实施。人员补充规划与晋级计划之间存在紧密的联系。晋升也可以视为一种职位的补足，它意味着员工在组织内从初级职位晋升到高级职位，这会导致职位逐级向下推移，直到最基层的职位出现空缺，在这种背景下，内部的补充会转变为外部的补充。

2. 人员使用规划

人力资源管理部门根据公共组织对员工的预期需求，进行人员的合理配置和安置，确保每个人都能充分发挥其能力和才华。人员的开发与利用是提高管理效率和效益的重要途径之一。

3. 人员教育和培训规划

人员教育和培训规划是现代公共部门锻炼提升员工各方面能力的重要方式之一。通过教育和培训，公共部门人员可以传达组织法律规定和政策规章，不断提升专业技能，掌握最新的管理理念和工作方法，从而提高服务水平和效率。人员教育和培训规划也有助于增强公共部门人员的责任感和使命感，提升其为公众服务的积极性和专业精神。为了提高职务晋升者或新入职者对新岗位的适应能力，培训的相当一部分工作会在晋升或担任新职位之前完成。

4. 人员职业生涯和发展规划

人员职业生涯和发展规划包括两个层次，即个人层次的职业生涯规划和组织层次的职业生涯规划。

个人层次的职业生涯规划是指个人通过对自己过去经历、知识水平、个性特质等方面的分析，确定自己的未来职业方向及努力方向，并据此制订相应计划以实现自身价值的一种行为过程。

组织层次的职业生涯规划则是组织为了不断提高其成员的满意度，使其能与组织的发展和需求统一起来所制订的协调组织成员个人发展与组织发展之间关系的管理方案。在人员职业生涯规划和发展管理过程中，公共部门一方面应尽力为组织成员表现其能力提供平台；另一方面也应为有能力的人员提供符合其才干的职业发展通道，使其有充分展现个人天赋、体现个人价值的机会。在个人成长和职业发展中，只有做到个人职业生涯规划与组织发展目标协调一致，才能达到共赢。不考虑个人职业生涯规划的公共组织职业生涯管理难以达到良好的效果。公共部门的人力资源管理活动必须适应社会经济发展对公共人力资源提出的要求，为组织创造最大的价值。公共部门要想取得良好的职业绩效，就必须重视并加强对个人职业生涯规划的管理。

5. 人员绩效考核和激励规划

绩效考核通过全面评价公共部门工作人员的工作表现，可以有效提高公共服务质量和效率，提升管理水平和能力。同时，激励机制可以激发员工工作的积极性，提高工作效率和质量，从而更好地满足公众需求，促进公共事业发展。建立公共部门目标导向的绩效考核体系，以及适当的薪酬制度和激励机制，是增强公共部门工作人员执行力、提高员工素质的必要条件。

（三）需要注意的问题

在制订公共部门人力资源规划时，应注意以下问题。

1. 充分考虑公共部门内、外部环境变化

人力资源规划只有充分考虑组织内、外部环境的变化，才能避免规划在实施过程中出现问题，从而更好地适应社会的要求，促进公共部门目标的实现和可持续发展。

2. 力求公共部门人力资源供需均衡

公共部门人力资源供需平衡是指保证公共部门人才需求与供给平衡的管理和调整机制。这包括公共部门各种职位的需求，以及有能力担任这些职位的人才的供应。通过公开招聘、竞争性考试等市场调节机制，既保证劳动效率，又体现公平原则。

3. 尽力让公共组织及其人员得到长期利益

人力资源规划不仅是公共部门的规划，也是员工个人职业生涯规划。公共部门发展与员工发展是相互依赖、相互促进的关系，人力资源管理的核心问题之一就是如何有效地开发和利用人力资源，以满足人们日益增长的物质文化生活需要，从而使公共部门获得竞争优势。

第三节 公共部门人力资源工作分析

一、公共部门人力资源工作分析概述

（一）工作分析的内涵

工作分析是公共部门人力资源管理活动的基础，有效的人力资源管理活动是建立在科学的工作分析基础上的。公共部门工作分析是指对公共部门内部各种职位、工作内容和工作要求进行系统性和综合性的分析。工作分析具体来讲，就是明确某一岗位或职位包括哪些责任和任务，以及这些责任和任务由具备哪些能力的人来担当更为合适。工作分析有利于实现公共部门内部人力资源的优化配置。

工作分析应当在调查及搜集相关信息和资料的基础上，对某一工作所承担的责任及包含的任务进行明确划分与界定，并确定该工作的承担者要完成该工作所需要的素质和能力。

（二）工作分析相关要素

1. 工作要素

工作通常是由一系列的微小单元组成的，这些构成工作的微小单元，通常被称为工作要素。它们可以分为基本元素和非基本元素两大类。工作要素可以被定义为在工作活动中无法进一步拆分的最基本的活动单元。工作要素有不同层次和数量上的要求，它们之间存在着相互制约与相互影响的关系。比如说，无论是捡起、搬运还是放置，都是最基本的操作单位，也就是工作的核心要素。如果把一个完整的工作划分成若干个小环节或步骤来进行分析的话，可以看出，每道工序都由其相应的工作要素组成，它们之间相互关联，互相制约，共同保证整个生产作业任务的实现。当一系列的工作元素，例如提起、搬运、放置等，按照特定的顺序结合在一起，就共同构成了某项工作的完整流程。

2. 任务

任务可以理解为为了实现特定目标而进行的一连串行动。它可以由不同的主体去完成，也可以是多个主体共同行动的结果。完成每一个任务不仅具有明确的目标导向，还涉及一系列按照特定的规则和次序相互关联和连接的工作元素。

3. 职责

职责是在一定范围内，对一个具体职务的完成情况进行监督检查的一种手段，它既包括对其所属部门及工作人员行为的监督检查，也包括对他们的奖惩等。职责往往与某个具体的工作或职业紧密相连。在我国现行法律体系中，职责与责任都属于行政法范畴，但二者并不完全相同。比如说，教师的主要职责是教育和培养学生，军人的主要职责是确保国家的安全，而公民的责任是遵循公共的道德标准和法律法规。

4. 职位

职位也称岗位，代表了一个员工所承担的全部任务和职责的集合，它是人与事务紧密结合后形成的核心单位。职位是在一定的社会经济条件下，由特定主体通过一系列程序而产生，并为其服务于特定目的而确定的相对固定的工作岗位。通常情况下，组织内的职位和员工数量是一一对应的，也就是说，组织内有多少个职位，就应该有相应数量的员工。职务和职位之间存在明显的差异。职务一般包括一定范围内的职责、权限、地位等内容。职务通常是由一系列性质相似或近似的职位组成的，一个职务可能同时代表两个或更多的职位。在同一个单位里，同一岗位上可能存在若干个人，也会有若干个甚至更多的人担任同样的职务。比如，教育局的副局长这一职务，可能与教育局的多名副局长相对应，他们各自负责不同的领域，如人事和财务等，这些职位通常是不同的。

5. 工作

工作可以由一个或多个在主要职责和任务上高度相似的职位组成，也就是那些相似或相同的职位的统称。在人力资源管理中，工作被定义为组织内人员之间以及他们相互之间关系的总和。

6. 职业

职业可以被定义为在各种不同的组织里从事类似的工作，并承担类似的职责的一系列任务的统称。职业包括非生产性职业、经营性职业、劳务性职业、服务性职业等类型。一个国家或地区职业结构是否合理、协调和优化，关系着该国或地区社会经济的稳定持续发展。职业在很大程度上影响着人们的生产活动、生活习惯、社会地位及收入状况。

（三）工作分析在公共部门人力资源管理中的作用

1. 工作分析有利于解决公共部门权责不清的问题

公共部门的工作分析构成了确定岗位和编制的根本依据。定岗是一个过程，公共部门会根据其在特定时间段内的工作目标和任务，结合当时的科技发展和部门的劳动生产效率，在满负荷的工作环境中确定部门的职位配置、数量和分布。定职是对岗位进行分类并赋予相应等级职务的过程。定编是一个过程，在确定岗位的基础上，根据岗位的具体设置和需求，来决定组织所需的员工数量、素质以及人员组成等各方面。它是对一个特定工作岗位进行分类，把每个人都分成若干个不同类别的方法。它不仅对行政机关的人事管理有重要作用，而且对于提高工作效率也有十分重要的意义。

2. 工作分析帮助公共部门招录合格人才

工作分析可以帮助公共部门确定适当的选拔标准。通过了解不同岗位的岗位要求和技能要求，公共部门可以制定相应的选拔标准，确保招聘的人才具备所需的技能和能力，更加适应该岗位。通过工作分析，公共部门可以更好地评估招聘和选拔的人才是否符合预期，以便及时进行调整和改进。

3. 工作分析有助于提升绩效考评和绩效管理水平

工作分析有助于确定评估指标和标准。通过了解工作的具体要求和关键绩效指标，公共部门可以制定符合实际情况的评价标准，保证评价的全面和公平性。这有助于避免主观评价偏差，提高评价结果的可信度和有效性。同时，工作分析也能促进反馈和改进。对工作的进一步了解，有助于及时发现工作中的问题和不足。根据这些发现，我们可以提出有针对性的改进建议，优化绩效评价和管理体系，不断提高组织的整体绩效水平。

4. 工作分析为公共部门人员培训提供依据，具有针对性

工作分析有利于深入了解不同职位的具体工作内容、职责和技能要求，这为教育培训提供了明确的方向，使培训内容与实际工作需求相匹配。例如，如果工作分析表明某个职位需要特定的技术或专业知识，那么就需要进行该领域的培训。

5. 工作分析有助于公共部门人力资源的有效配置

工作分析可以帮助公共部门更好地匹配人才与岗位，确保员工技能和能力符合岗位要求。有效的工作分析可以确保将员工分配到适合其技能和兴趣的职位。这有助于提高员工的工作满意度和积极性，提高员工对组织的归属感和忠诚度。通过了解不同岗位的具体要求，公共部门可以更准确地评估员工的适应性和兼容性，从而有效配置人力资源，提高工作效率和绩效水平。

6. 工作分析有利于薪酬设计和管理

工作分析为薪酬设计和管理提供依据。通过对每个职位的深入分析，公共部门可以清楚地了解不同工作所需的技能、职责和工作内容的差异。这种认识为建立健全薪酬结构提供了依据。不同的工作有不同的重要性、难度和市场需求，工作分析可以帮助确定每个职位的相对价值，从而确定合适的薪资水平。它为建立可接受的薪酬结构和激励机制提供重要支撑，有助于提高组织的薪酬公平性、竞争力和增强激励效果。

二、公共部门工作分析的内容和程序

工作分析的内容取决于工作分析的目的和用途。不同的公共部门要做的工作不同，自身的组织特性也不同，因此工作分析的内容与侧重点有所不同。一般来说，工作分析包括两方面的内容：一是工作描述，二是工作规范。

（一）工作描述

工作描述是对工作内容、职责、技能要求等的详细分析和说明。工作描述既包括工作内容的描述，也包括工作背景的描述，旨在帮助组织更好地了解各个职位的特点和要求，为薪酬设计、绩效评价、招聘选拔等人力资源管理活动提供依据。工作描述主要包括：

（1）职责和权责。公共部门工作描述会明确规定该部门的职责和权责范围，包括所属领域的管理、监督和服务职能，以及与其他部门的协调合作关系。

（2）工作目标和任务。公共部门工作描述会明确规定该部门的工作目标和任务，包括完成政府下达的各项任务和项目，推进相关政策的实施和落地。

（3）组织架构和职能划分。公共部门工作描述会明确规定该部门的组织架构和职能划分，包括各级机构设置、岗位职责和工作流程等，以确保工作的有序进行和高效运转。

（4）工作方法和标准。公共部门工作描述会明确规定本部门的工作方法和标准，包括工作流程、操作规范、服务质量要求等，以提高工作效率和服务水平。

（5）职业素质和道德要求。公共部门工作描述会明确规定本部门从业人员的职业素质和道德要求，包括廉洁自律、服务意识等，确保人员具有良好的职业道德和行为规范。

(6) 绩效考核与评价。公共部门工作描述会明确规定本部门的考核机制和绩效评估，包括工作目标的实现情况、工作质量和效率、服务满意度等指标以有效评价工作人员的绩效并采取奖励或惩罚措施。

（二）工作规范

工作规范是指旨在规范和指导工作行为的一套标准和准则。它们旨在确保组织内的成员在执行工作任务时遵循一致的标准和行为准则，以确保工作高效有序，同时维护组织的声誉和利益。工作规范涉及的内容主要包括如下几点。

(1) 工作承担者的生理要求，包括年龄、性别、健康状况等。

(2) 工作承担者的知识要求，包括文化程度、知识水平及工作经验等。

(3) 工作承担者的能力要求，包括观察能力、学习能力、理解能力、问题解决能力、决策能力、语言表达能力等。

(4) 工作承担者的技术要求，主要指完成工作所需要的专业技术能力。

(5) 工作承担者的心理要求，包括性格、工作态度、事业心、合作性等。

专栏 3-4

某税务局人力资源处招聘专员的任职说明

岗位：招聘专员 部门：税务局人力资源处 年龄：23～35 岁 性别：不限 工作经验：具有三年以上人力资源工作经验
生理要求 身高：女性 1.60～1.70 m；男性 1.70～1.80 m 体重：与身高成比例，正常范围内均可 健康状况：无残疾，无传染病 声音：普通话标准，语速正常
知识和技能要求 1. 学历大学本科以上 2. 英语四级以上 3. 能熟练使用 Windows 和 Office 系列软件 4. 有驾照 5. 语言表达能力强，能够准确、清晰地向应聘者介绍部门情况，能解答应聘者提出的问题 6. 文字表述能力：能够准确地将希望表达的内容用文字表述出来
综合素质 1. 有良好的职业道德 2. 独立工作能力强，具有独立完成布置招聘会场、接待应聘人员、评价应聘者非智力因素等工作的能力 3. 工作认真细心，能保管好各类材料

(三) 工作分析的程序

为了确保工作分析能够达到预期效果，必须严格执行工作分析的程序。工作分析的程序通常分为准备阶段、调查和信息收集阶段、分析阶段、完成阶段、维持和修正阶段，如图3-3所示。

准备阶段 → 调查和信息收集阶段 → 分析阶段 → 完成阶段 → 维持和修正阶段

图3-3 工作分析的程序

1. 准备阶段

准备阶段的主要任务包括明确工作分析的目标和应用场景，组建专门的工作分析团队并对相关员工进行专业培训，掌握实际情况，选择合适的工作分析样本，制订详细的调查计划及明确的调查方法等。具体工作内容如下。

（1）明确工作分析的目标和目的。无论什么组织、什么部门，在做工作分析时都应该有明确的目标导向。要有效地进行工作分析，明确这些目标并理解其具体目的是基础。根据工作分析的目标和用途，选择的调查样本、所需信息的大小和数量以及使用的方法通常存在差异。

（2）培训分析人员。对参与工作分析的人员进行必要的培训和指导，使其了解分析的目的、方法和技巧，确保分析过程的有效性和准确性，并熟练掌握工作分析的步骤和方法。

（3）收集信息。收集与目标工作角色相关的材料和信息，包括现有的工作描述、工作流程、组织结构、员工手册等。这些信息可以帮助分析人员更好地了解工作环境和工作要求。

（4）制订工作分析计划。制订详细的工作分析计划，包括分析的时间安排、参与者的安排、数据收集方法等。确保计划充分满足各种因素，以保证工作分析的顺利进行。

（5）选择分析方法。选择合适的工作分析方法。常用的方法有访谈法、观察法、问卷法、任务分析等。根据实际情况和需求选择最合适的方法。

2. 调查和信息收集阶段

工作分析的调查和信息收集阶段是确保准确理解工作内容和要求的重要步骤。这一阶段的关键是确保收集到的信息准确、全面并能够满足调查的需要。具体工作如下。

（1）确定调查方法：在此阶段，需要确定适当的调查方法来收集有关工作角色的详细信息。常见的调查方法有访谈法、问卷法、观察法等。根据情况选择最合适的方法或组合运用多种方法。

（2）访谈主要利益相关者。除了员工之外，还应该与经理、团队领导、人力资源专家等关键利益相关者进行沟通和交流，从不同的角度获取信息和意见。

（3）文件分析。对相关文件和材料进行分析，例如职位描述、工作流程图、培训材料等，可以提供有关职位内容和要求的详细信息。确保彻底审查和分析文件以获得准确的数据。

（4）记录、整理信息。在信息收集过程中，及时记录和整理获得的信息和数据，确保信息的准确性和完整性。可以使用笔记、视频等方式进行记录。

（5）对于被调查的岗位，员工必须对其工作特征和员工特征出现的频率和重要性进行分级评估。

（6）核实信息的准确性。一旦收集信息，必须对其进行验证，以确保其准确性和可靠性。信息可以通过多个来源进行验证或与其他相关资料进行比较。

在工作分析过程中，必须收集的信息通常包括工作内容和职责、工作环境和条件、工作关系和沟通风格、工作流程和制度、工作挑战和问题、员工反馈和建议等。

专栏3-5

工作分析中的6W1H

工作分析中的6W1H是指对工作进行深入了解时所需回答的六个问题和一个补充问题，六个问题分别是：

Who（谁）：指执行工作的人员是谁，包括工作的持有者、负责人或相关的团队成员。

What（什么）：指工作的具体内容是什么，包括工作任务、职责和目标。

When（何时）：指工作何时进行，包括工作的时间要求、执行频率等。

Where（何地）：指工作在哪里进行，包括工作地点、工作环境等。

Why（为何）：指工作的目的和意义是什么，包括工作的背景、目标和意图。

How（如何）：指工作如何执行，包括所需的技能、方法、流程和工具等。

补充问题是：

How much（多少）：指工作的数量或程度，包括工作量、要求的资源量等。

3. 分析阶段

在工作分析中，分析阶段是至关重要的一个阶段。在这个阶段，分析人员通常会采取多种方法来收集和分析相关信息，以更好地了解工作内容和要求。以下是分析阶段可能涉及的主要步骤。

（1）确定目标和范围。在开始分析之前，必须明确界定工作分析的目的和范围。这有助于确保分析过程能够聚焦关键领域，使结果更有针对性。

（2）收集数据。此步骤涉及收集与工作相关的各种数据和信息。

（3）任务分解。将工作任务一项一项分解，以便更清楚地了解工作的每个组成部分。这可以帮助识别工作的基本构建模块，以便更好地进行后续分析。

（4）技能分析。分析工作所需的各种技能和能力。

（5）工作环境分析。了解工作环境对工作任务的影响，包括工作条件、工作场所和工作时间等因素。这有助于确定工作的实际完成情况。

（6）数据整合与分析。整合收集到的各种数据并进行深入分析。运用各种数据分析方法，以便从中获取有价值的见解。

（7）结果总结和报告。总结分析结果并编制报告。编制的报告必须清楚地描述工作的各个方面，例如工作的技能要求、工作环境等，并提出相关建议，加以改进。

4. 完成阶段

在完成阶段，分析人员将对收集到的数据和信息进行总结和整理。此阶段的关键是保证结果的准确性和完整性，避免可能出现的错误或遗漏。同时，还必须对获得的信息的可靠性进行检验，以确保能够为后续的决策和规划提供可信的依据。

5. 维持和修正阶段

维持和修正阶段是一个持续的过程，旨在确保工作分析的及时性和适应性。在这个阶段，分析人员必须持续监测和评估工作环境的变化，以及工作本身的变化。他们需要定期更新数据和信息，以反映最新的工作要求和条件。此外，他们还需要与利益相关者保持沟通，收集反馈意见并根据需要对工作分析进行修改和调整。这一阶段的关键是灵活性和适应性，确保工作分析始终满足组织和员工的需求并反映当前的现实。

三、公共部门人力资源工作分析的方法

公共部门人力资源工作分析的方法大致可以分为定性分析方法和定量分析方法两类。定性分析方法主要有访谈法、问卷法、直接观察法、工作日志法和关键事件法等；定量分析方法大多以调查问卷为基础，常见的调查问卷有职位分析问卷、管理职位描述问卷和任务分析清单等，常见的方法有职能工作分析法。

（一）访谈法

1. 访谈法的内涵

访谈法（Interview，INT）旨在通过与被访谈者交流、收集信息和观点来深入了解特定主题或问题。访谈法的形式主要有个别访谈和集体访谈。访谈时，可以要求被访谈者详细描述他们从事工作的内容，以及完成这些工作所需遵循的流程和具体方法。访谈者首先需要告知被访谈者访谈的目的，还应尽可能使访谈在友好的气氛下进行，避免对被访谈者形成精神或心理压力，从而保证所获信息和资料的真实、可靠、全面。

2. 访谈法应注意的问题

访谈时要注意以下几点：提出的问题要和工作分析的目的有关；分析人员在进行语言表达时，必须确保表达的清晰和含义的准确性；问题应当是明确和清楚的，避免过于隐晦；问题与对话的主题不应超越被访谈者所掌握的知识与信息；讨论的问题和内容不应激起被访谈者的不满情绪，也不应触及其个人隐私。

3. 访谈法的优缺点

访谈法的优点是可以提供深入和详细的信息。和被访谈者谈话可以获取被访谈者的真实观点和情感反应，从而获得更加全面和深入的理解。但是，访谈法也有许多缺点。比如，访谈过程受到研究者主观的影响，可能导致信息的不客观；访谈需要大量时间和精力，尤其是需要访谈多名人员时；有些被访者可能因为记忆偏差、社交期望或其他原因而提供不准确或不完整的信息；访谈法在一些敏感话题上可能受到被访谈者的回避行为的影响，导致信息的局限性。

（二）问卷法

1. 问卷法的内涵

采用问卷法（Questionnaire，QST）时，应根据工作分析的目标和内容，预先根据调查的问题和希望获得的信息设计问卷，然后由被调查者根据实际工作情况填写问卷，接着

由工作分析人员在整理和归纳问卷的基础上进行分析和研究。问卷法可以根据不同类型组织设计各种不同形式的问卷调查方案。在使用问卷法时，通常是通过邮件、面对面回答或进行后续追踪来确保被调查者能够完成问卷。

2. 问卷的设计

问卷的设计是一项复杂的任务，它需要仔细考虑到调查的目的、受众群体及所需收集的信息。以下是设计问卷时需要考虑的几个关键方面。

（1）确定调查目的。首先，在设计问卷之前明确调查的目的。这可能涉及收集反馈、了解受众的态度或行为，或者探索特定主题的细节。

（2）编制问题清单。根据调查目的编制问题清单，包括开放式问题、封闭式问题，单选题、多选题等。问题应该清晰明了，避免使用模糊的语句。

（3）设计问卷流程。设计问卷时要考虑问题的逻辑顺序和流程。问题的顺序应该合乎逻辑，避免使被调查者产生困惑。

（4）测试和修订。在正式发布问卷之前，应该对问卷进行测试和修订。可以通过进行小规模的试调查来进行测试。

（5）数据分析计划。在设计问卷时，也要考虑如何对收集到的数据进行分析和解释。考虑确定什么样的统计方法和数据可视化技术。

3. 问卷法的优缺点

采用问卷法的一个明显优势是，调查人员无须亲自到工作现场，从而方便了全方位的调查工作，这样既节约了时间又降低了成本；此外，由于调查问卷是一种标准化、指标化、格式化的表格形式，便于资料整理。

问卷法的缺点是：它对问卷的制作技术有很高的要求，需要投入大量的时间和精力；被调查者的主观态度对调查结果有较大影响，容易因填表人主观原因导致所填内容与事实不符，使调查所获信息的真实度低；如果调查问卷设计不完备或与工作分析的目的不相符，可能导致工作信息遗漏；问卷法的成本相对较高。

（三）直接观察法

1. 直接观察法的内涵

直接观察法（Direct Observation Method，DOM）是指通过直接观察和感知来获取知识或信息的方法。直接观察法主要适用于周期性、重复性较强的工作。这种方法对直接运用身体活动工作的岗位比较有效，对以脑力劳动为主的岗位很难奏效。

2. 直接观察法应注意的问题

直接观察法简便易行，在实际应用中需要注意如下问题：观察前应预先准备好较详细的提纲；被观察的工作应相对静止，即在一段时间内工作内容、工作程序及其对工作者的要求不会发生明显变化；尽可能不引起被观察者的注意，至少不干扰被观察者的正常工作，并取得被观察者的理解与合作；应注意工作行为本身的代表性。

3. 直接观察法的优缺点

直接观察法的优点是：便于工作分析人员全面、深入地了解工作要求和特征，简便、易行。缺点是：观察者的主观感知和偏见可能会影响到观察结果的准确性，如观察者可能会过度解读、选择性地记录数据；难以衡量以脑力劳动为主的工作，对负责处理突发事件的工作也不适用。

（四）工作日志法

1. 工作日志法的内涵

工作日志法（Work Log Method，WLM）是一种记录和反思个人每日工作内容、进展等的方法。通过持续地记录和回顾工作日志，人们可以更好地掌握自己的工作状况，提升工作效率，促进自我成长。

2. 工作日志法的操作流程

工作日志法的操作流程包括三个阶段：准备阶段、日志填写阶段和信息分析整理阶段。

（1）准备阶段。在准备阶段，首先，需要选择适合的工作日志工具，如纸质笔记本或电子文档。其次，设定一个固定的写作时间。最后，要明确工作日志记录的内容。此外，对员工进行工作日志填写方法的培训，确保他们了解如何有效地记录工作信息。

（2）日志填写阶段。日志填写阶段要求员工按照准备阶段设定的要求，记录每天或每周的工作。这包括完成的任务、所用的时间、遇到的挑战和解决方案。员工应确保记录详细但简洁，便于日后回顾和分析。同时，鼓励员工在记录中反思自己的工作表现，包括成功和需要改进的地方。

（3）信息分析整理阶段。信息分析整理阶段需要对一段时间内收集的工作日志进行回顾和分析。管理者需要分析工作流程、时间管理和工作效率等方面的问题，以便在未来的工作中进行改进。这个过程有助于提高公共部门的工作效率，促进员工成长并在工作和生活中取得更好的平衡。

通过实施工作日志法，公共部门可以更好地了解员工的工作状况，从而优化资源分配、提升工作质量和效率。

表 3-4 是对工作分析日志统计表的举例。

表 3-4　工作分析日志统计表（举例）

	工作内容	工作职责	临时频次	常规频次
1	网站管理	阅读回复听众留言，及时更新网站内容		5
2	咨询	向节目部门咨询听众问题		1
3	意见整理	录入、整理听众提出的问题		2
4	接待听众	登记、接待听众	1	
5	汇报工作	向主管领导提交初审，汇报回复听众意见的落实情况		1

（五）关键事件法

1. 关键事件法的内涵

关键事件法（Critical Incident Technique，CIT）是一种评估和管理工具，旨在通过记录和分析工作中的重要事件来提高个人和组织绩效。这种方法由美国心理学家弗拉纳根（John C. Flanagan）在20世纪40年代首次提出，并广泛应用于人力资源管理、培训、职业发展和绩效评估等领域。

通过对这些关键事件的记录和分析，关键事件法为员工提供了一种量化的、基于行为的评估方式，而不仅仅是基于主观印象或整体评价。这种方法有助于确保评估的公正性和客观性，同时为员工提供了具体的反馈和发展建议。

2. 关键事件法的操作步骤

关键事件法的操作步骤通常包括以下几个阶段。

（1）事件收集。需要收集工作中发生的各种关键事件，这些事件可以是任何在工作场所发生的行为或情况，它们对工作绩效有显著的影响。事件可以通过多种方式收集，包括但不限于个别访谈、群体讨论、问卷调查、工作日志、观察和档案记录。

（2）事件筛选与分类。需要对收集到的事件进行筛选，确保它们确实是关键事件，即那些对工作绩效有重大影响的事件。这一步骤可能需要专家的参与，以确保事件的重要性和相关性。然后，将这些事件按照一定的分类或维度进行归类，以便于分析和理解。

（3）重要性评估。对已经分类的事件进行评估，确定它们在各自分类中的重要性。这可能涉及对事件的频率、影响力和可塑性的考虑。

（4）数据分析。对分类和评估后的事件进行深入的数据分析，以揭示工作中的模式和趋势。这有助于理解哪些行为对工作绩效有积极或消极的影响。

（5）结果应用。将分析结果应用于实际工作中，比如用于员工培训、绩效改进、工作流程优化和组织发展。

3. 关键事件法应注意的问题

首先，在使用关键事件法进行工作分析的过程中，调查的持续时间不应太短；其次，关键事件的数量不应过少，以确保能够清楚地解释问题；最后，我们必须平衡正面和反面的事件，不能有任何偏见。

（六）职位分析问卷

职位分析问卷（Position Analysis Questionnaire，PAQ）是一种用于系统评估和描述职位特点的工具。它通常包括一系列的问题，旨在收集关于职位、职责、任务、工作环境、所需技能和知识等方面的信息。通过职位分析问卷，组织可以更好地理解不同职位的需求，为人力资源管理活动如招聘、培训、绩效评估和薪酬管理等提供依据。

PAQ通常由专业研究人员或人力资源专家设计，包含开放式问题和封闭式问题，旨在通过任职者和（或）上司的视角收集数据。这些数据随后被分析，以创建职位描述和任职资格标准。职位分析问卷可以采用纸质形式或电子形式，有的还可以通过在线平台进行填写和分析。

使用职位分析问卷的好处包括提高职位透明度，帮助员工更好地理解他们的工作要求，以及为组织提供一种标准化的方法来比较不同职位的相对复杂性和重要性。此外，PAQ还可以帮助组织识别职位之间的差异，从而更好地规划人力资源分配和职业发展路径。

(七) 职能工作分析法

1. 职能工作分析法的内涵

职能工作分析法（Functional Job Analysis，FJA）是一种以工作本身为导向的分析方法，旨在详细描述工作职责、任务和所需技能。这种方法强调工作者应发挥的职能，以全面、具体的方式描述工作内容，通常覆盖全部工作内容的95%以上。

例如，在信息方面，任职者的基本职能是综合、整理和复制等；在人的方面，任职者的基本职能包括辅导、谈判和监督等；在事务方面，任职者的基本职能包括操作、照料和驾驭等。任职者的每一种职能均可按其基本活动的复杂程度划分出若干难度等级，如表3-5所示。通常来讲，职能的难度等级越高，其行为难度越大，所需要的能力也越高。例如，分析办事员的工作，可根据信息、人和事务，分别标示为5、6、7，分别代表复制信息、以口头或示意的方式与人沟通及驾驭一些事务。通过给每种职能赋予一定的时间百分比（一种职能的百分比之和为100%），从而用某职位在信息、人和事务三方面的各自最高得分组合，为对应的职位找一位任职者。

表 3-5 工作承担者基本职能

信息		人		事务	
等级	描述	等级	描述	等级	描述
0	综合	0	辅导	0	创建
1	协调	1	谈判	1	精准操作
2	分析	2	指示	2	控制
3	汇总	3	监督	3	操作
4	计算	4	取悦	4	处理
5	复制	5	说服	5	照料
6	比较	6	交谈	6	送进/移出
		7	服务	7	驾驭

注："0" 代表最高等级。

2. 法恩对职能工作分析法的改进

法恩（Leland T. Fan）对职能工作分析法（Functional Job Analysis，FJA）的改进主要集中在将FJA与作业过程分析（Job Process Analysis，JPA）结合起来，形成了所谓的"FJA/JPA系统"。这种改进旨在更全面地理解工作，不仅关注工作结果，还关注工作过程。

法恩认为，传统的FJA过于侧重于工作产出，而忽视了工作是如何完成的。因此，他提出了将FJA与JPA相结合的方法，后者关注工作过程中的决策、问题解决和人际互动等方面。结合这两种分析方法，可以更全面地理解工作的复杂性和动态性。

在FJA/JPA系统中，法恩强调了以下几个关键点。

（1）工作结果与工作过程的结合：除了分析工作产出，还要分析工作过程中涉及的想法、决策和问题解决等活动。

（2）工作环境与工作执行的结合：考虑工作环境对工作执行的影响，包括物理环境、社会环境和组织环境等。

（3）工作技能与工作需求的结合：不仅分析完成工作所需的技能，还要分析工作本身对技能使用的需求，以及如何通过工作设计来优化技能的应用。

（4）系统性与灵活性的结合：FJA/JPA 系统提供了一种结构化的方法来分析工作，但同时也允许根据具体情况进行调整和灵活应用。

法恩的这些改进使职能工作分析法更加适应不断变化的工作环境和复杂的工作需求，有助于组织更有效地管理和开发人力资源，但是增加了分析的复杂性，对于没有经验的分析者来说，可能难以掌握和应用。

（八）管理职位描述问卷

管理职位描述问卷（Management Position Description Questionnaire，MPDQ）是一种用于评估和描述管理职位的工具。它通常包括一系列问题，旨在收集有关职位职责、工作环境、工作需求和任职资格等方面的信息。通过这种问卷，组织可以更全面地了解管理职位的各个方面，从而更好地招聘、培训和管理员工。

（九）任务分析清单

任务分析清单（Task Analysis Checklist，TAC）是一种用于详细分解和描述工作任务的工具，它通过列出一个包含一系列问题或步骤的清单，用于分析和记录完成特定任务所需的具体行动、技能和知识。

四、公共部门工作说明书

（一）工作说明书的内涵

工作说明书（Job Description）是一种人力资源管理工具，用于明确特定职位的职责、任务、工作环境和任职要求等关键信息。它是招聘、选拔、评估和培训员工的重要依据，也是员工了解自己工作内容和期望的参考资料。

专栏 3-6

某岗位的必备任职资格和期望任职资格如表 3-6 所示。

表 3-6 某岗位的必备任职资格和期望任职资格

任职资格项目	必备资格	期望资格
教育水平	本科毕业，具备经济管理的相关专业知识与技能；熟悉经济、法律政策；了解行政管理的一般特点及相关业务知识	具备中等的英语水平，可以与海外客户进行日常交流
工作经验	具有 8 年以上工作经验，其中管理工作经验 5 年以上	熟悉政府部门的规章制度、业务流程
特殊技能和能力	核心能力：沟通能力、协调能力、发现和解决问题的能力等 基本能力：领导能力、计划能力、信息管理能力等	具有创新能力、判断能力
身体要求	身体健康	具有较强的生理、心理承受能力

(二) 编制标准和应注意的问题

1. 工作说明书编制的标准

在编制工作说明书时，应始终坚持以下基本标准。

（1）准确性。工作说明书应该用清晰、准确的语言描述职位的职责和期望。避免使用模糊或含糊的术语，确保所有提到的信息都是精确的。

（2）更新性。随着组织结构、工作职责或业务需求的变化，工作说明书应定期更新，以确保其反映当前职位的真实情况。

（3）差异性。各个岗位的使用说明应当有所区分。

2. 编制工作说明书应注意的问题

编制工作说明书的一般步骤，如图 3-4 所示。工作说明书范例，如表 3-7 所示。在编制工作说明书的过程中，还应注意以下问题。

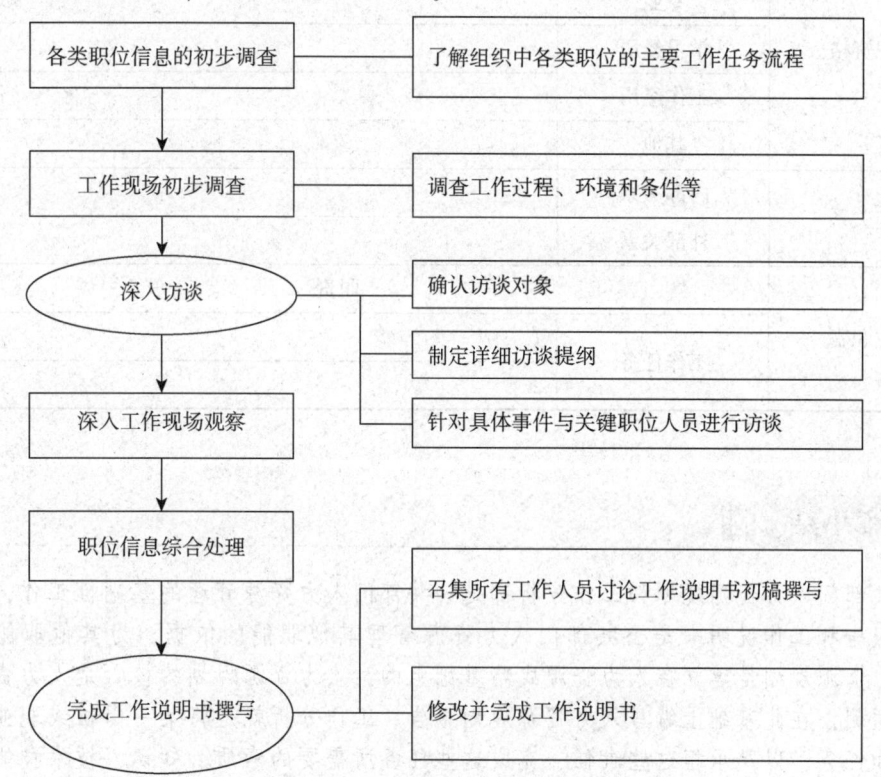

图 3-4 编制工作说明书的一般步骤

（1）工作说明书应准确描述员工的职责、任务和期望的工作结果。这些描述应该具体而清晰，避免歧义和混淆。

（2）工作说明书应明确界定工作的范围，包括工作内容、工作地点、工作时间等。这有助于员工理解他们需要承担的工作责任。

（3）工作说明书应包含工作流程和程序的描述，包括任务分配、报告机制、沟通流程等。这有助于确保工作按照预期的方式进行。

（4）工作说明书应使用清晰简洁的语言，避免使用行业术语或复杂的技术性语言，以便员工理解和操作。

(5) 工作说明书应是一个动态的文件，需要根据工作需求和变化进行持续更新和反馈，以保持其准确性和实用性。

工作说明书完成，并不代表工作分析的任务已经完结，而应当在实际工作中持续地进行调整和完善。即使是最先进的工作说明书，也会因为科技进步、社会经济发展，以及组织、部门和岗位功能的变化而变得过时。因此，人力资源管理部门和其他相关部门需要不断地修订和完善工作说明书，这是确保工作说明书长期有效的关键。

表3-7 工作说明书范例

基本信息	岗位名称		岗位编码	
	所属部门		直接上级	
任职资格	学历			
	专业			
	学习经历			
	工作经历			
	其他			
工作关系	内部关系			
	外部关系			
岗位职责	职责			
	工作任务	1.		
		2.		

本章小结

公共部门人力资源规划和工作分析都是公共部门人力资源管理的基础性工作，人力资源规划报告和工作说明书是公共部门人力资源管理其他职能的依据，为其他职能提供指导。人力资源规划是建立在人力资源战略基础上的，人力资源规划的核心是人力资源需求和供给预测，在此基础上编写人力资源规划报告。工作分析就是将某一岗位或职业所担负的责任和任务，以及承担这些责任、完成这些任务所需要的素质、知识、技术技能和经验等进行研究的过程。工作分析的主要工作一是对岗位进行描述，即分析岗位职责任务等信息，形成工作描述；二是对岗位上的人应具备什么样的资格进行分析，即分析任职资格条件，形成工作规范。工作描述和工作规范等内容整合在一起形成工作说明书。工作分析常用的定性分析方法主要有访谈法、问卷法、直接观察法、工作日志法、关键事件法等；定量分析方法大多以调查问卷为基础，常见的调查问卷有职位分析问卷管理职位描述问卷和任务分析清单，常见的方法有职能工作分析法。

核心概念和知识点

公共部门人力资源战略；公共部门人力资源规划；人力资源需求预测；人力资源供给预测；人力资源规划报告；工作分析；工作描述；工作规范；工作说明书。

课后习题

1. 企业战略和人力资源战略两者之间的关系是什么？
2. 简述公共部门人力资源规划的种类和作用。
3. 公共部门人力资源规划的一般程序是什么？
4. 公共部门人力资源需求预测和供给预测的方法有哪些？各有什么特征？
5. 公共部门工作分析的作用有哪些？
6. 公共部门工作分析的程序有哪些？
7. 工作分析的方法有哪些？各有什么优缺点？
8. 编制工作说明书应注意哪些问题？

本章案例研究

张掖市税务局人力资源优化

机构改革之后，针对调研中发现的基层人少事多执行力不佳、市局科室人手不够工作创新难有突破等问题，张掖市税务局党委深入贯彻总局"带好队伍、干好税务"要求，提出了"集中优势、团队作业"的工作思路，先后组建教育培训团队、税收宣传团队、税收科研团队，积极尝试用团队作战的方式盘活人力资源。张掖市税务局采取"人员虚拟化、工作实体化"工作模式，不调整团队成员工作岗位，通过团队成员轮训参与团队工作的方式，实现了团队运行和工作推进两不误。经过几年的探索试行，它用团队作业替代单兵作战，集中优势兵力，各个击破工作难题，聚合效应显著，团队化作业成为张掖市税务局带好队伍、干好税务的生动体现。

针对年轻干部成长迟滞、新公务员"急用现学"、老干部信息技术吃力等现状，为更好破解干部队伍素质提升难题，干部教育培训团队应运而生。张掖市税务局吸纳市县两级现有的领军人才、青年才俊、专业人才库人员、专业骨干、岗位能手、兼职教师等骨干力量，对接总局、省局"岗位练兵比武"，开发务实管用的专业化学习资源，推广基层专业骨干、岗位能手实践经验，编写基层实用手册和操作指引等，并开展专业能力培训和岗位实训，努力在最短时间内提升全员素质。

不懂会计，怎懂税收？团队成立之初，市局就针对公务员招录时财会专业人员少的现状，在市、县两级开展40岁以下干部会计基础知识培训，通过巡回授课"送教上门"、随机测试"查漏补缺"、结业考试"检验成果"，促进干部队伍会计素质大幅度提升，获得会计职称、报考注册会计师人员明显增加。这种打基础、利长远的培训，还有针对重点工作推进的"一月一考"、思想政治教育的"道德讲堂"、模范带动引领的"先进典型巡回宣讲"等措施，促进了全员素质快速提升。

此外，在个人所得税汇算清缴、深化增值税改革、不动产办税便利化改革、风险任务应对、助力企业复工复产等急难险重任务面前，都有教育团队成员的身影。他们中有同时拥有注册会计师、资产评估师、二级建造师、税务师职业资格证的李建勤，有甘肃省先进工作者、张掖十大优秀青年、甘肃省高端会计领军人才的许恒山，还有年年代表省局参加总局业务比武、堪称低调学霸哥的李连勇等人。

在他们的带动和影响之下，青年干部参加注册会计师、税务师、司法资格等考试的积极性高涨，获得中级会计师、税务师、注册会计师、资产评估师、网络工程师等证书的人员连年攀升，入选总局、省局人才库的人员迅速增多。

针对税收宣传工作中政务信息平淡无味、新闻宣传干瘪乏味，出了力但是没出彩、费了功却成效不显等现状，张掖税务吸纳遍布市局机关以及各县区局股室、分局、大厅等岗位的43名宣传骨干，组建税收宣传团队。利用团队成员分布于市局、县局、分局三级税务机构各环节、各层级的优势，及时捕捉工作的重点、亮点和创新点，为税收宣传工作提供基础素材和源头活水。

市局办公室每两个月从团队成员中随机抽选2名同志进行轮训，指导他们实际参与市局新闻稿件采写编辑、微信编发、网站维护、政务公开及舆情处置等相关具体工作，并对基层初步采写的新闻素材进行审核、修改和"深加工"，统一对外推介，提升宣传质效，帮助团队成员迅速成长为基层宣传的骨干力量和"领头羊"，引领推动基层税收宣传工作水平不断提升。

针对税务科研工作信息聚合困难多、数据分析要求高、专业人才较缺乏、单兵作战难度大等现实情况，张掖税务以市局、甘州区局被总局确定为全国税务系统税收科研调研基地为契机，组建全市税收科研团队，高起点开局、高质量推进，着力打造税收科研精品，有效发挥了"以税资政""以数资政"的作用，受到各级党政领导充分肯定。

"众智之所为，则无不成也。"团队作业带来的推动效应，更加坚定了张掖税务"集中优势、团队作业"的信心。近期，张掖税务再次集结信息、稽查、税种管理等岗位人才，成立税收风险分析团队，打造税收风险分析和应对尖兵……未来，相信张掖税务将探索出更多"带好队伍，干好税务"的方法，为推进税收现代化储备更多更好的人力资源。

案例来源：甘肃税务公众号《探人力资源配置强路　看张掖税务团队作业奇招》

思考与探讨

1. 事业单位是计划经济时代特有的组织，存在哪些弊端？
2. 公共部门人力资源规划与企业人力资源规划有何不同？为什么？

第四章 公共部门人力资源招聘与甄选

引导案例

2024 国考今起报名：拟招 3.96 万人 向应届生倾斜

中央机关及其直属机构 2024 年度公务员考试报名于 2023 年 10 月 15 日正式开启。本次国考计划招录规模达 3.96 万人，同比增加 0.25 万人，扩招约 6.7%。其中，2.6 万个计划招录应届高校毕业生，近 2.7 万个计划补充到县（区）级及以下直属机构，录用政策、录用计划继续向基层一线和高校毕业生倾斜。招录继续推进分类分级考试，注重人岗相适、人事相宜。

对此，有学者对中新网表示，随着高校毕业生人数的增加，公务员考试对于应届生招录规模扩大是一个必然趋势，这有利于为高校毕业生提供更多元的选择机会。另外，本次国考招录有近 2.7 万个计划补充到县（区）级及以下直属机构，根据实际对艰苦边远地区基层职位的学历、专业、工作年限和经历等报考条件进行适当调整，进一步充实基层公务员队伍。设置 3 000 余个计划定向招录服务基层项目人力资源和在军队服役 5 年以上的高校毕业生退役士兵，鼓励引导人才向基层一线流动、积极投身国防事业。

坚持把政治标准放在首位，进行分级分类考试。据国家公务员局网站介绍，本次国考招录坚持把政治标准放在首位，突出把好新录用人员政治关。坚持党管干部原则，坚持德才兼备、以德为先、五湖四海、任人唯贤，坚持新时代好干部标准，把对考生政治素质的测查评价贯穿招考全过程各方面。同时，本次国考招录坚持分类分级考试，进一步提高选人的精准性、科学性。公共科目笔试内容根据不同职位类别、不同层级机关特点分别设置，对中央机关及其省级直属机构综合管理类职位突出测评理论思维、综合分析等方面能力，对市（地）级及以下直属机构综合管理类职位突出测评贯彻执行、基层工作等方面能力，对行政执法类职位突出测评依法办事、公共服务等方面能力。面试方式和内容由招录机关根据招考职位的性质、特点等研究确定，注重体现履职要求。部分招录机关对考生的专业能力进行测查评价，有 9 个部门在笔试阶段组织专业科目笔试、40 个部门在面试阶段组织专业能力测试。

（资料来源：中国新闻网）

本章学习目标

1. 了解公共部门人力资源招聘的原则和渠道
2. 掌握公共部门人力资源甄选的程序和方法
3. 掌握我国公共部门人员录用制度
4. 掌握我国公共部门人员选拔与晋升制度
5. 了解公共部门人员职业生涯规划

本章重点问题

1. 公共部门人力资源甄选的标准和程序
2. 我国公共部门人员录用制度
3. 我国公共部门干部选拔与晋升制度
4. 公共部门人员职业生涯规划的流程

本章思维导图

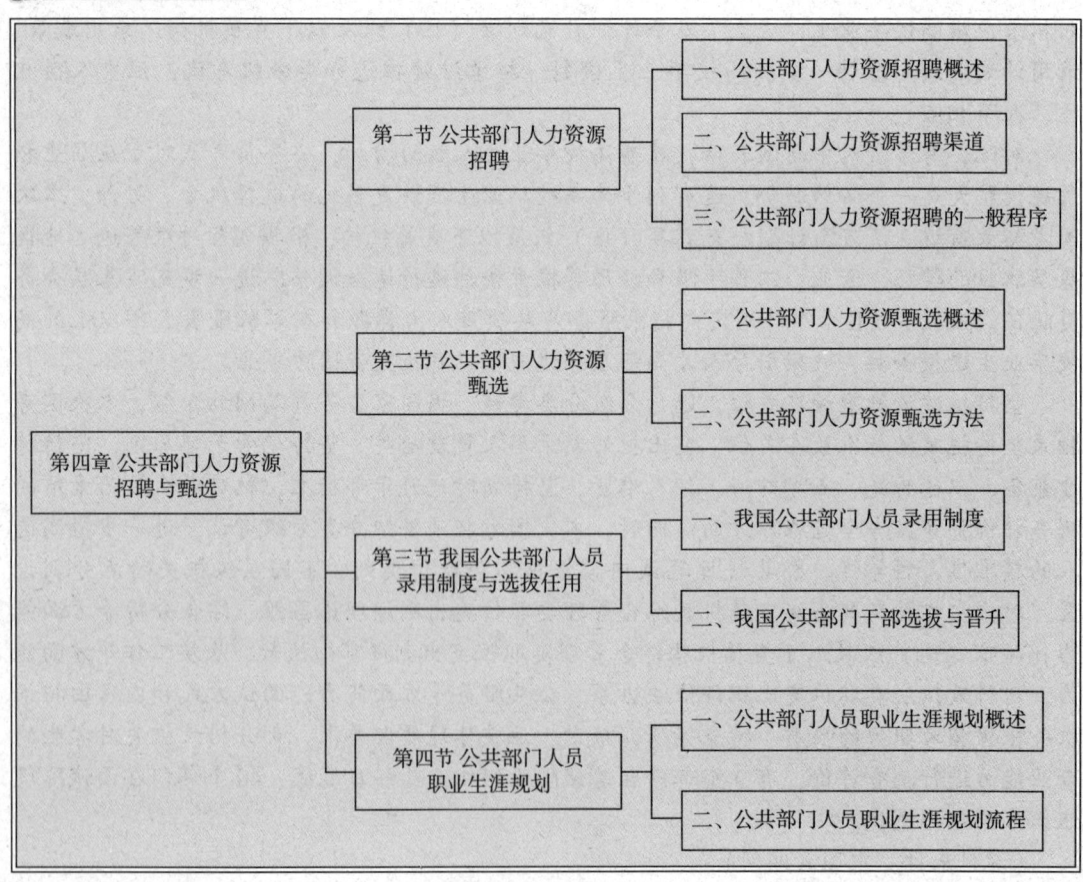

第四章 公共部门人力资源招聘与甄选
- 第一节 公共部门人力资源招聘
  - 一、公共部门人力资源招聘概述
  - 二、公共部门人力资源招聘渠道
  - 三、公共部门人力资源招聘的一般程序
- 第二节 公共部门人力资源甄选
  - 一、公共部门人力资源甄选概述
  - 二、公共部门人力资源甄选方法
- 第三节 我国公共部门人员录用制度与选拔任用
  - 一、我国公共部门人员录用制度
  - 二、我国公共部门干部选拔与晋升
- 第四节 公共部门人员职业生涯规划
  - 一、公共部门人员职业生涯规划概述
  - 二、公共部门人员职业生涯规划流程

第一节　公共部门人力资源招聘

一、公共部门人力资源招聘概述

（一）公共部门人力资源招聘的内涵和作用

1. 招聘的内涵

招聘是招募、甄选与录用的总称，指组织为了自身发展，根据岗位要求，寻找、吸引并从中挑选能够胜任组织某一岗位空缺的合格候选人的过程。招聘是人力资源管理部门的重要职能之一，也是组织获取人力资源的重要步骤。

组织招聘的目的是促进自身发展、填补职位空缺和获取所需人力资源。作为人力资源管理的关键职能之一，招聘与其他人力资源管理职能紧密相连，共同构成了一个有效的人力资源管理体系。人力资源规划是招聘活动的先导，它明确了组织在招聘方面的目标和需求，而工作分析特别是工作描述和工作规范确定了组织中空缺岗位的特征及任职者素质和能力要求。

2. 公共部门人力资源招聘的内涵

公共部门人力资源招聘指在公共部门人力资源预测与规划的基础上，根据人力资源规划和工作分析的数量和质量要求，通过招募、甄选、录用、评估等一系列活动，获得合适的人选，以补充组织内的空缺职位或储备人才的活动。招聘有助于促进人力资源的供需平衡与合理配置，维护人力资源队伍的稳定，激发人力资源队伍的活力，推动组织战略目标的实现。

3. 公共部门人力资源招聘的作用

公共部门人力资源招聘的作用主要体现在以下四个方面。

（1）招聘可以为公共部门补充新生力量，有助于公共部门能力增强和可持续发展。人才是公共部门能力提升、绩效改进和可持续发展的基础。招聘能有效提高公共部门人力资源整体质量，促进公共部门的发展活力、创新意识和创新能力，是确保公共部门获得可持续竞争力的重要环节。

（2）招聘有助于公共部门人力资源优化配置，激发公共部门活力。公共部门在出现岗位空缺或新增设岗位时，可以结合自身条件及岗位要求，通过内部渠道直接参与岗位竞聘或公开遴选，有利于人力资源优化配置及个人发展。此外，通过外部渠道可以将适合岗位要求的求职者选聘进来，及时弥补现有人力资源能力的不足，激发公共部门活力。

（3）招聘可有效降低公共部门的人力资源管理和培训成本。高素质人力资源不仅意味着较高的工作能力，还意味着较强的学习能力，这既有助于公共部门人力资源质量的整体提升，也带来公共部门人力资源管理成本和培训费用的降低，还有助于新知识、新技术的推广。

（4）招聘有助于扩大公共部门的影响力及提升管理水平。在对外招聘过程中，公共部门将自身基本情况、发展目标和方向、部门和工作职责、组织文化等对外发布，因此对外招聘既是公共部门的对外宣传途径，也是公共部门对自身形象和社会认可度的检视过程。

（二）公共部门人力资源招聘的原则

公共部门人力资源招聘通常要遵循如下原则。

1. 公开原则

公共部门遵循公开原则是避免任人唯亲的重要举措，公开原则要求在招聘过程中，招聘单位应向社会公布拟招聘部门、职位，招聘人力资源的种类、数量及其报考资格和条件，以及考试方法、考试科目和考试时间等。在招聘过程中，应尽可能将不同阶段的招考结果公之于众，接受公众监督。

2. 法治原则

公共部门人力资源招聘活动应始终坚持在国家法律法规许可的范围内进行，一切活动均应按法定程序展开，特别是要严格遵守《公务员法》《劳动法》，以及《中华人民共和国劳动合同法》（以下简称《劳动合同法》）等相关法律法规，依法实施招聘，杜绝人为干预招聘过程。

3. 德才兼备原则

公共部门的特殊性要求在人力资源招聘过程中应始终把应聘者的道德品行放在重要位置，不能因强调应聘者才干而忽视了其德行。偏重才干忽视德行的招聘，很可能给公共部门产生不良影响。德才兼备是公共部门招聘过程中应始终坚持的原则。

4. 公平竞争原则

公共部门遵循公平竞争原则要求对求职者一视同仁，平等对待，不能因应聘者的种族、民族、性别、年龄、个人身份、出身以及婚姻状况等而受到不公正待遇，或让其享受由家庭和社会关系等带来的特权，而应始终本着择优原则来选拔。

5. 按岗择优原则

公共部门招聘的目的在于选取满足组织和岗位要求的合适人力资源。在招聘过程中应始终把岗位要求放在首要位置，根据岗位职责、岗位任务和岗位规范来选拔人才。因此公共部门人力资源招聘应以适合岗位、满足岗位要求为基本标准。

6. "效率""效果"兼顾的原则

公共部门进行招聘一方面应尽力以尽可能少的费用，招聘到合适的人力资源，节约招聘成本，避免职位长期空缺产生的损失；另一方面，应做好统筹兼顾，坚持高标准，提升招聘的专业化、规范化水平，确保人力资源选用的质量和效果。

专栏 4-1

兼容并包，广纳英才

中国的高等教育始于北京的京师大学堂，而真正意义上的现代大学是蔡元培先生任校长后的北京大学。当时的蔡元培深感国内人才缺乏，注意物色和重用有真才实学的专家学者。到了北京大学就亲自登门聘请"青年的指导者"陈独秀任文科学长。在文科方面还陆续聘请了李大钊任图书馆主任，胡适为哲学研究所主任，钱玄同、刘半农为国文研究所教员,周作人为国史编纂处编纂员,马叙伦、陈垣、马裕藻、朱希祖、徐宝璜、崔适等也纷纷到任。法科方面有马寅初、陶孟和、陈启修等;理科方面有李四光、王星拱、颜任光、李书华、何杰等。另外,梁漱溟、鲁迅任讲师,范文澜为私人秘书,李圣章为仪器部主任,罗振玉为古物学研究所主任。蔡元培坚持"现在是国家教育创制的开始,要撇开个人的偏见,给教育立一个统一的、智慧的百年大计"的指导思想,所以李大钊能够在北京大学讲授"唯物史观""社会主义和社会主义运动"等课程;刘师培对古代文学研究很深,蔡元培就请他讲授中国古代文学史。

蔡元培对于确有某方面专长的年青人也往往破格使用,招揽了一批具有真才实学的年轻人到北京大学工作。调用北京大学工友何以庄即是一例。1918年1月,蔡元培收到北京大学部分学生联名来信:第一宿舍工友何以庄服务勤谨,工余爱好读书,文理通达,只因家中贫寒而废学,建议校长对何以庄量才录用。蔡元培对来信所反映的情况极为重视,为不埋没何以庄,立即把他调到文科教务处任缮写职务,增加其月薪,并将处理的结果复信告知反映情况的学生,借以鼓励好学上进。

蔡元培认为"本国人才不足,不妨参用外国人",他在任时,对"外国人学识高深、热心讲授的"也可以延聘。他曾邀请罗素、杜威、爱因斯坦、维勃吕尔、巴赫、耶尔夫、山格夫人、麦克乐等专家学者来北京大学讲学或演讲。这对于吸收外来文化的精华与活跃当时北京大学师生的思想都发挥了重要作用。

经过蔡元培的一番努力,北京大学发生了巨大变化,成为"囊括大典,网罗众家之学府",各方面人才大量涌现。

(资料来源:国家教育行政学院学报)

二、公共部门人力资源招聘渠道

公共部门人力资源招聘有内部招聘和外部招聘两种渠道。

(一) 内部招聘

内部招聘是指从组织内部发掘、获取组织所需的各种人才,弥补组织职位的空缺。其主要方式有内部提拔、工作轮换、返聘和公开遴选等。

1. 内部提拔

内部提拔指根据组织和工作的需要,结合组织内部人力资源平时工作的表现及其档案材料,来选拔合适的人力资源填补岗位空缺的过程,也被称作内部晋升。内部提拔一般是将员工从低级岗位提到高一级岗位。内部提拔对员工的激励性强,省时省力,成本低,但人力资源选择范围小,容易导致近亲繁殖和裙带关系。

2. 工作轮换

工作轮换指职务、职级不变,而职位发生变化。工作轮换为员工提供了从事组织内多种工作的机会,使他们在学会多种工作技能的同时,培养更广阔的工作视角,为今后的发展或晋升做好准备。但工作轮换有可能导致员工进入工作角色慢、增加培训开支等问题。

3. 返聘

组织经常会将解雇、提前退休、已退休或下岗待业的员工再召回组织工作。由于这部分老员工对组织比较了解，能够很快进入工作角色，为此可以节省大量培训费用；同时又能以较小的代价获得有效的激励，使组织具有凝聚力。

4. 公开遴选

公开遴选是我国政府为优化政府公务员队伍结构而提出的一种从基层部门选拔公务员的方法。主要针对市（地）级以上机关公开择优选拔任用内设机构公务员，是公务员转任的方式之一。公开遴选既可以由公务员本人申请并按照干部管理权限经组织审核同意后报名，也可在征得本人同意后由组织推荐报名。

（二）外部招聘

外部招聘是指从公共部门外部吸收合适人才。其常用形式有推荐招聘、校园招聘、网络招聘、广告招聘、职业介绍机构等。

1. 推荐招聘

推荐招聘指通过组织的员工、客户或合作伙伴的推荐来进行招聘。推荐招聘对招聘专业人才比较有效。一般包括员工或熟人推荐或毛遂自荐。其优点是成本低招聘效率高，招聘人力资源可靠性强，缺点是随机性较大。

2. 校园招聘

校园招聘是公共部门要在短期内招聘大批受过一定训练的、素质较好的组织成员而普遍采用的一种方法。招聘对象可分为经验型和潜力型，应届毕业生属于后者。最常用的方法是举行人才供需洽谈会，定期或不定期的校园宣传推介，通过毕业生就业管理部门直接找毕业生面谈，或在院校的布告栏、校报、相关网站上发布招聘信息等。有的还通过为学生提供实习机会，在学校设立奖学金、开展科研合作等，与学校和学生建立起长期、稳定的互动渠道。

3. 网络招聘

网络招聘指通过公共部门官方网站、招聘网站、公众号等进行招聘。网络招聘有信息量大、更新和传播速度快、受众广、成本低和不受时空限制等优势。网络招聘目前已成为很多组织使用的手段，同时越来越多的求职者利用网络寻找求职机会。

4. 广告招聘

广告招聘是公共部门进行外部招聘时常用的方法，指通过广播、报纸、电视和行业出版物等传统媒介向公众传递组织的人力资源需求信息。在报纸、杂志、电视和电台等载体上刊登、播放招募信息。广告招聘受众面广、收效快，也对组织具有一定的宣传作用。

5. 职业介绍机构

职业介绍机构是组织外部招聘的一种有效途径。常见的职业介绍机构有两类：一类是公共服务机构；另一类是私人服务机构。公共服务机构担负着促进社会就业的职责和任务，具有非营利性；而私人服务机构类似于企业，例如猎头公司。职业介绍机构主要包括各种类型的职业介绍所、普通劳动力市场和人才交流中心等。我国的职业介绍机构是随着市场经济的发展和劳动力市场需求的多元化而产生的。

此外，还有军队转业干部安置、利用政府部门或者人力资源服务机构组织的招聘会或见面会等进行招聘。

《人力资源市场条例（征求意见稿）》规定：用人单位或者人力资源服务机构发布的招聘人员简章应当包括用人单位基本情况、招聘人数、工作内容、招聘条件、劳动报酬、福利待遇等内容。招聘信息应当合法、真实。用人单位招聘劳动者时，应当依法如实告知劳动者工作内容、工作条件、工作地点、劳动报酬、职业危害、安全生产状况以及劳动者要求了解的其他情况；应当对劳动者的个人信息资料予以保密。未经劳动者书面同意，不得向第三方披露和使用劳动者个人信息资料，不得使用、转让劳动者拥有的知识产权和其他技术成果。

三、公共部门人力资源招聘的一般程序

公共部门人力资源招聘程序一般包括准备阶段、招募阶段、甄选阶段、录用阶段和评估阶段，如图4-1所示。

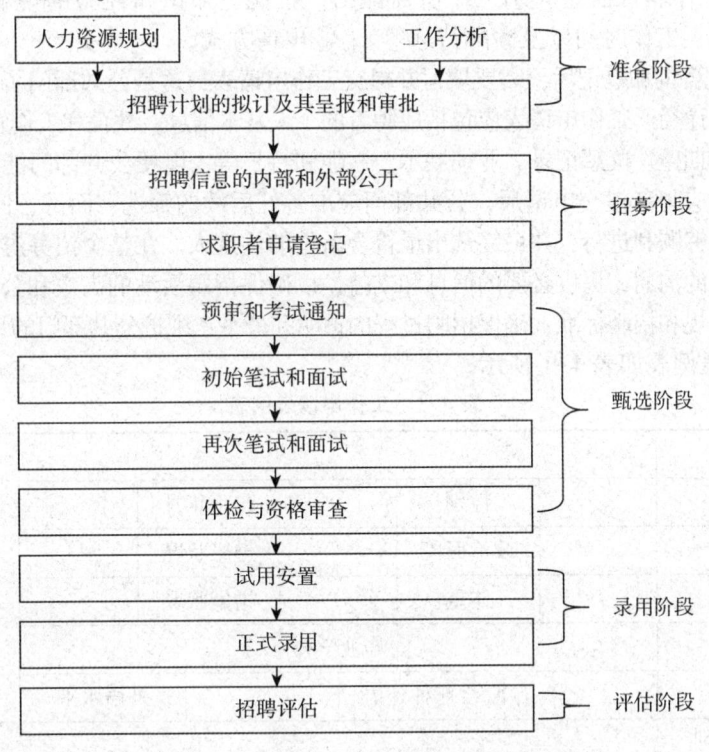

图4-1 公共部门人力资源招聘的一般程序

（一）准备阶段

在准备阶段，公共部门需对招聘工作进行细致规划，确保招聘活动能够有效地支持组织的发展目标。首先，需要根据公共部门的长期发展战略和当前的人力资源规划，以及对各个职位的详细工作分析，确定所需招聘的职位空缺、所属部门、所需人数、职位类型以及应聘者的资格条件等核心要素。其次，应结合组织目标和部门的具体需求，对招聘工作进行全面的评估和规划。这包括对招聘岗位的职责要求、技能需求、任职资格等进行科学分析，以及确定招聘时间表、选择合适的招聘渠道、组建专业的招聘工作团队、拟定详细的招聘方案和步骤、预估招聘预算、安排工作时间表，甚至设计招聘广告的样稿。最后，将拟定的招聘计划提交给上级主管部门和领导进行审批。在此阶段，需要对招聘预算进行详细的说明，确保招聘活动所需的资金得到合理分配和使用。

（二）招募阶段

公共部门人力资源招聘是一个系统化的过程，它涉及通过多种渠道和策略来吸引潜在的应聘者，以满足政府部门的人才需求。这一过程包括发布招聘公告、接待应聘者的咨询和报名，以及收集应聘者的求职申请等系列活动。在制作招聘公告时，公共部门应当确保信息的真实性、准确性和吸引力，以客观反映公共部门及其职位的特点和要求。为了有效地吸引合适的候选人，公共部门可以采取多种招聘策略，例如通过社交媒体、专业招聘网站、校园招聘、行业研讨会等渠道发布招聘信息。此外，公共部门还可以通过提供有竞争力的薪酬福利、良好的工作环境、职业发展机会等吸引应聘者。

有效的招聘信息通常包含以下内容：①组织情况的相关介绍。②工作或岗位名称。③简单清晰的工作职责描述。④工作所需能力、技能、知识和经验的说明。⑤工作条件（包括工作地点、工作时间以及薪酬待遇等）。⑥申请方式。

应聘者通过咨询和登记后，需要填写并提交工作申请表，这是公共部门了解应聘者基本情况和资质的重要途径。工作申请表应包括应聘者的个人基本信息、教育和工作背景、家庭情况、健康状况、薪酬期望、奖惩记录、业绩展示、兴趣和特长等，以便公共部门能够全面评估应聘者的适合度。在应聘者提交申请后，公共部门应准备好后续的筛选、面试、评估和录用流程，确保招聘活动能够顺利进行，并最终选出最符合条件的候选人。在整个招募过程中，公共部门应注重与应聘者的沟通，提供必要的信息和支持，以确保招聘活动的高效和公正。同时，要遵守相关的法律法规和招聘标准，确保招聘过程的透明和公平，维护公共部门的形象和信誉。

工作申请表例表如表4-1所示。

表4-1　工作申请表例表

申请岗位						
姓名		性别		出生年月		照片
民族		政治面貌		健康状况		
身高		体重		婚姻状况		
最后学历			毕业学校			
所学专业			会何种外语		外语水平	
参加过何种培训						
个人爱好及特长						
受过何种奖励						
受过何种处罚						
工作经历	任职单位		任职时间		工作性质	离职原因
有关个人的其他说明						
家庭住址			联系电话		邮编	
推荐人姓名			推荐人电话			
填表日期		年	月	日		

（三）甄选阶段

甄选是公共部门人力资源招聘流程中的关键环节，是在审查的基础上进行选择。甄选阶段是从对应聘者进行预审并对预审合格者发放考试或面试通知书开始的，大致经过笔试或面试、测试或再次面试以及体检和资格审查等阶段。

预审的目的是筛选出符合基本条件的应聘者，减少不合适人选的面试机会，从而节约招聘成本。在预审过程中，招聘人应当准确界定应聘者的资质条件，根据职位描述、工作规范和胜任素质要求来确定筛选标准。同时，要注意验证应聘者提供的信息的真实性，避免虚假材料的误导。预审过程中还应制定明确的评分标准，确保整个招聘过程的客观性和公正性。

笔试应侧重于评估应聘者的综合知识、专业知识以及与岗位相关的特殊知识和能力。评分过程应遵循标准答案，减少主观判断，确保评分的客观性。在测试环节，应根据组织、部门和岗位的具体需求，选择合适的测试方法和工具，以有效甄选出合适的候选人。

面试是公共部门招聘中常用的选拔方法。面试的方法多种多样，选择哪种方法取决于组织的需求、面试官的技能水平及预算限制。面试不仅是对应聘者能力的考察，也是对其个性、动机和适应性的评估。

体检的目的是确保应聘者的身体状况能够满足工作的要求。资格审查则是为了核实应聘者提供的信息的真实性，包括工作经历、绩效、离职原因等。核查事实的方法包括调查访谈、函件调查、电话核实和网络验证等。

在整个甄选过程中，公共部门应当注重对候选人的全面评估，确保招聘活动的高效和公正。同时，要遵守相关的法律法规和招聘标准，确保招聘过程的透明和公平，维护公共部门的形象和信誉。此外，公共部门还应不断探索和创新招聘方法，如利用电子化招聘系统和在线审查，以提高招聘流程的效率和质量。

（四）录用阶段

录用阶段的工作主要包括试用安置和正式录用两方面。这一阶段的质量直接影响组织的发展和员工的满意度。人员录用一般分为录用决策、通知应聘者、试用、签订劳动合同和正式录用等步骤。录用决策是指根据面试和测试结果，招聘团队作出录用决策，选择最符合条件的候选人。一旦录用决策作出，应及时通知被录用的候选人，告知他们关于试用期的开始日期和预期要求。同时，需要对未录用者给予礼貌的通知和感谢。新员工通常需要经过一段试用期，以便组织评估其是否适合该职位，同时让员工适应新环境。试用期间，组织应提供必要的培训和支持，帮助员工快速上手。试用期结束后，如果员工表现符合要求，公共部门应与员工签订正式的劳动合同。合同应明确员工的岗位职责、薪酬福利、工作时间、晋升机制等内容。此外，公共部门应根据法律法规和政策要求，向被录用人员提供与其岗位职责和工作环境相匹配的薪酬待遇，确保员工的合法权益得到保障。

（五）评估阶段

招聘评估是对本次招聘工作的分析、评价和总结，是对今后招聘工作的修正性指导，是经验累积的过程。这一过程不仅是对过去招聘活动的总结，也是对未来招聘策略的预示，起着承前启后的关键作用。在现代人力资源管理中，招聘评估是确保人才选拔质量和效率的重要环节，对于不断提升组织的人才竞争力具有不可替代的价值。

第二节 公共部门人力资源甄选

一、公共部门人力资源甄选概述

(一) 公共部门人力资源甄选的内涵

公共部门人力资源甄选是指组织中相关的工作内容和工作要求、对应聘者所要求的性格能力等方面信息的收集，以及把应聘者现状的信息转化成对他们未来相关工作绩效的预测过程。

(二) 公共部门人力资源甄选选择标准

为了确保甄选工作的有效性，在甄选过程中应该遵循以下标准。

1. 公平公正标准

公平公正是指对所有应聘者应该一视同仁、公平对待，不能因工作要求之外的性别、年龄、民族、家庭出身、宗教信仰和婚姻状况等因素而区别对待，使某些求职者遭受歧视和不公平待遇。

2. 德才兼备标准

"德"是指道德素质。它包括但不限于事业心、责任心、原则性、廉洁性、服务意识、团结合作能力，以及克服困难和完成任务的决心和能力。这些都是公共部门工作人员应当具备的重要品质，是实现公共管理和服务目标的基础。"才"是指个人的技术能力和专业技能，这包括理论知识、管理知识、专业技能、综合分析问题的能力、解决问题的策略制定，以及在实际工作中的策划、决断、指挥协调和创新能力。这些技术能力是公共部门工作人员有效履行职责、推动工作的关键要素，它们要求工作人员不断学习和适应，以保持专业能力和效率。在公共部门的招聘和人力资源管理中，重视候选人的"德才兼备"是至关重要的。只有这样，才能确保公共部门的工作人员不仅具备必要的专业技能，而且拥有高尚的职业道德和为社会、为人民服务的精神。

3. 用人所长标准

用人时要结合个人的特点，尽量让其发挥长处，这样才能达到人尽其才的效果。在人力资源甄选过程中，要把寻找人的长处和优点作为择人的目标，主要看应聘者能做什么、资格条件是否符合空缺岗位的要求。

4. 因事择人标准

因事择人是指要根据岗位需求、工作特点、工作任务等因素来选拔人员。同时，因事择人也是避免因人设岗，以及防止公共部门机构膨胀、人浮于事的必要前提。

5. 回避标准

在人力资源甄选过程中，应坚持任职回避和公务回避。

(1) 任职回避。任职回避又称职务回避，指对有法定亲情关系的人员，在担任某些关系比较密切的职务方面作出的限制。亲情由于具有高度人身依附性等特点，与公务执行中的严肃、认真、公正、依法等基本要求存在一定的冲突。职务关系的回避，主要目的在于将工作关系与亲属关系分开，以使工作人员之间形成比较和谐单纯的工作关系。

(2) 公务回避。公务回避指在行使职权过程中，因其与所处理的事务有利害关系，为保证实际处理结果和程序的公正性，依法终止职务而由其他人员行使相应的职权的行为。公务回避要求负责和参与甄选工作的人员，凡涉及对与自己有亲属关系人员的甄选时，必须回避，不得以任何方式进行干预或施加影响。

(三) 公共部门人力资源甄选的一般程序

公共部门人力资源甄选通常包括资格审查、初选、测试（包括笔试和心理测试、面试等）、体检、材料核查等阶段。人力资源甄选是层层选拔和筛选的过程，每经过一个阶段，就会有一些应聘者被淘汰。

1. 资格审查阶段

招聘方的主要工作是根据组织和空缺岗位的要求，以及应聘者所提交的个人简历、求职信和工作申请表，初步选出符合要求的人力资源。这一过程需要细致地分析候选人的资格、经验和专业知识，以便筛选出合适的候选人。

2. 初选阶段

招聘方的主要任务是从合格的应聘者中选出参加初始测试的人员。由于此时应聘者的资料和信息可能不够全面，招聘决策者可能需要依赖主观判断来进行选择。因此，在资源允许的情况下，应尽量让更多的求职者参与初始测试，以增加选拔的广度和准确性。

3. 初始测试

本阶段主要工作是组织应聘者进行笔试和心理测试。笔试旨在评估应聘者的综合知识、专业知识和岗位相关能力，可以采用闭卷或开卷的形式。心理测试则聚焦于应聘者的智力、个性特征、能力倾向、价值观和职业兴趣，以全面评估其潜力与适合度。初始测试不仅可以深入了解应聘者的专业素养及其知识能力水平，而且可以了解其个性特征、职业兴趣及其发展潜力，有利于提高人岗匹配的成功率。

4. 诊断性面试

诊断性面试是对应聘者进行进一步确认和选拔的过程。它通常是在初始测试的基础上进行的。

面试官将通过面对面交流，观察和评估应聘者的个人风度、语言表达、专业知识和反应能力等，以确定其与组织及岗位的匹配程度。

5. 体检和材料核查

本阶段是甄选的后期工作，旨在对应聘者的身体素质及其所提供的个人资料的真实性进行进一步确认。

为了避免不必要的麻烦和纠纷，公共部门在作出最终录用决策前，必须对求职者的身体和个人资料进行全面检查。在体检与材料核查阶段结束后，甄选阶段基本结束。

二、公共部门人力资源甄选方法

（一）资格审查

资格审查是指对求职者（或被测试者、考生、应聘者、应试者、候选人、被评价者等）是否符合职位基本要求的一种审查。其中，求职申请表或个人简历是重要的筛选工具，其基本内容包括求职者的一般信息、教育状况、工作经历、培训情况、个性特长、职业兴趣等，组织可依此快速收集求职者的基本数据和准确信息，并挑选出不符合最低标准的人。同时，面试可以根据求职申请表提供的内容进行，避免重复和漫无边际。求职申请表中的项目多数能够提供与职业有关、对决策有用的信息。

（二）笔试

笔试是考核应聘者学识水平的重要方法，也是评估应聘者知识储备的关键方法。它采用笔答的形式，让应聘者在试卷上回答预先设计好的问题，然后主考官依据其回答结果来评定应聘者的成绩。这种方法可以有效地考查应聘者的基本知识、专业知识、管理知识、综合分析能力和文字表达能力等素质及多个应聘者的能力差异。笔试的目的在于测评并了解应聘者的知识深度、广度及知识结构，进而淘汰一些不合格的应聘者，为下一步甄选工作的开展奠定一定的基础。1989年进行的中央国家机关补充工作人员考试，进行了《行政能力测验》和《公共基础知识》两科的笔试；1994年我国公务员笔试考试正式实施，并成为我国公务员录用的必经程序，笔试也在党政干部晋升和选拔中得到广泛运用。

1. 笔试的类型

（1）客观式考试。笔试中，以客观题为主的设计具有覆盖知识面广泛、信息含量大和能够有效控制考试误差等优势。这种考试方式主要通过标准化手段来减少主观因素对考试过程的影响，而标准化手段包括标准化的试题制作、考试实施、评分和计分、分数的合成以及分数的解释等。其中，最典型的方法是多项选择题，它要求考生在三个或更多选项中选择至少一个正确的或最合适的答案。在我国目前的各类笔试中，主要有最佳选择题、匹配选择题、组合选择题、多解选择题和类推选择题等形式。

（2）论述式考试。以论述题为主要试题形式的笔试，具有试题灵活、测评层次较深、但评分较困难的特点。论述式考试是主观性试题的主要代表，适用于测评考生的综合能力。根据答题范围可以分为限制性论述和扩展性论述；根据作答的形式又可以分为叙述性论述、说明性论述、评价性论述和批驳性论述。

（3）论文式考试。以论文型试题为主要试题形式的笔试。它要求考生自己计划、自己构想、用自己的话表达，侧重从理解和应用的角度，考查考生对复杂的概念、原理、知识关系的理解，以及运用知识解决问题的能力；同时要求考生花费一定的时间来组织自己的语言表达自己的观点。

2. 笔试的优缺点

笔试的优点主要有：①成本效益高。笔试可以同时测试大量应聘者，费时少、效率高。②客观性。笔试成绩评定比较客观，减少主观因素的干扰，并且试卷可以长期保存，便于追踪和评估。③信度和效度高。良好的试题设计可以提高信度和效度，准确反映应聘者的知识、技能和能力。④心理压力小。应聘者的心理压力相对较小，有利于发挥正常水平。由于笔试具有这些优点，笔试一直是大多数用人单位甄选人才所采用的重要方法。公共部门通常将笔试作为初次选拔应聘者的方式，通过笔试的应聘者才有资格参加下一轮的测试。

笔试的缺点主要有：①不全面。笔试不能全面考察应聘者的工作态度、品德修养、组织管理能力、口头表达能力和操作技能等。②无法直接交流。笔试中应聘者与评估者无法直接建立联系，导致无法及时了解应聘者的即时信息。③无法排除偶然性。笔试无法完全排除偶然性和作弊的可能性。④无法满足特殊要求。笔试不能满足用人部门的一些特殊要求和笔纸测验以外的需求。

（三）面试

面试是一种招聘过程中常用的方法，它允许面试官直接与应聘者进行交流，从而更深入和直观地了解他们的背景、技能和个性。通过这种面对面的沟通，面试官能够评估应聘者是否具备岗位所需的能力和适应性，以及他们是否与组织的价值观和文化相契合。面试不仅仅是单一的信息交流，它是一个复杂的互动过程，涉及应聘者和面试官之间的双向沟通。在这个过程中，面试官会提出问题，而应聘者则有机会展示自己的经验、知识和解决问题的能力。同时，应聘者也会向面试官提问，以了解工作内容和组织环境。

为了确保面试过程的有效性和效率，用人单位必须精心设计面试流程。这包括制订明确的目标、准备相关的问题和评估标准，以及确保面试环境舒适、安静且无干扰。此外，面试官应该接受培训，以便使用恰当的沟通技巧和评估方法，确保面试过程的公正和客观。

1. 面试的类型

从不同的角度，可以把面试划分为不同的类型。

（1）按照面试的过程，可以分为一次性面试和系列面试。一次性面试就是对应聘者只进行一次面试就作出决策；系列面试就是要对应聘者进行多次有顺序的面试，再作出决策。

（2）按照面试的组成人员，可以分为个别面试、小组面试和集体面试。

个别面试是指由一个面试官与一个应聘者进行面对面的沟通和交谈。个别面试有利于双方建立信任然后促进相互的深入了解，有利于面试官细致地了解应聘者各方面的素质。这种结构的面试对面试官的要求很高，因为面试官的主观因素容易干扰应聘者。

小组面试是指由两个或者两个以上的面试官组成面试小组，来对应聘者分别进行面试。这种面试的优点：一是因为这种面试结构允许所有面试者从不同角度提出问题，让应聘者回答，对应聘者的要求比较高，有利于获得真实深入而有意义的信息反馈；二是应聘者面对这种结构的面试，往往心理压力增加，能够更好地让面试官观察应聘者的综合素质。

集体面试是小组面试的特殊形式，是由面试小组同时对多个应聘者进行面试。在集体面试中，面试小组为应聘者们准备一个需要解决的问题，然后要求他们通过合作，提交一个答案。在这个过程中，面试小组通过观察每位应聘者的表现，进而判断应聘者的应变能力、理解能力、语言表达能力和分析解决问题的能力等。

（3）按照面试的实施方式及其内容，可以分为压力面试、情景面试等。

压力面试是指将应聘者置于一种紧张的氛围中，面试官提出一些富有压力的刁难性或攻击性的问题，来考查应聘者的压力承受能力、情绪调节能力、应变能力和解决问题的能力等。

情景面试是以一系列与实际工作相关联的问题为基础，在工作分析的基础上提出问题，然后根据应聘者的回答来判断在所描述的情况下应聘者可能采取的行为。面试官对所有应聘者提同样的问题，并用预先确定的答案对应聘者进行分析。情景面试中面试官提出的问题可分为两种类型，即经验型和未来导向型。经验型问题一般要求应聘者回答在过去的工作中遇到此种情形问题时是如何处理的；未来导向型问题则要询问将来一旦遇到这种假设情形，应聘者将采取何种处理措施。

（4）按照面试问题的结构化形式，可以分为结构化面试、半结构化面试和非结构化面试。

结构化面试是根据特定职位的胜任素质要求，遵循一定的程序，采用事先制定好的题目、评价标准和评价方法，通过面试官与应聘者的沟通交流，来判断应聘者是否胜任该职位。这种规范化的面试方法的优点是：可以避免遗漏一些重要的问题，以统一标准对不同的应聘者进行比较，可减少主观性。其缺点是缺乏灵活性，形式僵化。

半结构化面试是一种介于结构化面试和非结构化面试之间的相对开放的面试方法。半结构化面试通常存在两种情况：一种是由面试官准备问题，但是没有固定顺序也没有固定答案。对某些问题可进行进一步讨论。另一种是面试官依据事先规划好的一系列问题对应聘者进行提问。半结构化面试可以有效地避免结构化面试和非结构化面试的缺点。

非结构化面试指面试官在面试中随机提出问题，既不提前准备好问题，也不提前准备好答案。这种面试的优点是针对性强，对应聘者应变能力的要求高。缺点是具有主观性，由于缺乏统一标准，容易带来用人偏差。在采取非结构化面试的过程中要把握几个原则：一要让应聘者多发言；二要事先充分准备让应聘者出乎意料的问题；三要根据讲话内容作出理性判断，得出结论。

2. 面试的程序

不同的用人单位安排的面试过程也会不同，但是为了保证效果，面试的程序一般包括准备、问候与建立联系、询问与工作有关的问题、解答应聘者提出的问题、结束和面试评价等阶段。面试的每一阶段均对面试官和应聘者有不同的任务要求，在面试结束后，面试小组还需要结合各位面试官对应聘者的评价意见，依据预先编制好的面试结果汇总量表进行最终评定，从而为录用决策提供科学依据。

面试结果汇总量表例表如表 4-2 所示。

表 4-2　面试结果汇总量表例表

应聘人面试日期：　　年　　月　　日	应聘职位面试官：
个人情况	面试官意见
过去工作经历：	
过去重要成就：	

续表

其他因素： 仪表 适应能力 稳定性 领导能力 创造力 智力 协调能力 沟通能力 自信力	
总评：	
应聘人优点：	
应聘人缺点：	
□建议可予录用，还应施予训练	
□建议不予录用，理由：	
其他意见	

3. 面试的优缺点

面试的优点主要有：①直观性强。面试以观察和谈话为主要工具，直观性强，双向直接互动，能够深入和广泛地考察应聘者，评估多种能力，有助于防止舞弊。②有效性高。面试官可以观察应聘者的外表、口才、自信度、人际交往能力、应变能力、分析判断能力、思维敏捷性等，获得的信息丰富、完整和深入，有效性高。③全面。面试可以通过多种方法，对应聘者的口头表达能力、为人处世、操作能力、独立处理问题的能力，以及举止仪表、气质风度、兴趣爱好、脾气禀性、道德品质等进行全面的考察。

面试的缺点主要有：①随意性强。如面试过程不规范，评分客观性和一致性差。②时间长。要花费大量的时间和费用。③受面试官主观影响大。面试官的个人偏好和利益可能会对评估产生影响。④不易数量化。面试中常见的偏差主要有首因效应、晕轮效应、刻板印象、类我效应、从众效应、闪电式判断、太多或太少的面谈、应聘者的次序影响、忽视应聘者的非言语行为、评分标准不客观和不统一等。

专栏 4-2

一女生国考面试迟到 30 秒，哭求进考场无果

公务员国考的难度很大，一旦入围面试，大多数考生会积极准备，全力以赴，不放过任何细节问题。可是还是有考生因为面试迟到被取消了资格，当事人哭哭啼啼，求工作人员让她进考场，可这类考试的规则非常严苛，迟到就意味着失去了面试资格，再多的哭泣也没有意义。

> 3月5日，有媒体报道，2024年国考山东省税务系统的面试中，有一位女性考生迟到了30秒，工作人员没有放行，该考生也因此被取消了面试资格，哭成泪人。
>
> 据了解，山东省税务局2024年度考试录用公务员面试时间为3月5—10日，每位考生的面试时间都有公布。面试时间从每天上午9:00开始，需在8:30之前携带本人的身份证和公共科目笔试准考证，进入考点封闭管理。没有按规定时间进入考点的考生，取消面试资格。
>
> 不知是何原因，该女子8:30分过了30秒左右才在一名男性的陪伴下，来到考点，可当时考点已经停止考生身份验证，并封锁了出入通道，所以工作人员拒绝放行。这时候，该女子开始急了，在考点门口苦苦哀求：我求求你，让我进去吧，我该怎么办呀！但工作人员始终没有放行。
>
> 有媒体联系了山东省税务局考试中心，工作人员回应称，该考生是个人原因造成的迟到，迟1秒也不行，而且在考前也提醒过考生两三次。很显然，这位在考场外哭泣，无缘国考面试的女生，在别人已经提醒两三次的情况下，仍然没有按规定时间进入考点，未被允许参加面试。
>
> 时间观念在关键时刻的重要性不言而喻，特别是在各类公开考试中，时间直接影响着考试的结果和公平性。时间就像一把尺子，用来丈量所有考生的表现。国家公务员考试也不例外，不论是笔试还是面试，时间都被严格规定。考生必须在规定时间内到达考场，否则将被拒之门外，即使是1秒也不行。
>
> 尽管当天下有小雨，但就像网友所言，考生必须为自己的行为负责，不能把责任推给天气。毕竟，其他考生都按时进入考场，这表明天气并不是不可抗力因素。
>
> 在评论区里，几乎所有人一致认为，时间观念在面试中同样至关重要。考试尚未开始就因迟到而被拒绝确实令人同情，却不难理解。国考的每一个环节都在筛选考生，关键时刻必须具备良好的时间观念。
>
> （资料来源：育学笔谈）

（四）心理测试

心理测试是20世纪中期以来随着行为科学的发展而逐渐引起人们重视的员工甄选技术。在甄选过程中，招聘者可以用心理测试预测个人未来的行为，了解应聘者的自我测评，而且用人单位可以通过心理测试，更深入地了解应聘者并与之沟通，职业指导者可用这种方式来获取基本的材料依据。随着社会的进步，心理测试的方法越来越多、技术越来越复杂，主要有能力测试、人格测试和智力测试等。

1. 能力测试

能力是指顺利完成某一活动所必需的主观条件，它直接影响活动效率，是使活动顺利完成的个性心理特征。能力总是和人完成一定的实践活动联系在一起的。能力还可以指个人在其遗传或成熟基础上，经由环境中的训练或教育而获得的知识与技能，此类能力可由行为表现出来，作为与别人比较的依据，也称成就。对于人的能力，不同性质的职业和工作岗位的要求不同。

一般情况下，能力可以分为一般能力和特殊能力。一般能力是指大多数活动所共同需要的能力，如观察力、记忆力、思维能力等。特殊能力是指专门活动所必需的能力，如音乐能力、写作能力、数学能力等。一般能力与特殊能力也是相互联系的，一个人若想从事某类工作，需要同时具备一般能力和特殊能力。在人力资源选拔时，既要根据职位要求来测评应聘者的一般能力，又要测评应聘者应具有的与职业相适应的特殊能力。

（1）一般能力测验。一般能力测验通常包括若干分测试，每一测验实际上就是测验某一特殊能力，各分测试可同时举行，也可分段举行。例如，美国劳工部职业安全局根据39个测验的因素分析，制定了一般能力倾向成套测验；日本劳动省制定了一般职业适应性检查，测评在多种职业领域中工作所必需的几种能力倾向。

（2）特殊能力测验。特殊能力测验指对那些独特于某项职业或职业群的能力测评。该测验主要用于两大目的：测评已具备工作经验或受过有关训练的人员，在某些工作中现有的熟练或成就水平；选拔那些具有从事某项职业的特殊潜能，在经过很少或不经特殊培训的情况下就能从事某种工作的人才。

在我国公务员录用考试中，行政职业能力测验是一个重要科目。该测试从数量关系、判断推理、常识判断、语言理解与表达、资料分析五个维度测评被测试者，从而考察其在这五个维度上的水平是否能达到从事行政管理工作的要求。此外，公共基础知识和申论也是我国公共部门进行人力资源测评的重要测评维度。目前，行政职业能力测试在国家公务员录用考试中占有重要地位，已被广泛应用于各种领域的人力资源甄选。这种测验同一般的知识测验不同，它可以有效地测试人的某种潜能，从而可以预测个体在相应职业领域中成功的可能性。作为一种标准化的心理测验，行政职业能力测验专门用来测评在行政职业上取得成功所具备的一系列心理潜能，进而预测被测试者在行政职业领域内的多种职位上取得成功的可能性。

2. 人格测试

人格测试即以人格为测量对象的测试，通常通过标准化的测验工具引导被测试者陈述自己的看法，然后对结果进行统计处理和研究分析。这种测试方法旨在测量和评价一个人的价值观、态度、情绪、性格等素质特征。虽然心理学家对人格的定义存在差异，但在日常交流中，人们通常将性格理解为心理学中的人格概念。人格测试包含结构不明确的投射技术测试和结构明确的问卷测试两大类。

（1）投射技术测试。投射技术测试是指通过为受测者提供一些随机的刺激环境，然后观察受测者在不受限制的条件下的自然反应，主测者通过分析受测者反应的结果来推断其人格特征。常见的刺激情境包括墨渍、图像、言辞、数字等多种形式。投射技术测试具有采用非结构任务、允许受测者有种种不受限制的反应、测量目标的掩蔽性、解释的整体性等特点。投射技术测试有以下缺点：缺乏常规的资料，难以解释测量结果；难以建立信度和效度；评分不具有客观标准，无法量化；原理复杂，如果没有经过专门训练不能使用。

（2）问卷测试。调查问卷中所使用的主要工具为多种评估量表，这些量表一般已经过标准化处理。构建这些评估量表的过程极其规范，具有清晰的框架，并且包括许多针对性的问题，借助这些问题能够全方位地掌握评估对象的相关情况。问卷测试中常用的方法是自陈式问卷法。这类自陈式问卷被看作一种自我描述的调查手段，通过设计一系列测试题目，让受测者根据自己的实际状况给出肯定或否定的反馈。然后，测试者将受测者所提供的答案与既定标准进行对照分析，来评估受测者在某一特定人格或性格属性方面的特征。自陈式问卷法一般采用的形式是纸笔测试，它的特点是结构明确，计分客观，施测简单，解释容易、客观。

3. 智力测验

所谓智力，指的是个体在认知活动中所展现的综合能力，涵盖了理解事物的全方位技能。智力的构成要素涵盖诸如各类感知技巧、洞察能力、记忆力、创造性想象及逻辑思维（包含理解力、判断力、抽象归纳和推理能力）等多个层面，以思维能力为最关键的部分。

智力测验虽然得到了普遍运用，却也有一定的局限性：首先，怎样才能准确定义"一般智力"的问题至今未能获得明确解答。其次，传统的智力评估主要将智慧看作词语理解、计算等方面的能力，关于智力的真实评估，学界依旧没有统一的看法。在这些测试活动中，智力、知识和技术往往混淆不清，难以彻底区分。再次，现行的智力测试方式并不完全契合中国特有的文化传统和生活习惯。最后，智力并非影响职业表现的唯一指标。

（五）评价中心评定

1. 评价中心评定的内涵

评价中心评定也称情境测试，是一种综合性的人力资源测评方法，这种评价技术主要应用于评价参与者在特定情境中的行为倾向、实际操作能力及绩效表现。评价中心的方法适用于选拔服务业从业者、行政岗位人力资源和各级管理者，同时帮助确定员工提升计划、管理策略和员工培训评价的决策。

在应用评价中心评定时，需将候选人放入一个仿真的应试场景，让其在有限的时间里面对一项特定系统环境的"实际"挑战或是实现一个"实际"的目标。例如，对文件进行归纳整理、主持讨论、作出决议、指挥管理模拟等活动。通过这样的方式，观测候选人在活动中的表现和成果，以此来评估其领导能力、口头表达能力、人际沟通能力、应急处理能力、团队协作能力、创新思维能力等各项素质。最常见的行为特征表现在口头沟通、计划与组织、授权、控制与决策、主动性和挫折耐受性。

2. 评价中心评定的主要形式

评价中心评定主要包括公文处理、无领导小组讨论、管理游戏、角色扮演、个人演说等，其中最常用的方法是公文处理和无领导小组讨论。

（1）公文处理。公文处理也叫文件筐处理，是评价中心评定中核心的测试技术，也是经过多年实践检验的一种针对管理人力资源潜在能力的主要测评方法。一般的操作方法是：提前设定一个典型的工作场景，安排各种官方文件，诸如书信、便笺、告示、表格、账目、投诉、电话记录、指示，以及下属汇报的文件、请求、展示等，将其放在被测试者办公桌上的文件筐里，让被测试者在规定时间内（一般为2~3小时）完成上述文件的处理工作，并需要通过书面或口头形式说明处理这些问题的策略。考评官会根据被测试者对公文处置的品质、速度，对紧急程度的判断以及在文件处理过程中的行为和对处理策略的阐述，来评估其行为习惯、筹划才能、书面交流与理解力、分析判断能力、预判能力、抉择才能、交流能力以及心理承受能力和自控能力等。

公文处理的优点：操作简便，要求低，一般只给被测试者提供日历、背景说明、测试指示和纸笔，要求候选人独立完成所有文件。该方法是对管理人员开展管理工作的一种模拟，其适用对象限定为有一定管理经验的人，非常适合评价管理人员，尤其是中层管理者。公文处理还具有考查内容广、应用范围大、情境性强以及信度和效度高的特点。其缺点：评分难度大、成本高。该测试由于要求候选人单独作答，也很难考查他们的人际交往等能力。

（2）无领导小组讨论。无领导小组讨论也叫无主持人讨论，是评价中心评定中应用较广的测试技术，通过情境模拟对候选人进行集体考查。采用无领导小组讨论时，将候选人按每组5~7人不等分成若干小组，不预先指定讨论主持人，由考评官指派一个与候选职位相关性较大的有争议性话题，邀请候选人以小组的形态自行辩论，并在限定时间内提供一个决策方案。其评分标准通常分为三个层面，包含团队合作的评估（涵盖组织与协调能力、个人交流沟通技巧、合作协同精神、辩才与说服力）、问题处理能力的评估（包括理解能力、逻辑分析能力、创新能力及信息搜集与精炼技能）以及个人品格上的评分（覆盖自我信心、果敢决策、独立性、责任感、情绪稳定以及应变能力）。

无领导小组讨论的实施流程一般分三个阶段，即开始阶段、个人发言阶段和自由讨论阶段。在开始阶段，考评官需告知注意细节和宣布讨论的话题；候选人独自审题，并进行思索，为之后陈述观点作准备，这个阶段通常保持3~5分钟。在个人发言阶段，候选人依次表达自己的立场，考评官须确保每人的发言不超过3分钟。在自由讨论阶段，候选人不但要继续阐明自己的观点，而且要对别人的观点作出反应，目标是达成共识。这个阶段需要30~40分钟。对考评官来讲，考评官要注意观察候选人的发言内容、发言形式和特点以及发言的效果。

无领导小组讨论的优点：能使候选人在相对无意识中展示自己多方面的特点，具有人际互动性强，考查维度独特，评价客观全面、合理准确、效率高的优点，还能在同一时间对竞争同一岗位的候选人的表现进行比较。其缺点：对讨论题目的要求高，对考评官的要求高，受同组成员的影响大。

（3）管理游戏。管理游戏是一种以完成某项既定的"实际工作任务"为基础的标准化模拟活动。它普遍要求候选人协作应对一项特定的管理挑战，而且这类挑战只有在团队协作的环境中才能更加出色地完成。考评官会依据候选人在任务实施过程中所展现的行动和行为，来评估其职业素质和能力水平。

管理游戏的优点：打破了时间和空间限制，让人在实际办公环境之外也能体验到工作的情景，在一定程度上帮助候选人理解和认识社会关系。其缺点：参与者往往集中精力于击败竞争者，这样就容易忽视对通用管理知识和技巧的学习；此外，游戏操作上存在不便，不易于进行有效观察。

（4）角色扮演。角色扮演是一种情景模拟活动，要求候选人在模拟的典型工作情境中扮演某一角色，并处理可能出现的各种问题和矛盾，旨在评估候选人的人际关系处理能力、言语沟通能力、影响力等能力素质。角色扮演能够模拟实际工作中的复杂情境，使候选人在面对真实或类似问题时展现出其实际能力，实现对多种能力的全面评估。角色扮演的形式和内容丰富多样，考评官可以根据需要设计测试主题和场景，灵活应对不同的评估目标。通过角色扮演，候选人可以获得即时的反馈，了解自己在处理问题和沟通方面的不足之处，进而有针对性地进行改进和提高。

角色扮演的注意事项：一是需要精湛的设计能力，避免场景设计过于简单或虚假。二是确保候选人充分参与，避免角色表现过于模式化或漫不经心。三是关注角色之间的配合与交流，评价团队合作和沟通能力。

角色扮演的优点：一是能够实现对候选人多种能力的全面评估。角色扮演能够模拟实际工作中的复杂情境，使候选人在面对真实或类似问题时展现出其实际能力，如人际关系处理能力、言语沟通能力、影响力等。二是候选人能够高度互动，候选人互动交流充分，能够评价候选人的业务能力、反应能力和团队精神。三是能够即时反馈。通过模拟后的互动点评，帮助候选人认清自己的优点和不足，并掌握改善方式。其缺点：一是角色扮演的设计难度高，如果没有精湛的设计能力，场景设计可能会过于简单、表面化或虚假。二是角色扮演的环境具有局限性，实际工作环境复杂多变，而模拟环境却是静态的、不变的，难以完全还原真实工作场景。三是会存在角色参与意识不强的现象，影响评价效果。

（5）个人演说。个人演说是候选人在特定场合下，围绕某一主题进行口头表达的活动，主要评估候选人的语言表达能力、思维逻辑、自信心以及公众演讲能力等。个人演说能够直接反映候选人的语言组织能力、词汇运用能力和表达能力。通过演说的内容，可以评估候选人的思维清晰度、逻辑性和条理性。在公众场合下进行演说，能够考察候选人的自信心、应变能力和公众形象塑造能力。

个人演说的注意事项：一是演说主题应明确且具有挑战性，以激发候选人的表现欲望。二是提供必要的准备时间，确保候选人能够充分准备和熟悉演说内容。三是注意观察候选人的肢体语言、面部表情等非言语行为，以全面评估其公众演讲能力。

个人演说的优点：一是能够有效评估候选人的表达能力。个人演说能够直接反映候选人的语言组织能力、词汇运用能力、沟通能力和表达能力。二是能够评估候选人的思维逻辑。通过演说的内容，可以评估候选人的思维清晰度、逻辑性和条理性，了解其思维方式和解决问题的能力。三是能够评估候选人的自信心与公众形象。在公众场合下进行演说，能够考察候选人的自信心、应变能力和公众形象塑造能力，有助于评价其在未来工作中的领导潜力和公众影响力。其缺点：一是部分候选人在公众场合下可能会感到紧张，影响演说效果，从而难以准确评价其真实能力。二是演说内容需要候选人提前准备，评估结果受到准备充分程度的影响，而非完全反映其实际能力。三是评价结果会受到考评官主观判断的影响，导致结果存在一定偏差。

3. 评价中心评定的优缺点

评价中心评定的优点：首先，该方法具备信息量大的特点，能够从多维度深入洞察、剖析并评价候选人的全貌，其评估成效十分显著，这一点是其他任何独立的测试方式所无法媲美的；其次，该方法注重通过实践模拟考核应聘者的实际操作水平，让应聘者的主观能动性得到充分发挥，也更易于赢得应聘者的支持与认同。其缺点：过分依赖评测专家的专业判断，普通工作人员难以轻易驾驭；评测成本相对较高，同时在时间上的消耗也较大。该方法一般只用于对管理类和中高层管理者的甄选。

公共部门人力资源甄选方法比较如表4-3所示。

表 4-3　公共部门人力资源甄选方法比较

方法	信度	效度	普遍适用性	效用
面试	当面试为非结构性的，以及当评价的是不可观察的特征时，信度较低	如果面试为非结构性、非行为性的，则效度较低	高	低，主要因为成本较高
评价中心评定	高	高	一般适用于管理类和专业技术类职位	成本高，收益也较高
能力测试	高	中等	低，只适用于特定岗位	对某些危险性较大的职业效用较低
智力测试	高	中等	较高，可对大多数职业进行测试，最适合要求复杂的职位	高，成本较低，而且能广泛应用于各种职业
人格测试	高	较低	较低，只有少数特征适用于多种职位	低

第三节　我国公共部门人员录用制度与选拔任用

一、我国公共部门人员录用制度

1. 党内法规制度与国家法律法规依据

党内法规主要包括《新录用公务员任职定级规定》《公务员职务任免与职务升降规定（试行）》《人事争议处理规定》《公务员录用面试组织管理办法（试行）》《新录用公务员试用期管理办法（试行）》《公务员考试录用违纪违规行为处理办法》《聘任制公务员管理规定（试行）》《关于进一步做好选调应届优秀大学毕业生到基层培养锻炼工作的通知》《关于适应新时代要求大力发现培养选拔优秀年轻干部的意见》等。

国家法律规范主要包括《宪法》、《中华人民共和国选举法》（以下简称《选举法》）、《公务员法》、《公务员录用规定》、《新录用公务员任职定级规定》、《公务员职务任免与职务升降规定》、《公务员录用体检通用标准（试行）》、《公务员考试录用违纪违规行为处理办法》等。此外，各地还制定了相应的管理办法。

2. 任用形式

《公务员法》第四十条规定："公务员领导职务实行选任制、委任制和聘任制。公务员职级实行委任制和聘任制。"第二十三条规定："录用担任一级主任科员以下及其他相当职级层次的公务员,采取公开考试、严格考察、平等竞争、择优录取的办法。"这实际上是考任制。第一百条又规定:"机关根据工作需要,经省级以上公务员主管部门批准,可以对专业性较强的职位和辅助性职位实行聘任制。"但一般将选任、调任和聘任多作为公务员任职的范畴。

3. 考试录用

公务员考试录用是按照一定的标准和法定程序,通过考试等方法,从社会上选拔相应人员到机关担任一级主任科员以下职级的公务员,并与其建立公务员权利和义务等法律关系的行为。

(1) 考试录用程序。

《公务员法》和《公务员录用规定》都规定了录用公务员,应当按照下列程序进行:发布招考公告;报名与资格审查;考试;考察与体检;公示、审批或备案。这是一个逐步筛选淘汰的模式。录用特殊职位的公务员,经省级以上公务员主管部门批准,可以简化程序。

(2) 报考公务员的资格条件。

《公务员法》规定,公务员应当具备下列条件:具有中华人民共和国国籍;年满18周岁;拥护中华人民共和国宪法,拥护中国共产党领导和社会主义制度;具有良好的政治素质和道德品行;具有正常履行职责的身体条件和心理素质;具有符合职位要求的文化程度和工作能力;法律规定的其他条件。

同时,下列人员不得录用为公务员:因犯罪受过刑事处罚的;被开除中国共产党党籍;被开除公职的;被依法列为失信联合惩戒对象的;有法律规定不得录用为公务员的其他情形的。报考者不得报考与招录机关公务员有《公务员法》第七十四条所列情形的职位,即公务员之间有夫妻关系、直系血亲关系、三代以内旁系血亲关系以及近姻亲关系的,不得在同一机关担任双方直接隶属于同一领导人力资源的职位或者有直接上下级领导关系的职位工作,也不得在其中一方担任领导职务的机关从事组织、人事、纪检、监察、审计和财务工作。公务员不得在其配偶、子女及其配偶经营的企业、营利性组织的行业监管或者主管部门担任领导成员。因地域或者工作性质特殊,需要变通执行任职回避的,由省级以上公务员主管部门规定。

(3) 录用考试。

公务员录用考试采取笔试和面试的方式进行,考试内容根据公务员应当具备的基本能力和不同职位类别分别设置。笔试包括公共科目和专业科目。公共科目由中央公务员主管部门统一确定。专业科目由省级以上公务员主管部门根据需要设置。公共科目笔试采取闭卷考试方式,分为行政职业能力测验和申论两个科目。笔试结束后,招录机关按照省级以上公务员主管部门的规定,根据笔试成绩由高到低确定面试人选。

《公务员录用面试组织管理办法(试行)》规定,面试由省级以上公务员主管部门组织实施,也可委托省级以上招录机关或授权设区的市级公务员主管部门组织实施。省级以上公务员主管部门组织命制或审定面试试题。根据职责分工,省级以上组织人事考试机构承担面试试题命制等有关工作,也可以委托专门机构承担面试试题命制等支持与服务工作。面试方法以结构化面试和无领导小组讨论为主,也可以采取其他测评方法。

4. 选调生制度

选调生是指组织部门有计划地从高等院校选调的品学兼优的本科及以上学历的大学毕

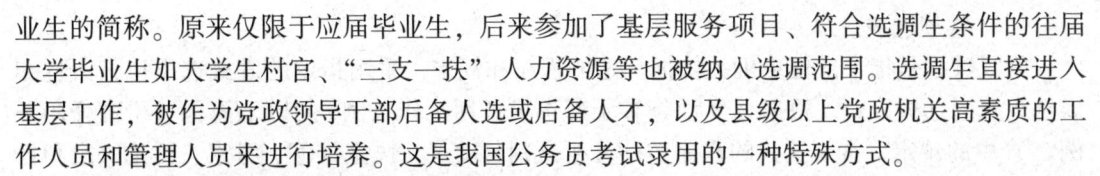

业生的简称。原来仅限于应届毕业生,后来参加了基层服务项目、符合选调生条件的往届大学毕业生如大学生村官、"三支一扶"人力资源等也被纳入选调范围。选调生直接进入基层工作,被作为党政领导干部后备人选或后备人才,以及县级以上党政机关高素质的工作人员和管理人员来进行培养。这是我国公务员考试录用的一种特殊方式。

按不同的分类方式,选调生有不同的种类。

一是按照选调的主体不同,可分为省委组织部选拔的选调生、市委组织部选拔的选调生、县(市)委组织部选拔的选调生。

二是按照所属系统不同,可分为党政选调生、法院选调生、检察院选调生、共青团选调生、企业选调生、人民武装选调生等。

三是按照大学生的学历不同,可分为专科选调生、本科选调生、硕士选调生、博士选调生等。

四是按照选调的对象不同,可分为应届生选调生和往届生选调生。

五是按照选调的范围不同,可分为定向选调生和非定向选调生。

> 专栏 4-3

录用人员评估

录用人员评估是指根据招募、甄选与录用工作计划对录用人员的数量和质量进行的评估。

1. 录用人员数量的评估

(1) 录用比。录用比越小,相对来说,录用者的素质越高;反之,录用者的素质可能较低。录用比=录用人数÷应聘人数×100%。

(2) 完成比。完成比等于或大于100%,说明在数量上全面或超额完成了计划。完成比=录用人数÷计划招聘人数×100%。

(3) 应聘比。应聘比越大,说明发布招募效果越好,录用人员素质可能越高。应聘比=应聘人数÷计划人数×100%。

2. 录用人员的评估

录用人员的质量是指录用者与其应聘的职位所要求的知识技能等的符合程度,录用比和应聘比在一定程度上可以体现录用人员质量。但为了更有效地对录用人员的质量进行评估,还可以采取录用合格比指标来分析,录用合格比是反映招募、甄选与录用的准确性和有效性的有效指标。录用合格比=已录用的胜任岗位人数÷实际录用总人数×100%。

二、我国公共部门干部选拔与晋升

(一) 选拔任用与晋升的内涵

1. 选拔

选拔是指为了适应组织发展需要,依据干部管理权限和相关程序的规定,把符合条件的干部挑选出来的过程。干部选拔可以分为常规选拔和竞争性选拔两种。

（1）常规选拔。

常规选拔是指干部任免机关依据一定的程序和规定，采用指定的方式选出拟任人选和候选人选的选拔方式。根据《党政领导干部选拔任用工作条例》（以下简称《干部任用条例》）中的规定，常规选拔的程序包括分析研判与动议、民主推荐、考察、讨论决定和任职等环节，主要用于选拔党政机关工作人员。

（2）竞争性选拔。

竞争性选拔是党委（党组）及其组织（人事）部门按照公开的标准、规则和程序，组织人选自愿报名或推荐报名，并由人选在选拔过程中直接进行竞争，差额产生拟任人选和候选人选的选拔方式。竞争性选拔的方式多种多样，包括公开选拔、竞争上岗、公推比选、公推公选等多种方式。

2. 任用

任用是指依据既定的规定和程序选出合适的干部人选后，决定这些候选人将如何被安排担任领导职位。干部任用的形式主要有三种：委任制、选任制和聘任制。

（1）委任制。

委任制是指采用委任的方法委派干部担任领导职务的选拔方式，是目前我国使用最普遍的干部任用形式，也是我国干部选拔制度的基础。

（2）选任制。

选任制是指按照有关法律法规的规定，通过民主选举方式确定任用对象的一种干部任用形式。

（3）聘任制。

聘任制是指通过签订聘任合同确定人员关系的任用方式。机关根据工作需要，经省级以上公务员主管部门批准，可以对专业性较强的职位和辅助性职位实行聘任制。对于涉及国家秘密的相关职位，不实行聘任制。

3. 晋升

晋升是指公职人员的管理机关依据国家有关法律、法规的规定，基于工作需要和公职人员的工作表现与业绩，将符合条件的公职人员由较低的职务升任至较高职务的管理活动。

选拔任用和晋升机制是干部人事制度改革、政治体制改革和国家发展的关键环节，它承担着为党和国家的事业任务提供优质高效的人力资源的重任。完善科学的干部选拔任用和晋升制度，对于打造精明高效、高素质的干部队伍，确保党和国家政权建设以及社会主义事业的持续发展，具有重要的意义。

（二）我国公共部门干部选拔任用与晋升的原则

选拔任用与晋升的原则是党的干部路线、方针、政策在干部选拔任用与晋升工作中的集中体现，是各级党组织和干部人事部门在选拔任用与晋升环节的行为规范，是干部选拔任用与晋升工作必须遵循的标准和依据。我国领导干部选拔与晋升的基本原则有以下几点。

1. 党管干部原则

党管干部是干部工作的首要原则和根本原则。党管干部原则在党成立不久就被正式确立,成为党领导革命和建设工作的重要原则。在干部选拔工作中突出党管干部原则,其实质就是要保证党对干部人事工作的绝对领导,确保各级领导权始终掌握在忠于党、忠于人民、忠于马克思主义的人手中。

2. 民主集中制原则

民主集中制是我们党的根本组织制度和领导制度,是实现党内民主的重要形式。《干部任用条例》规定的动议、民主推荐、组织考察、讨论决定等环节,都反映了民主集中制的要求。各级领导干部的选拔任用,都要经过反复多次的民主和集中。

3. 依法办事原则

依法办事是依法治国战略在干部选拔任用工作中的具体体现。《干部任用条例》指出,必须严格执行条例的各项规定,严格遵守"十不准"纪律要求,加强干部选拔任用全程监督,严肃查处违反组织人事纪律的行为,实行干部选拔任用工作责任追究制度。

4. 德才兼备、以德为先原则

德才兼备、以德为先是党选拔任用领导干部的明确标准。这一原则强调不仅要考核干部的道德品质和专业能力,而且在两者都达到标准的情况下,应优先考虑道德品质。《干部任用条例》规定了干部选拔任用的六项基本条件、七项基本资格,明确六种情形不得列为考察对象,并对破格提拔干部的条件和程序进行了明确。

5. 五湖四海、任人唯贤原则

坚持五湖四海原则就是要求在干部选拔中拓宽视野,不拘泥于特定区域或时间。《干部任用条例》规定,党政领导干部可以从党政机关选拔,也可以从党政机关以外选拔;注意从担任过县、乡党政领导职务的干部和国有企事业单位领导人力资源中选拔;加强干部跨地区跨部门交流等。任人唯贤是中国共产党一贯坚持的干部路线。

6. 民主、公开、竞争、择优原则

民主、公开、竞争、择优是干部选拔任用工作的重要指导方针,体现在选人用人的具体程序、方法、措施等方方面面。四个方面是互相联系的有机整体,其中民主是方向,公开是前提,竞争是途径,择优是目的。

7. 注重实绩、群众公认原则

注重实绩,强调干部在岗位上的实际表现和群众的支持度。选拔任用干部时,要重视干部在执行党的基本路线中的成绩,并通过民主推荐等程序,确保群众公认度高的干部得到重用。目前干部选拔工作要求注重对科学发展实绩的考察,坚持把民主推荐作为必经程序,明确群众公认度不高的不得列为考察对象,规定了干部问责的具体情形和被问责干部的重新任职等细节。

(三)选拔任用与晋升的条件和规定

选拔任用与晋升是有效激励干部、促进人才流动的重要手段,各级领导干部只有在满足一定条件、达到相应资格时,才有选拔和晋升的机会。《干部任用条例》和《公务员职务任免与职务升降规定(试行)》对领导干部选拔任用与晋升的标准有细致规定。

1. 干部选拔任用的基本条件

党政领导干部必须信念坚定、为民服务、勤政务实、敢于担当、清正廉洁,具备下列基本条件。

（1）自觉坚持以马克思列宁主义、毛泽东思想、邓小平理论、"三个代表"重要思想、科学发展观、习近平新时代中国特色社会主义思想为指导，努力用马克思主义立场、观点、方法分析和解决实际问题，坚持讲学习、讲政治、讲正气，牢固树立政治意识、大局意识、核心意识、看齐意识，坚决维护习近平总书记核心地位，坚决维护党中央权威和集中统一领导，自觉在思想上政治上行动上同党中央保持高度一致，经得起各种风浪考验。

（2）具有共产主义远大理想和中国特色社会主义坚定信念，坚定道路自信、理论自信、制度自信、文化自信，坚决贯彻执行党的理论和路线方针政策，立志改革开放，献身现代化事业，在社会主义建设中艰苦创业，树立正确政绩观，作出经得起实践、人民、历史检验的实绩。

（3）坚持解放思想，实事求是，与时俱进，求真务实，认真调查研究，能够把党的方针政策同本地区本部门实际相结合，卓有成效地开展工作，落实"三严三实"要求，主动担当作为，真抓实干，讲实话，办实事，求实效。

（4）有强烈的革命事业心、政治责任感和历史使命感，有斗争精神和斗争本领，有实践经验，有胜任领导工作的组织能力、文化水平和专业素养。

（5）正确行使人民赋予的权力，坚持原则，敢抓敢管，依法办事，以身作则，艰苦朴素，勤俭节约，坚持党的群众路线，密切联系群众，自觉接受党和群众的批评、监督，加强道德修养，讲党性、重品行、作表率，带头践行社会主义核心价值观，廉洁从政、廉洁用权、廉洁修身、廉洁齐家，做到自重自省自警自励，反对形式主义、官僚主义、享乐主义和奢靡之风，反对任何滥用职权、谋求私利的行为。

（6）坚持和维护党的民主集中制，有民主作风，有全局观念，善于团结同志，包括团结同自己有不同意见的同志一道工作。

2. 提拔担任党政领导职务的基本资格

除了满足基本条件之外，《干部任用条例》还对提拔担任党政领导职务的领导干部的基本资格有七项规定。

（1）提任县处级领导职务的，应当具有五年以上工龄和两年以上基层工作经历。

（2）提任县处级以上领导职务的，一般应当具有在下一级两个以上职位任职的经历。

（3）提任县处级以上领导职务，由副职提任正职的，应当在副职岗位工作两年以上；由下级正职提任上级副职的，应当在下级正职岗位工作三年以上。

（4）一般应当具有大学专科以上文化程度，其中厅局级以上领导干部一般应当具有大学本科以上文化程度。

（5）应当经过党校（行政院校）、干部学院或者组织（人事）部门认可的其他培训机构的培训，培训时间应当达到干部教育培训的有关规定要求。确因特殊情况在提任前未达到培训要求的，应当在提任后一年内完成培训。

（6）具有正常履行职责的身体条件。

（7）符合有关法律规定的资格要求。提任党的领导职务的，还应当符合《中国共产党章程》等规定的党龄要求。

职级公务员担任领导职务，按照有关规定执行。

3. 晋升条件的年限规定

《公务员职务任免与职务升降规定（试行）》对公务员（主要是委任制）晋升条件的年限方面进行了细致规定。

晋升乡科级领导职务的公务员，应当符合下列资格条件。

（1）具有大学专科以上文化程度。

（2）晋升乡科级正职领导职务的，应当担任副乡科级职务两年以上。

（3）晋升乡科级副职领导职务的，应当担任科员级职务三年以上。

（4）具有正常履行职责的身体条件。

（5）其他应当具备的资格。

（四）选拔任用与晋升的普通程序

为了保证干部工作的规范性和可持续性，必须对干部选拔任用和晋升的流程加以规定。2019年3月修订后的《党政领导干部选拔任用工作条例》中规定，干部选拔任用要经过分析研判和动议、民主推荐、考察、讨论决定、任职等程序。

1. 分析研判和动议

分析研判和动议是针对领导班子建设以及干部队伍配备的需求，提出领导干部调整的意向和决策的过程。它是干部选拔任用工作中的首要环节，主要负责解决是否需要调整、调整哪个岗位以及考虑哪些人等问题。《党政领导干部选拔任用工作条例》中规定，组织（人事）部门应当深化对干部的日常了解，坚持知事识人，把功夫下在平时，全方位、多角度、近距离了解干部。根据日常了解情况，对领导班子和领导干部进行综合分析研判，为党委（党组）选人用人提供依据和参考。

党委（党组）或者组织（人事）部门根据工作需要和领导班子建设实际，结合综合分析研判情况，提出启动干部选拔任用工作意见。组织（人事）部门综合有关方面建议和平时了解掌握的情况，对领导班子和领导干部进行动议分析，就选拔任用的职位、条件、范围、方式、程序和人选意向等提出初步建议。组织（人事）部门将初步建议向党委（党组）主要领导成员汇报，对初步建议进行完善，在一定范围内进行沟通酝酿，形成工作方案。对动议的人选严格把关，根据工作需要，可以提前核查有关事项。

分析研判和动议时，根据工作需要和实际情况，如确有必要，也可以把公开选拔、竞争上岗作为产生人选的一种方式。领导职位出现空缺且本地区本部门没有合适人选的，特别是需要补充紧缺专业人才或者配备结构需要干部的，可以通过公开选拔产生人选；领导职位出现空缺，本单位本系统符合资格条件人数较多且需要进一步比选择优的，可以通过竞争上岗产生人选。公开选拔、竞争上岗一般适用于副职领导职位。公开选拔、竞争上岗应当结合岗位特点，坚持组织把关，突出政治素质、专业素养、工作实绩和一贯表现，防止简单以分数、票数取人。公开选拔、竞争上岗设置的资格条件突破规定的，应当事先报上级组织（人事）部门审核同意。

2. 民主推荐

民主推荐是干部选拔任用的关键环节，由党委（党组）及其组织（人事）部门根据领导班子建设和领导干部选拔任用的需求，依照相关规定，组织相关人力资源进行的一种推荐活动，旨在选出合适的人选担任领导职务。选拔任用党政领导干部，应当经过民主推荐。民主推荐包括谈话调研推荐和会议推荐，推荐结果作为选拔任用的重要参考，在一年内有效。领导班子换届，民主推荐按照职位设置全额定向推荐；个别提拔任职或者进一步使用，可以按照拟任职位进行定向推荐，也可以根据拟任职位的具体情况进行非定向推荐；进一步使用的，可以采取听取意见的方式进行，其中正职也可以参照个别提拔任职进行民主推荐。这样的程序设计旨在确保选拔任用的干部符合岗位需求，同时充分体现民主和公正的原则。

专栏4-4

《党政领导干部选拔任用工作条例》中关于民主推荐的部分规定

第十八条　地方领导班子换届，民主推荐应当经过下列程序：

（一）进行谈话调研推荐，提前向谈话对象提供谈话提纲、换届政策说明、干部名册等相关材料，提出有关要求，提高谈话质量；

（二）综合考虑谈话调研推荐情况以及人选条件、岗位要求、班子结构等，经与本级党委沟通协商后，由上级党委或者组织部门研究提出会议推荐参考人选，参考人选应当差额提出；

（三）召开推荐会议，由本级党委主持，考察组说明换届有关政策，介绍参考人选产生情况，提出有关要求，组织填写推荐表；

（四）对民主推荐情况进行综合分析；

（五）向上级党委或者组织部门汇报民主推荐情况。

第十九条　地方领导班子换届，谈话调研推荐一般由下列人员参加：

（一）党委成员；

（二）人大常委会、政府、政协领导成员；

（三）纪委监委领导成员；

（四）法院、检察院主要领导成员；

（五）党委工作部门、政府工作部门、群团组织主要领导成员；

（六）下一级党委和政府主要领导成员；

（七）其他需要参加的人员，可以根据知情度、关联度和代表性原则确定。

推荐人大常委会、政府、政协领导成员人选，应当有民主党派、工商联主要领导成员和无党派代表人士参加。

参加会议推荐的人员参照上列范围确定，可以适当调整。

第二十条　个别提拔任职，或者进一步使用需要进行民主推荐的，民主推荐程序可以参照本条例第十八条规定进行；必要时也可以先进行会议推荐，再进行谈话调研推荐。先进行谈话调研推荐的，可以提出会议推荐参考人选，参考人选应当差额提出。单位人数较少、参加会议推荐人员范围与谈话调研推荐人员范围基本相同，且谈话调研推荐意见集中的，根据实际情况，可以不再进行会议推荐。

根据工作需要，可以在民主推荐前对推荐职位、条件、范围以及符合职位要求和任职条件的人选，在人选所在地区或者单位领导班子范围内进行沟通。

第二十一条　个别提拔任职，或者进一步使用需要进行民主推荐的，参加民主推荐人员一般按照下列范围执行：

(一)民主推荐地方党政领导班子成员人选,参照本条例第十九条规定执行,可以适当调整。

(二)民主推荐工作部门领导成员人选,谈话调研推荐由本部门领导成员、内设机构担任主要领导职务的人员、直属单位主要领导成员以及其他需要参加的人员参加;根据实际情况还可以吸收本系统下级单位主要领导成员参加。参加会议推荐的人员范围可以适当调整。

(三)民主推荐内设机构领导职务拟任人选,参照前项所列范围确定,也可以在内设机构范围内进行。

第二十二条 党委和政府及其工作部门个别特殊需要的领导成员人选,可以由党委(党组)或者组织(人事)部门推荐,报上级组织(人事)部门同意后作为考察对象。

3. 考察

换届(任期)考察和任职考察是考察最主要的两种形式。换届(任期)考察围绕考核完成届期目标或者任期目标的情况,全面考察领导班子领导能力和领导干部德才素质情况,其目的是对领导班子的整体表现和领导干部的个人能力进行定性和定量分析,从而形成全面的评价意见。这种考察通常在任期结束前后进行,以确保评估的准确性和及时性。任职考察则以岗位职责的具体要求为基准,对拟提拔的人选进行全面评估,主要考察其适应岗位的综合素质和发展潜力。其目的是确保人岗匹配,并识别是否存在潜在的重大问题。确定考察对象,应当根据工作需要和干部德才条件,将民主推荐与日常了解、综合分析研判以及岗位匹配度等情况综合考虑,深入分析、比较择优,防止把推荐票等同于选举票、简单以推荐票取人,确保选拔过程的公正性和科学性。

专栏 4-5

《党政领导干部选拔任用工作条例》中关于考察的部分规定

第二十七条 考察党政领导职务拟任人选,必须依据干部选拔任用条件和不同领导职务的职责要求,全面考察其德、能、勤、绩、廉,严把政治关、品行关、能力关、作风关、廉洁关。

突出政治标准,注重了解政治理论学习情况,深入考察政治忠诚、政治定力、政治担当、政治能力、政治自律等方面的情况。

深入考察道德品行,加强对工作时间之外表现的考察,注重了解社会公德、职业道德、家庭美德、个人品德等方面的情况。

强化专业素养考察,深入了解专业知识、专业能力、专业作风、专业精神等方面的情况。

注重考察工作实绩,围绕贯彻落实党中央重大决策部署,统筹推进"五位一体"总体布局和协调推进"四个全面"战略布局,深入了解履行岗位职责、贯彻新发展理念、推动高质量发展取得的实际成效。考察地方党政领导班子成员,应当把经济建设、政治建设、文化建设、社会建设、生态文明建设和党的建设等情况作为考察评价的重要内容，防止单纯以经济增长速度评定工作实绩。考察党政工作部门领导干部，应当把履行党的建设职责、制定和执行政策、推动改革创新、营造良好发展环境、提供优质公共服务、维护社会公平正义等作为考察评价的重要内容。

加强作风考察，深入了解为民服务、求真务实、勤勉敬业、敢于担当、奋发有为，遵守中央八项规定精神，反对形式主义、官僚主义、享乐主义和奢靡之风等情况。

强化廉政情况考察，深入了解遵守廉洁自律有关规定，保持高尚情操和健康情趣，慎独慎微，秉公用权，清正廉洁，不谋私利，严格要求亲属和身边工作人员等情况。

根据实际需要，针对不同层级、不同岗位考察对象，实行差异化考察，对党政正职人选，坚持更高标准、更严要求，突出把握政治方向、驾驭全局、抓班子带队伍等方面情况的考察。

第二十八条　考察党政领导职务拟任人选，应当保证充足的考察时间，经过下列程序：

（一）制定考察工作方案；

（二）同考察对象呈报单位或者所在单位党委（党组）主要领导成员就考察工作方案沟通情况，征求意见；

（三）根据考察对象的不同情况，通过适当方式在一定范围内发布干部考察预告；

（四）采取个别谈话、发放征求意见表、民主测评、实地走访、查阅干部人事档案和工作资料等方法，广泛深入地了解情况，根据需要进行专项调查、延伸考察等，注意了解考察对象的生活圈、社交圈情况；

（五）同考察对象面谈，进一步了解其政治立场、思想品质、价值取向、见识见解、适应能力、性格特点、心理素质等方面情况，以及缺点和不足，鉴别印证有关问题，深化对考察对象的研判；

（六）综合分析考察情况，与考察对象的一贯表现进行比较、相互印证，全面准确地对考察对象作出评价；

（七）向考察对象呈报单位或者所在单位党委（党组）主要领导成员反馈考察情况，并交换意见；

（八）考察组研究提出人选任用建议，向派出考察组的组织（人事）部门汇报，经组织（人事）部门集体研究提出任用建议方案，向本级党委（党组）报告。

考察内设机构领导职务拟任人选程序，可以根据实际情况适当简化。

4. 讨论决定

在讨论决定党政领导职务拟任人选或者将决定呈报前，应当根据职位和人选的不同情况，分别在党委（党组）、人大常委会、政府、政协等有关领导成员中进行酝酿。在进行充分讨论得出一致意见后，应当按照干部管理权限由党委（党组）集体讨论作出任免决定，或者决定提出推荐、提名的意见。属于上级党委（党组）管理的，本级党委（党组）可以提出选拔任用建议。

5. 任职

经过讨论决定后，根据选拔职位的情况，采用相应的任用方式任命候选人。我国实行党政领导干部任职前公示制度和试用期制度。提拔担任厅局级以下领导职务的，除特殊岗位和在换届考察时已进行过公示的人选外，在党委（党组）讨论决定后、下发任职通知前，应当在一定范围内进行公示。公示的内容应当真实准确，便于监督，涉及破格提拔的还应当说明破格的具体情况和理由。公示期不少于五个工作日，以确保足够的时间让公众提出意见和建议。如果公示结果不影响任职决定，那么将正式办理任职手续。提拔担任非选举产生的厅局以下领导职务的，试用期为一年。

（五）我国领导干部竞争性选拔的方式

我国在各地各部门探索竞争性选拔的过程中，出现了多种选拔方式及其程序设计。竞争性选拔的方式主要有公开选拔、竞争上岗、公推竞岗、公推比选四种方式。

1. 公开选拔

公开选拔是一种面向社会，或在本地区（系统）一定范围内，以考试测评为主要选拔手段选拔领导干部的竞争性选拔方式。这种选拔方式的特点是主要依靠考试成绩，而不依赖于民主推荐。公开选拔的优势在于能够跨越不同单位、系统和地域的限制，吸引更多优秀人才参与竞争。这种选拔方式通常用于选拔地方党政领导、部门或机构领导干部，以及内设机构领导干部，特别是对于结构性需求、专业技术类、急需紧缺和后备干部的选拔尤为适用。公开选拔可以先根据笔试成绩筛选出面试人选，再综合笔试和面试成绩确定考察人选，或者在笔试前增加对个人经历和业绩的评价环节。

2. 竞争上岗

竞争上岗是一种在本单位、本系统内，以考试测评为主要选拔手段，结合民主测评，选拔领导干部的竞争性选拔方式，其程序特点是"只考不推"。竞争上岗主要应用于选拔内设机构领导干部，也可用于部门或机构领导干部副职的选拔。竞争上岗的过程通常先根据民主测评和笔试成绩确定面试人选，然后综合民主测评、笔试和面试成绩确定考察人选。民主测评可以在笔试前后进行，以充分体现民主参与和评价。

3. 公推竞岗

公推竞岗是一种在本地区（系统）一定范围内，融合民主推荐和考试测评两种选拔手段，选拔领导干部的竞争性选拔方式，其程序特点是"先推后考"，即先进行民主推荐，再进行考试测评。民主推荐的主体根据参选人员的现任职位不同而有所区别，内设机构领导干部由所在单位推荐，部门或机构领导干部则由具有推荐权限的地方党委推荐。这种选拔方式既发挥了民主推荐的作用，又通过考试测评确保了选拔的公正性。

4. 公推比选

公推比选是一种在本地区（系统）一定范围内，融合考试测评和民主推荐两种选拔手段，选拔领导干部的竞争性选拔方式，其程序特点是"先考后推"，即先进行考试测评，再进行民主推荐。为了增加选拔过程的民主性，民主推荐通常通过召开全委会扩大会议的方式进行，参与推荐的成员包括党委委员、人大代表、政协委员、民主党派和无党派人士，以及与选拔职位工作相关的人员。这种选拔方式通过考试评估来筛选合适的人选，再通过民主推荐来确保选拔过程的公正性和透明度。

几种选拔方式的典型程序如表4-4所示。

表4-4 几种选拔方式的典型程序

方式\程序	公开选拔	竞争上岗	公推竞岗	公推比选
	发布公告 ↓ 报名 ↓ 资格审查 ↓ 经历业绩评价 ↓ 笔试 ↓ 面试 ↓ 组织考察 ↓ 党委（党组）讨论决定 ↓ 办理任职手续	发布公告 ↓ 报名 ↓ 资格审查 ↓ 笔试 ↓ 面试 ↓ 民主测评 ↓ 组织考察 ↓ 党委（党组）讨论决定 ↓ 办理任职手续	发布公告 ↓ 报名 ↓ 资格审查 ↓ 民主推荐 ↓ 经历业绩评价 ↓ 笔试 ↓ 面试 ↓ 组织考察 ↓ 党委（党组）讨论决定 ↓ 办理任职手续	发布公告 ↓ 报名 ↓ 资格审查 ↓ 笔试 ↓ 民主推荐 ↓ 面试 ↓ 组织考察 ↓ 党委（党组）讨论决定 ↓ 办理任职手续

第四节 公共部门人员职业生涯规划

一、公共部门人员职业生涯规划概述

（一）公共部门人员职业生涯规划的内涵

公共部门人员职业生涯规划是一个综合性的过程，是指基于个人和组织方面的需要，结合环境中的机会，制订个人在职业未来发展计划的活动，其内容主要包括职业选择、目标确定和道路设计。个人在公共部门的职业选择和职业生涯目标的设定，既满足了个人的职业发展需求，也符合组织的整体发展战略。个人的职业选择应该与组织的职能和目标相契合，以确保个人在职业发展的同时，也能为组织的发展作出贡献。同时，组织应当为成员提供支持和平台，以帮助他们实现职业生涯目标。此外，个人职业生涯目标的实现，离不开组织提供的发展机会和环境。因此，公共部门应当将个人的利益与组织的利益有机地结合起来，通过制定合理的职业生涯规划，既促进个人的职业成长，又推动组织的长远发展。

（二）公共部门人员职业生涯规划的特点

1. 职业生涯规划的主体是组织成员个体

职业生涯规划活动的责任者有三个，即组织成员、直接上级和组织。

对组织成员而言，其责任主要是进行自我评估，包括审视自己的能力、兴趣和价值观，这是制订有效的职业发展计划的基础。然后分析自己的职业生涯选择是否合理，是否与个人的长期目标和志向相符。在此基础上，明确自己的发展目标和需求，为未来的职业发展指明方向。与直接上级进行沟通是关键的一步，通过交流发展愿望，可以获得上级的支持和指导。此外，与上级共同制订具体的行动计划，确保职业发展目标得以实现。行动计划确定后，需要付诸实践，落实行动计划，这是职业发展成功的关键。

对于直接上级而言，其责任主要是指导下属正确理解个人发展与组织发展之间的联系，评估下属的发展目标和需求是否切合实际，并为下属提供必要的辅导，协助下属制订切实可行的计划。在实施过程中，上级应跟踪进展，并根据实际情况对计划进行调整和优化。

对于组织而言，其责任主要是提供各种职业发展所需的资源，如职业发展样板、资源、辅导和信息。提供职业规划相关的理论和技术方法培训。同时，组织应提供员工能力提升和职业发展的机会，如培训和锻炼项目，以支持员工的职业成长。

2. 职业生涯规划是一个内涵丰富的过程

职业生涯规划包含目标的明晰与确定、职业计划的实施、职业目标的反馈与修正等，是个体在职业生涯中有意识地确立职业目标并追求目标实现的过程。这需要个人对组织及自身条件的正确认识、分析和评价，也需要组织的指导、帮助和制度化安排。

3. 职业生涯目标是个人在职业领域的未来发展方向

职业生涯规划是对个人未来职业道路和目标的前瞻性规划，涵盖个人在职业生涯中希望实现的长远目标和计划。这一规划既包括对未来的预期，也涉及为实现这些目标而采取的具体行动。职业生涯目标与日常工作目标是两个既相互关联又有所区别的概念。工作目标是个人在当前职位上需要完成的具体任务，它们可以是个人设定的，也可以是由组织分配的。工作目标通常是短期的、具体的，并且与个人的本职工作紧密相关，会随着时间的变化而更新。相比之下，职业生涯目标更为长远和抽象，它们不一定直接与当前的工作任务相关。然而，职业生涯目标的实现往往与当前工作目标的选择和完成情况有密切的联系。

4. 组织是组织成员落实个体职业生涯规划的重要场所

职业生涯规划必须依据个人及组织两方面情况制订。组织应当主动了解和参与员工的职业生涯规划，通过实施有效的职业生涯管理政策，协助员工实现他们的职业目标，并确保这些目标与组织的目标相协调。通过提供支持和个人发展的机会，组织不仅能够帮助员工实现职业生涯规划，还能够增强组织的凝聚力，吸引和留住人才，从而为组织的长远发展奠定坚实的人才基础。

（三）公共部门人员职业生涯规划的影响因素

1. 客观因素

客观因素主要包括组织文化、组织战略、组织结构、管理制度、职位供给、组织发展机会，以及家庭与社会经济环境等。下面选取其中几个重点因素进行介绍。

（1）组织文化。组织文化是影响公共部门人员职业生涯规划的重要因素。积极向上的组织文化能够激发员工的潜能，促进其职业发展。

（2）组织结构。组织结构影响公共部门人员的晋升渠道和职业发展空间。扁平化、开放式的组织结构有助于员工实现职业生涯目标。

（3）组织发展机会。组织的成长性和发展机会会影响公共部门人员的职业选择和发展方向。具备良好发展前景的组织更能吸引和留住人才。

（4）社会经济环境。社会经济环境的变化会影响公共部门人员的就业机会和职业发展。经济发展水平、产业结构调整等都会对职业生涯规划产生影响。

2. 主观因素

主观因素是指个体特征方面的因素，包括能力、个性、价值观、所受教育、动机、意识等方面。

（1）能力与素质。公共部门人员的能力和素质是影响其职业生涯规划的重要因素。这包括专业技能、沟通能力、领导力、创新能力等。具备较高能力和素质的员工更容易在职业生涯中取得成功。

（2）个性特征。个性特征会影响公共部门人员的工作态度、行为方式和职业选择。例如，积极主动、乐观开朗、有责任心的个性特征有助于员工在职业生涯中获得更好的发展。

（3）价值观。价值观是公共部门人员职业生涯规划的内在驱动力。具有正确价值观的员工更注重职业发展的道德性和社会意义，从而能在职业生涯中取得更好的成就。

（4）需求动机。公共部门人员在不同的职业发展阶段，对职业目标、职业选择、职业生涯的调整，以及职业成功标准的理解，深受其需求动机的影响。

（5）教育背景。教育背景对个人的职业选择、职业转换、职业发展有重大影响。

（6）职业规划意识。公共部门人员对职业生涯规划的认识和重视程度会影响其职业发展的方向和速度。具备职业规划意识的员工更容易在职业生涯中取得成功。

二、公共部门人员职业生涯规划流程

职业生涯规划流程主要包括自我评价、职业选择、目标设定、职业路径设计、规划实现策略、反馈与修正等。

（一）自我评价

自我评价是指个体通过各种信息和知识，确定和描述自身的职业性向、职业兴趣、职业能力及行为倾向的活动。在专业人士的辅导下，个体可以通过心理测评或其他咨询服务，逐步建立起对职业发展的清晰认识和自我洞察。这种自我评价的过程旨在找到个人职业兴趣、能力、专业技能与潜在工作机会之间的最佳契合点。自我评价的核心内容包括以下几个方面：首先，个体需要审视和明确自己的价值观念。其次，个体应当深入了解自己的专业技能和能力。再次，个体需要深入剖析自己的人格特质和兴趣爱好。最后，个体应当预测自己在职场中的发展潜力和机遇。自我评价不仅有助于个体找到适合自己的职业方向，还有助于个体在职业生涯中实现自我价值的最大化。

（二）职业选择

职业选择是指个体依照自己的职业兴趣、期望，凭借自身能力挑选职业，使自身能力素质与职业需求特征相符的过程。在人的一生中，职业选择并非只是一次性选择。一般而言，个体有 3~5 次职业选择机会。职业选择并非单纯地指对职业本身的选择，还包括以职业选择为中心的一组相关决策，具体包括专业选择、职位选择、工作部门选择等。

（三）目标设定

作出职业选择的决策之后，就要设定职业生涯目标。职业生涯目标是个体在一定时期、一定职业领域中所要取得的成绩或要达到的高度。其中要注意以下五点。

（1）目标要符合社会与组织的需要。
（2）目标要明确具体。
（3）目标要适合自身特点。
（4）目标幅度不宜过宽。
（5）要注意长期目标与短期目标间的结合。

（四）职业路径设计

以最简单的二维设计思路进行职业路径设计介绍。该方法使用频率高，而且多维的思路也是以此为基础在圆锥体上设计的。职业路径的二维设计包括横向维度的设计和纵向维度的设计。前者就是根据职系、职等的定义，把属于一个职等上的几个目标进行设计，如图 4-2 所示；后者是根据职系、职级的定义，把属于不同职级上的目标进行设计，如图 4-3 所示。

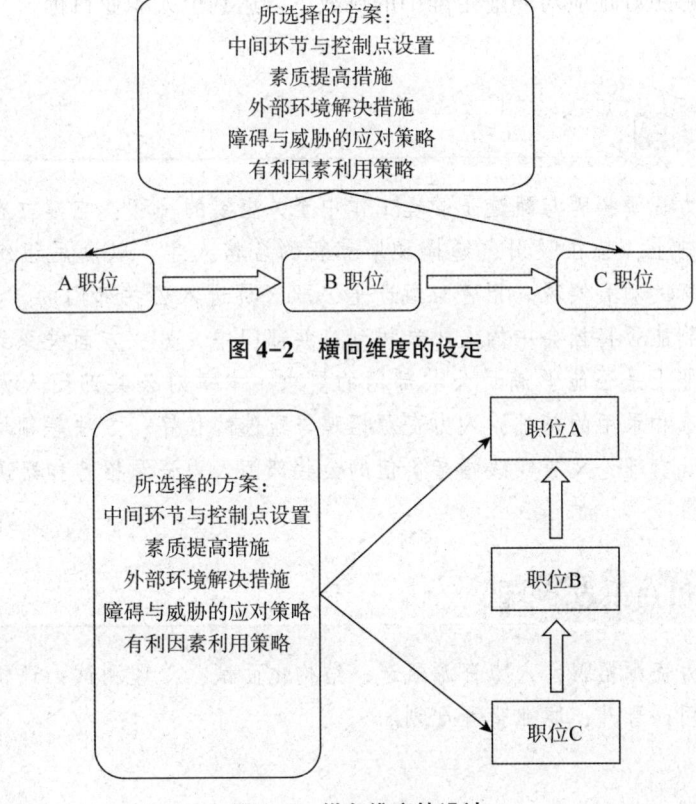

图 4-2　横向维度的设定

图 4-3　纵向维度的设计

（五）规划实现策略

规划实现策略是指为了达成职业生涯目标而采取的具体行动和措施。策略是建立在对现实与目标差距分析基础之上的。差距分析涉及：一是分析当前职位与目标职位之间的差距。二是根据目标职位的要求，评估个体的知识、技能、能力和经验现状，确定存在的差距。三是分析在实现职业目标的过程中，组织内外部环境中的有利和不利因素，以及这些因素对职业发展的潜在影响。

在明确这些差距之后，可以采取以下两个策略来实现职业目标：一是提升内在能力，针对个体在知识、技能、能力和经验方面的不足，通过参加培训、自学等途径来增强自身的竞争力；二是优化外部环境，通过改善与同事、上级以及关键利益相关者的关系，或者适当地表达个人的职业愿望，来为职业发展创造有利的外部条件。

（六）反馈与修正

在职业生涯规划过程中，对职业定位、职业路径与职业方向的审视与修订，主要包括职业的重新选择、职业生涯路径的选择、职业生涯目标的修正、实施策略计划的变更等。职业生涯规划是一个动态变化的进程，它受到个人内在变化、组织结构变化以及外部环境变化的影响。为了确保职业生涯的顺利发展，个体在可预见的未来应当持续进行自我反馈，并对职业生涯规划进行必要的修正。此外，个体在职业生涯规划中应保持灵活和开放的态度，以便能够快速适应变化，并利用新的机遇。通过不断地评估、调整和优化职业生涯规划，个体能够更好地应对职业生涯中的挑战，以达到个人职业目标。

本章小结

公共部门人力资源招聘与甄选是管理工作中至关重要的一环，它建立在人力资源规划和职位分析的基础上，旨在吸引、选择和培养新的合格人才，以满足组织的人力资源需求，确保组织目标的顺利实现。招聘与甄选是公职人员进入公共部门的"入口"。其制度设计一方面关系到能否将社会中的人才选拔到公共部门中，另一方面关系到任用的人员在知识、能力和技能上是否能够满足公共部门的要求。本章对公共部门人力资源招聘的原则，人力资源甄选和录用的基础，人力资源招聘与甄选的程序、方法等领域进行深入的剖析，构建了一个既有理论又有实践指导价值的公共部门人力资源招聘和甄选体系。

核心概念和知识点

公共部门人力资源招聘；人力资源甄选；结构化面试；心理测试；评价中心评定；录用制度；选拔任用；晋升；职业生涯规划。

课后习题

1. 公共部门人力资源招聘的原则是什么？
2. 公共部门人力资源招聘的一般程序是怎样的？
3. 公共部门的内、外部招聘渠道各有哪些？各有何优、缺点？
4. 公共部门人力资源甄选应坚持哪些原则？
5. 笔试有哪些优点和缺点？
6. 面试中应坚持的原则有哪些？面试可分为哪几种类型？
7. 评价中心评定有何优点和缺点？
8. 我国公务员招录的程序是什么？
9. 我国公共部门领导干部如何进行选拔？
10. 公共部门人员职业生涯规划的流程是怎样的？

本章案例研究

兴平：多举措做好新录用公务员考察工作

陕西省兴平市在新招录公务员人数多、考察时间紧的情况下，坚持把政治标准放在首位，重点了解考察对象的政治素质、政治站位等方面，按照德才兼备、以德为先的用人标准，从组织领导、源头考察、严肃纪律等三方面着手，严把公务员"入口关"，做细做实新招录公务员的考察工作。

精心组织、周密部署、确保组织领导到位。市委组织部制定《兴平市2022年拟录用公务员考察工作方案》并召开新招录公务员录用考察安排部署会，由市委组织部、纪委、镇（街道）、法院、检察院等单位组成六个联合考察组，组长由镇（街道）党（工）委副书记担任，成员抽调政治素质好、责任心强、办事公道且考察经验丰富的干部。同时，市委组织部就录用考察的内容、标准、工作程序、考察方式等进行专题培训，确保考察工作高标准完成。

分类甄别、实地考察、确保干部源头可靠。根据考察对象身份类别，将考察对象分为应届毕业生、往届未就业毕业生或无工作单位、往届已就业人员、服务期满三年的大学生村官和特岗教师、事业编制在岗人力资源五种类别，明确不同类别的考察地点、考察人员范围及提交的相关资料。采取到考察对象单位、街道、社区、学校与其领导同事及老师、同学或者社区干部、邻居等进行走访座谈、民主测评、个别谈话等方式，听取身边人的情况介绍及意见，充分了解考察对象的政治表现、现实表现、工作实绩、个性特点和不足之处。同时严格审查考察对象档案，对照报考信息和招录岗位资格条件，逐项审核年龄、学历、基层工作年限、服务期等是否符合报考等政策规定，确保考察结果全面、客观、公正、准确。

严格纪律、全程监督、确保考察公平公正。考察组本着"对组织负责，对个人负责"的原则，考察过程中严格按照《关于做好2022年咸阳市公务员录用考察工作的通知》规定，严格执行中央"八项规定"，不借考察之机外出旅游，不准接受考察对象的宴请、馈赠、不得泄露考察对象的个人隐私和考察情况，坚持遵守纪律、严格考察、全程监督，对考察中出现的违规问题要严肃处理，做到纪律严明、客观公正。

本次考察公平公正、客观准确地完成了三十名新录用公务员的考察工作，为我市的公务员队伍注入新鲜力量。

（资料来源：陕西党建网）

思考与探讨

1. 如何评价本案例中兴平市的这次公务员招聘工作？
2. 本案例中兴平市公务员的招考工作体现了公共部门人员选拔的哪些原则？
3. 你认为公务员招聘工作应包括哪些环节？

第五章 公共部门人员培训与开发

引导案例

勉县：创新"3+3"模式为党员干部教育培训提味增鲜

陕西省汉中市勉县聚焦贯彻落实省市党代会精神，进一步完善党员教育培训体系，创新"3+3"模式瞄准党员干部新需求、拓宽专题培训新形式，彰显教育培训新效果，切实推动党员教育培训提质增效，促进党员干部能力素质全面提升。

"调研摸底+集中授课+一线宣讲"，瞄准党员干部新需求。采取走访调研、座谈交流、摸底调查等方式，全面了解机关、镇村、企社党员培训需求，统筹谋划党员教育培训工作，精心制订培训计划，充分发挥县委党校、四大党群服务中心、红色教育基地等阵地作用，举办为政大讲堂、定军青课堂等培训，实现共性需求与个性需求、集中辅导与自我学习有机统一。聚焦学习贯彻习近平新时代中国特色社会主义思想、党的十九届六中全会及省市党代会精神、乡村振兴、招商引资和数字经济等主题，组建领导干部、党校教师、专业人才等党员志愿者讲师团12个，深入企业、镇街、村组开展培训31次，覆盖党员干部2 000余人。

"视频连线+实地观摩+点评互动"，拓宽专题培训新形式。针对2022年的形势变化，大力探索党员教育培训形式，构建以"上下联动+视频培训"为主，干部在线培训平台、定军先锋网站、微信公众号为辅的"线上+线下"培训方式，开办网上学习专题培训班，培训党员600余人。大力创新党员教育培训方式，打造"案例式+体验式"教学，在县内重点工业企业、茶产业加工基地、乡村振兴示范带举办专题培训班，培训党员领导干部300余人。创新开展"学员上台讲+老师现场评"培训方式，优秀中青年党员干部培训班中10名学员走上讲台，分别围绕组织纪检、新闻宣传、生态环保、财经法规、养老医疗等方面内容开设学员课堂，进一步激发参训学员学习热情。

"结对帮教+考核评估+结果运用"，彰显教育培训新效果。落实每名参训学员由党校培训教师、参训学员代表"2+1"帮教机制，成立培训班次临时班委，对全体学员培训期间的学习情况和遵守纪律情况进行监督，全面掌握干部学习笔记、学习心得、讨论发言、遵守纪律等培训表现。建立党员培训纪实档案，将参训学员的学习表现、培训情况、培训成绩等及时记入培训档案，为干部选拔任用、考核奖惩提供依据。推行考试结业制度，每期培训结束后，统一安排结业考试，对未通过考试的不予结业，"回炉"重新培训，形成以考促学的良好氛围，推动学员把学习成果转化为提升本领、做好工作、推动高质量发展的实际成效。

（资料来源：陕西党建网）

🎯 本章学习目标

1. 掌握公共部门胜任素质模型
2. 了解公共部门人员培训的类型和内容
3. 掌握公共部门培训体系
4. 掌握公共部门人员培训效果的评估

✒ 本章重点问题

1. 公共部门胜任素质模型
2. 公共部门人员培训的程序
3. 公共部门人员培训的需求分析
4. 公共部门人员培训的评估

📝 本章思维导图

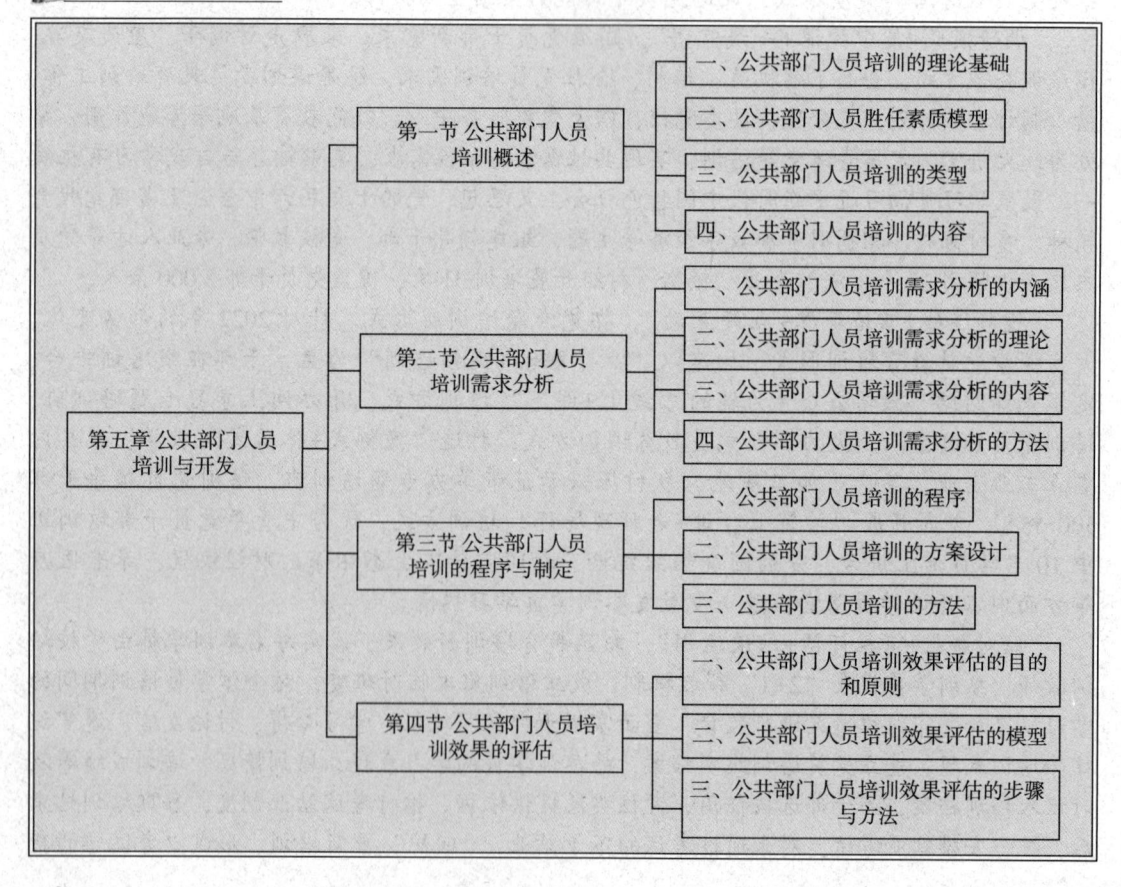

第五章 公共部门人员培训与开发

- 第一节 公共部门人员培训概述
  - 一、公共部门人员培训的理论基础
  - 二、公共部门人员胜任素质模型
  - 三、公共部门人员培训的类型
  - 四、公共部门人员培训的内容
- 第二节 公共部门人员培训需求分析
  - 一、公共部门人员培训需求分析的内涵
  - 二、公共部门人员培训需求分析的理论
  - 三、公共部门人员培训需求分析的内容
  - 四、公共部门人员培训需求分析的方法
- 第三节 公共部门人员培训的程序与制定
  - 一、公共部门人员培训的程序
  - 二、公共部门人员培训的方案设计
  - 三、公共部门人员培训的方法
- 第四节 公共部门人员培训效果的评估
  - 一、公共部门人员培训效果评估的目的和原则
  - 二、公共部门人员培训效果评估的模型
  - 三、公共部门人员培训效果评估的步骤与方法

第一节　公共部门人员培训概述

一、公共部门人员培训的理论基础

(一) 公共部门人员培训的内涵

公共部门人员培训是指根据国家经济与社会进步的需求,结合公共部门实际职责及公职人员个人成长的需要,公共部门对其公职人员实施系统性、组织性的培养、教学以及训练过程。受此培训不仅是政府工作人员的一项基础权益,亦是其应尽的职责。培训和常规教育的区别主要有以下四点。

(1) 培训性质差异。

公共部门人员培训属于成人教育和职业教育的范畴,是一种继续教育。对于公职人员,公共部门人力资源培训是一个接受再教育的过程,贯穿公职人员职业生涯的始终,为"常规"教育的延续。

(2) 培训目的差异。

公共部门人员培训是以任职人员为主要对象、以工作为中心的定向培训。其目的是使受训者掌握履行岗位职责所必须具备的知识、能力和技巧,从而使之提高工作效率和工作水平,改进工作方式。学校常规教育则是以一般人为对象,以传授知识为中心,目的在于提高人们各个方面的素质。

(3) 培训形式差异。

公共部门人员培训并非学校式的条条框框,它可以依据实际需求与特定状况采用多元化和适应性强的培训方法。培养周期灵活,可以实施周期性或不规律的课程;既可选择全脱产学习,也能边工作边接受培训;既可以进行内部培训,也可以在外部采取委托培训的方式。在培训的方法上,既可以进行课堂讲授,也可以采取实地考察和实际操作等手段;既要满足部门和工作发展的需要,又要注重对公职人员综合素质的培养。

(4) 培训内容差异。

公共部门人员培训是多元化培训和针对性培训的统一。这种培训方式为跨学科、多层面的教育实践,内容涵盖广泛,从文化层面到管理理念再到科学知识皆有涉猎。在培育职业技能时,不仅需适应社会经济的发展,综合考虑岗位所需,还需顾及培训对象自身的职业成长等因素。常规教育则是为新生一代未来进入社会生活所进行的基本素质的准备,对受教育者进行全面的、综合的、通用的教育,旨在使人获得全面发展。

(二) 公共部门人员培训的特点

1. 政治性和社会性

公共部门人员培训既是公共部门的一种组织行为,又是一种行政行为。公共部门人员培训的目标是通过学习、教育和培训等方式,提高公共部门人员的整体素质和行政效率,使其在公共管理活动中更好发挥其职能。

2. 多样性和创新性

随着国家社会经济的快速发展和经济全球化进程的加快，全球性、全国性的公共事务与日俱增，跨国、跨地区的公共行政事务正在成为全球性和全国性的问题，要借助其他国家政府、国际组织和其他地区政府、机构的力量才能完成。这需要通过培训和开发，使公职人员了解和熟知世界各国和国内各地区的语言、文化等方面的差异，学习各国各地区公共部门管理的先进理念和做法，实现公职人员的办事理念、工作方式、工作态度等方面的转变。

3. 大规模和复杂性

公共部门是个巨大的组织体系，具有庞大的人员队伍。在培训过程中往往是一个部门或者一个群体进行多元化或针对性培训。同时面对日益复杂的社会环境，公共部门面对的是复杂的公共问题的解决和公共事务的管理，需要公共部门改变原有的知识技能和工作方式，但是在培训过程中面对庞大的人员队伍，会可能产生复杂的、难以预料的问题。

（三）公共部门人员培训的原则

1. 理论联系实际的原则

公共部门的人员不仅是社会公共资源的代理人、公共产品和公共服务的提供者，还是社会改革的领导者，要具备较高的政治、经济、文化等方面的理论素质。提升公职人员的理论素养，应该是公共部门人员培训的重要内容之一。学习掌握理论的目的在于更好地指导实际工作，公共部门人员培训必须从公共部门的实际工作出发，培训内容要与公职人员的岗位职责密切相关，同时要充分考虑参训公职人员的年龄、知识水平、技能构成及思想状态等。

2. 按需施教的原则

为了满足社会经济不断变化对公共服务和公共产品的新需求，公共部门人员培训体系必须建立在深入了解公职人员现状的基础上，以确保培训内容与实际工作需求相匹配。要坚持目标明确，培训计划应根据不同职位的工作要求和公职人员的个人发展阶段，有针对性地确定培训内容。培训要具有灵活性和动态性，公共部门的培训内容应随着社会经济的发展和公共服务的变化而不断更新和深化。培训内容要坚持分层次和分类别，培训应根据公职人员的职位层级、职责要求和能力水平进行分层分类。培训不应是一次性的活动，而是一个持续的过程，应建立一个系统性的培训框架，确保公职人员在整个职业生涯中都能获得持续的学习和发展机会。

3. 学以致用的原则

公共部门人员培训要与现在和将来的工作统一起来。公共部门人员培训与发展工作需要一个全面的规划框架，以确保培训计划与组织的战略目标、公职人员的个人发展需求以及职位的具体要求相匹配。这一规划应包括短期、中期和长期的培训目标，以及实现这些目标的策略和步骤。在培训内容的设置上，应当充分考虑不同公职人员的特点和需求，确保培训内容与他们的实际工作紧密相关。培训方法也应多样化，结合经验分享、理论学习、政策研究和实践操作，提高培训的实效性和吸引力。此外，建立一个严格的培训质量评估体系至关重要。这不仅包括对培训效果的评估，还应该将培训成果与职务晋升和奖励机制结合起来，形成一个正向激励的环境。培训的计划制订、执行过程和结果考评应该是相互关联的,以确保培训活动的连续性和有效性。

(四) 公共部门人员管理的目的和意义

1. 公共部门人员培训的目的

(1) 应对不断变化的外部环境。公共部门不是一个封闭的系统,需要不断与外界相适应,这种适应是动态的、主动的和积极的。随着经济和科学技术的发展,公共部门对公职人员的素质和工作技能的要求越来越高,需要公共部门采取针对性的培训,调动公职人员的积极性和创造性。公共部门作为一种权变系统,其员工也应当是权宜应变的,公共部门必须不断培训公职人员,适应经济社会发展需要,从而一直更好地处理公共问题和进行公共管理。

(2) 满足公职人员自我发展的需要。公共部门人员培训是打造一个高效、专业、廉洁、稳定的公职人才团队的关键举措。公职人员希望学习新的知识和技能,希望接受具有挑战性的任务,这些都离不开培训。这些期望可以转化为自我实现诺言,期望越高,受训者的表现越佳,通过培训可增强员工满足感。

(3) 提高公共部门绩效和公职人员素质。培训可以使公职人员技能和能力提高,提高公共部门的工作质量和工作效率,减少工作失误、降低损失。此外,培训可以使具有不同价值观、信念、工作作风及习惯的人,按照公共部门的要求,形成统一、和谐的工作集体,使劳动生产率得到提高。

2. 公共部门人员培训的意义

(1) 公共部门人员培训是提高公职人员整体素质和业务能力的基本途径和重要保证。公共部门培训为公职人员知识技能的拓展创造了良好的客观环境,为其提供了学习与提升自我的机会,有助于提升公职人员的专业技能,推动其行为更趋规范,且有利于他们在较短时间内学习新的理论知识,获得最新资讯,更新观念。公职人员的职业生涯发展是其个人终其一生,经过不断训练及培育,获得与工作有关的知识、技能和经验,并不断发展的过程。因此,个人在工作过程中,通过学习获得各种不同的知识与技能,对达成个人职业生涯发展的目标是相当重要的。

(2) 公共部门人员培训能促进公职人员树立正确的价值观,形成正确的职业观念。21世纪以来,伴随着政府职能的不断调整,政府管理的内容也发生了巨大的变化,公职人员承担着繁重的管理工作。因此,公职人员树立坚定的信念和良好的价值观对工作发展非常重要且必要,增强公职人员的思维层次与政策理解力,强化职业担当,同时能够激发其积极向上的精神动力。公职人员在进入公共部门后,需要通过实际工作和进一步的培训去发展和提高、熟悉和掌握处理某项工作的特殊技能,特别是对部门新录用人员的培训十分重要。

(3) 公共部门人员培训提高公共部门管理效率,使公共部门获得源源不断的发展活力。随着现代科学技术的发展,公职人员所涉及的业务内容和处理方法也在不断更新和变化。一些新的理论和科学技术越来越多地渗透到公共管理中,技术治理的作用愈加重要,先进的计算机和互联网技术、通信技术等已广泛地应用于公共部门。这些无疑给公职人员提出了挑战,要求他们更新知识结构,要求他们通过快速学习、运用新的方法从事公共管理活动,以跟上社会发展和时代进步的潮流。而公共部门人员培训可以通过培训、教育、训练等途径,使公共部门内部各部门充分获取应具备的基本知识、技能与素质,以提高部门的工作效率。

（4）公共部门人员培训是公共部门管理职能调整和转变的要求。行政发展和改革使公共部门的职能和管理职责不断扩大，政府职能和管理角色转变为服务的政府。在与市场、中介组织和自治组织的关系中，政府逐步成为指导者而不是直接的管理者。政府职能的转变和调整，要求政府公职人员必须跟上这一步伐。

二、公共部门人员胜任素质模型

（一）胜任素质模型的内涵

胜任素质（Competency），也称胜任能力，是从组织战略发展的需要出发，以强化竞争力、提高实际业绩为目标的一种独特的人力资源管理的思维方式、工作方法和操作流程。著名的心理学家、哈佛大学教授麦克利兰（David C. McClelland）是国际上公认的胜任素质方法的创始人。20世纪50年代初，美国国务院感到以智力因素为基础选拔外交官的效果不理想。在这种情况下，麦克利兰应邀帮助美国国务院设计一种能够有效地预测实际工作业绩的人员选拔方法。在项目过程中，麦克利兰应用了奠定胜任素质方法基础的一些关键性的理论和技术。例如：抛弃对人才条件的预设前提，从第一手材料出发，通过对工作表现优秀与一般的官员的具体行为特征的比较分析，识别能够真正达成工作业绩的个人条件。麦克利兰把那些直接影响工作业绩的个人条件和行为特征，统称为胜任素质。

胜任素质包括知识、技能、社会角色、自我概念、特质、动机这六个能够可靠测量且能把高绩效员工与一般绩效员工区分开来的个体特征。知识指个人在某一特定领域拥有的事实型与经验型信息；技能指结构化地运用知识完成某项具体工作的能力；社会角色指一个人基于态度和价值观的行为方式与风格；自我概念指一个人的态度价值观和自我印象；特质指个性身体素质对环境和各种信息所表现出来的持续反应；动机指一个人对某种事物持续渴望进而付诸行动的内驱力。对员工来讲，这六个方面的内容呈现出一定的层次性，如图5-1所示。

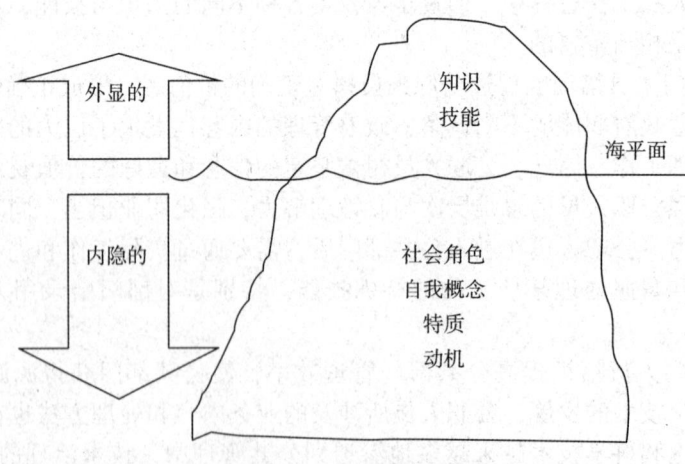

图5-1　胜任素质模型

由图5-1可见，知识和技能是胜任素质最表层的内容，如同冰山露出海平面的部分，社会角色、自我概念、特质和动机属于胜任素质的较深层次的内容，然而，它们却是决定人们行为与表现的关键因素。

通常，个体具有多种胜任特征，然而这些能力并非都符合组织的需求。因此，组织需根据岗位职责、特性以及组织文化来界定员工在其职位上表现出最佳潜力所必需的资质，并据此来选择及培养人才。这意味着组织应通过应用胜任力模型来筛选那些对员工工作绩效具有较高预测价值的关键胜任素质，即员工胜任特征能力。

（二）胜任素质模型的建立步骤

1. 定义绩效标准

组织中胜任素质一般包括组织的绩效、管理风格、客户满意度。确定绩效标准的基本思路是对不同绩效水平的人员进行比较，找出绩效优秀者与绩效一般者之间的主要区别（胜任素质），然后用这些胜任素质来预测员工的个人绩效。要建立胜任素质模型，首先就要确定绩效标准。绩效标准一般采用工作分析和专家小组讨论的办法来确定。

2. 选取分析样本

根据岗位要求，在从事该岗位工作的员工中，分别从绩效优秀和绩效普通的员工中随机抽取一定数量的员工进行调查。

3. 获取样本有关胜任素质的数据资料并处理

在此阶段可以采用专家小组法、行为事件访谈法、全方位评价法、问卷调查法、专家系统数据库和观察法等获取样本有关胜任特征的数据，但一般以行为事件访谈法为主。

4. 建立胜任素质模型

在对数据进行处理分析的基础上，建立胜任素质模型。一是根据绩效优秀组和绩效一般组的每一胜任素质出现的频次和等级差别进行分析比较，分析两组素质的共性和差异，并进行归纳分类，以此确定胜任素质类型。二是根据每一胜任素质出现的频次的集中度，估计种类特征组的权重，并确定每项胜任素质的类型。三是对胜任素质等级进行描述。四是用文字和图表的形式表示胜任素质模型。

5. 验证胜任素质模型

借助已有的绩效优秀者和绩效一般者的有关标准或数据，采用回归法或其他相关的验证方法，来对胜任素质模型的准确性进行检验。关键在于组织选取什么样的绩效标准进行验证。

胜任素质模型在人力资源管理领域扮演着至关重要的角色，它是一种用于定义和描述员工所需能力的框架体系。这一模型不仅在工作分析、人才选拔、绩效评估和员工激励方面有着显著的应用价值，同时在员工培训和发展中发挥着核心作用。通过胜任素质模型，组织能够为员工量身打造个性化的培训计划，确保培训内容针对性强、重点突出，从而有效降低培训成本，提升培训的效益和效率。在公共部门，胜任素质模型的应用尤为重要。它为研究和开发各个职位和职务所需的素质和能力提供了坚实的基础，使公共部门能够更系统、更科学地确定人员培训的需求和内容。通过使用胜任素质模型，公共部门能够确保培训计划与员工的实际工作需求和职业发展目标相匹配，从而提高培训的针对性和实用性。此外，胜任素质模型还能够帮助公共部门在人才选拔和绩效考评过程中，实现对员工能力的客观评价，为人才管理和激励机制提供依据。通过对员工胜任素质的持续发展和评估，公共部门能够更好地激发员工的潜能，提升整体组织效能，为公众提供更高效、更优质的服务。

三、公共部门人员培训的类型

(一) 公共部门人员培训的一般分类

根据培训对象和培训目的的不同，我国《公务员法》将人员培训分为新录用人员的初任培训、在职公职人员更新知识的培训、晋升领导职务的任职培训、根据专项工作需要进行的专门业务培训。

1. 新录用人员的初任培训

新录用人员的初任培训又称职前培训、入门培训，是指对新录用人员或调入新职前公职人员的培训。这种培训主要侧重于对职业道德、基本业务知识、基本业务技能和政治、经济、文化与社会发展的培训。培训对象主要是国家公职人员考试考核合格且已被录用的人员，培训内容主要是学习即将任职的岗位必须具备的基本知识和技能。培训目的主要是使新进入国家公职人员队伍的人员了解自己即将从事的工作内容和工作程序，为正式上岗作准备。初任培训一般采取下列两种方式。

（1）工作实习。在组织中安排有经验的员工指导，熟悉公共部门工作岗位的基本性质和程序，熟悉工作环境。这种培训方式经济、简便易行且易于组织实施，但若组织不当，容易流于形式。

（2）集中进行理论和业务培训。把新录用人员集中起来办培训班或送往培训基地受训。在培训期间，公职人员要了解国家的大政方针和法律、法规，认识自身的使命和责任，树立努力工作的理想、抱负和信念；掌握从事公共管理工作应有的知识水平和工作技能。这种培训方式实施过程较复杂、耗资较大，但可以使公职人员受到较为全面、系统的训练。

2. 在职公职人员更新知识的培训

在职公职人员更新知识的培训又称在职培训、知识更新培训，是指对已经在公共部门任职若干年的员工开展的培训。这种培训主要侧重于了解重大社会信息，包括新的政策、法律、理论等；掌握新的工作技能和工作手段，提高个人的自我修养。培训目的在于更新公职人员的知识结构，使他们掌握新的知识和技能，以适应环境发展的需要。培训内容根据公职人员的岗位职责确定，强调培训与使用相结合。根据国家有关政策和法律的规定，有组织、有计划地分期分批进行，一般采取脱产培训的方式。

3. 晋升领导职务的任职培训

晋升领导职务的任职培训又称资格培训、晋升培训，是指对高层次的人员和晋升领导职务或调换领导岗位的人员进行的培训。培训目的是通过培训为公职人员晋升一定领导职务做好充分准备。晋升培训具有明确的针对性，培训内容根据公职人员拟晋升新的领导职务所需具备的政策水平、组织领导能力和业务素质来确定。其一般采用脱产培训，且培训时间较长。

4. 根据专项工作需要进行的专门业务培训

根据专项工作需要进行的专门业务培训是指公职人员在从事某项专门性的业务工作或临时性业务工作时接受的培训。培训对象可以是新录用的人员，也可以是有一定工作经验的在职人员。培训目的主要是使工作人员满足专业工作的需要。培训内容根据各机关需要，侧重部门特殊知识、岗位技能的训练等方面。一般采用脱产培训，集中性、临时性较强。

（二）公共部门人员培训的常见分类

公共部门人员培训的类型众多，分类方式与分类角度也不尽相同，公共部门人员培训的常见分类一般从培训对象、培训形式、培训内容等方面来衡量。

1. 从培训对象看

培训类型分为新员工初任培训和在职员工培训。新员工初任培训也称向导性培训，是指为方便新进公职人员了解组织环境、岗位职责、工作程序进行的培训；在职人员培训是指对在组织中任职若干年的公职人员进行的培训，主要是为了提高员工的工作绩效。

2. 从培训形式看

培训类型分为岗前培训、在职培训和脱产培训。岗前培训也称上岗引导，是指在公职人员就任某一岗位或职务前，结合岗位职责、任务和规范对公职人员进行的培训；在职培训是指在工作中直接对员工进行培训，员工不离开实际职位；脱产培训也称离职培训，是指公职人员为了适应新岗位或新职务的要求，脱离原组织或原部门，到学校和专门培训机构接受教育和训练的一种培训方式。

3. 从培训内容看

培训类型分为工作态度培训、基本知识培训、专业技能培训。工作态度培训是指通过培训改善员工的工作态度，使公职人员对公共部门的归属感不断增强，提升公职人员的忠诚度；基本知识培训是指通过培训使公职人员具备履行岗位职责所必需的知识及其结构，进而提高实际工作能力；专业技能培训是指通过培训使公职人员学习掌握专业岗位所必须具备的技能。这三类培训对于公职人员和公共部门都具有非常重要的意义。因此，在培训中应予以足够的重视。

四、公共部门人员培训的内容

（一）综合性培训

综合性培训包括政治理论知识培训、职业道德和行为规范培训、文化素养培训、政策和法律法规培训，以及行政能力培训等。

1. 政治理论培训

政治理论培训即对公职人员进行政治理论和政治素养的培训，在公共部门人员培训中占有重要地位。政治理论培训主要涉及国家的政治制度、政治理论、党的基本路线、党的历史、党的方针政策等内容。政治理论培训使公职人员了解国家的政治制度和政治理论，提高政治觉悟和政治素质，增强对党和国家的忠诚度，为更好地服务人民和国家发展作出贡献。同时，通过学习政治理论，公职人员能掌握科学的政治理论体系，提高分析和解决问题的能力。

2. 职业道德和行为规范培训

职业道德和行为规范培训是公共部门人员培训的重要内容，主要涉及公务员职业道德、职业操守、廉洁自律、服务意识、工作作风等方面的内容。培训目的是使公职人员树立正确的价值观和职业道德观念，自觉遵守法律法规和行业规范，提高服务质量和效率，树立良好的政府形象。其中，职业道德包括忠诚敬业、公正廉洁、勤政务实、为民服务等方面的内容。职业操守包括遵纪守法、保守秘密、诚实守信、公私分明等方面的内容。廉洁自律包括严守廉洁纪律、自觉抵制腐败现象、加强廉政教育等方面的内容。服务意识包括以人民为中心、全心全意为人民服务、主动作为、创新服务等方面的内容。工作作风包括严谨务实、勤勉敬业、团结协作、创新发展等方面的内容。

3. 文化素养培训

公职人员文化素养的高低关系着国家和政府的外在形象及管理水平。公职人员的文化素养是一个综合性的概念，主要涉及文化知识、人文素养、传统文化、现代文化和科学素养等方面的内容。不断提高综合素质，是公职人员文化素养培训的目标所在。公职人员文化素养培训的重点在于提高公职人员的文化素养，增强文化自信，提升综合素质，为更好地服务人民和国家发展提供有力的文化支撑。

4. 政策和法律法规培训

公职人员是法律的执行者，也是法律法规的解释者和推进者，其法律意识和政策素养的高低，直接关系到能否依法行政以及依法行政的水平高低。我国对公职人员的法律知识培训又分为通用法律知识培训和专门法律知识培训两方面内容。培训主要涉及国家政策、法律法规、行政规章、政策解读等方面的内容。培训目的是使公职人员了解和掌握国家政策、法律法规，提高法治意识，增强遵纪守法的自觉性，引导他们牢固树立依法行政的理念，进而依法行政、公正执法，确保工作依法进行。

5. 行政能力培训

国家公职人员是国家政权系统的中坚。公职人员行使行政能力是国家机器正常运转的合法保障。公职人员的行政能力主要表现为公职人员运用政策和法律法规以及管理和专业知识来处理实际问题的能力。培训主要涉及行政管理、组织协调、沟通协作、决策分析、创新能力等方面的内容。提高公职人员的行政能力和管理水平是公共部门更好地履行职责和服务人民的保障。行政能力培训通常采用管理游戏、角色扮演、案例分析、专题讨论等方法进行。

（二）专门性培训

专门性培训涉及业务知识培训和专业技能培训两个方面，其目的在于提高公职人员的专业素养和专业技能，进而提高公共部门的工作绩效。

1. 业务知识培训

业务知识培训包括通用知识培训和专业知识培训两个方面。业务知识培训的目的是使公职人员掌握岗位需要的基本理论和方法，了解国家和地方的相关政策、法规，提高自身的专业素质和能力。公职人员业务知识培训的重点是不断增加和完善履行岗位职责所必需的知识及其结构，进而提高实际工作能力。

2. 专业技能培训

专业技能培训包括通用技能培训和岗位技能培训两方面。专业技能培训的目的是使公职人员具备较强的实际操作能力和解决问题的能力，因此进行的是相关技能培训，如沟通协调能力、团队建设能力、数据分析能力和创新能力等。通用技能培训可提高公职人员在计算机操作、公文写作、外语等方面的通用技能，以及自身工作岗位所要求的特殊技能，提高公共部门人力资源管理的整体水平，对公务员队伍建设具有重要意义。

专栏 5-1

我国公共部门人员培训主要机构如表 5-1 所示。

表 5-1　我国公共部门人员培训主要机构

项目	国家行政学院（中共中央党校）	管理干部学院	高校和科研院校
教学职责	开展重大理论问题和现实问题研究，承担党中央决策咨询服务；对全国各级党校（行政学院）进行业务指导等	承担相关系统党政领导干部、管理人才和专业技术人才的教育培训工作等	普及公务人员的现代公共管理知识等
培训人员	全国高中级领导干部和中青年后备干部	各部委、省级机关干部	中高级公职人员
教学形式	形式多样，方法灵活，时间弹性，专题研讨	独立设置班次，课堂讲授，现场体验，社会实践	开设公共管理硕士学位班，采用案例教学、情景模拟、现场教学

第二节　公共部门人员培训需求分析

一、公共部门人员培训需求分析的内涵

公共部门人员培训需求分析是一项关键的人力资源管理活动，是在培训开始前，运用一定的方法和技术，对公共部门人员的培训需求进行系统的、科学的、全面的分析和研究，以确定公共部门人员的培训目标、培训内容、培训方式和培训计划。这种分析有助于确保公共部门有足够和合适的人才来实现其战略目标和使命。培训需求分析的直接目的是明确培训的方向、目标和内容，提高培训工作的针对性；最终目的是帮助员工提高自身的知识和技能，转变员工的价值观，以支持其提供更好的公共服务和改善公共部门的绩效。通过这种分析，公共部门可以确定合理的人力资源策略和计划，从而提高组织的整体绩效和效率。

具体到各个公共部门，培训需求分析又有不同层次的目的。从长远的角度来看，培训需求分析的核心目的是确保公共部门在未来的一段时间内能够满足对人员素质、能力以及其他关键素质的全面要求。这一过程涉及对公共部门战略目标的深入理解，以及这些目标如何转化为对人员的具体需求。通过长远分析，明确培训活动的战略目标和总体框架，从而为确定培训计划和政策提供指导，确保培训活动能够有效地支持公共部门的长期发展。从近期来看，培训需求分析更加注重对公共部门人员当前的知识结构、技能水平和能力状况的评估。这种分析旨在识别出公共部门人员与岗位要求和组织目标之间的差距，从而确定哪些人员需要接受培训，以及其需要培训的内容和形式。

二、公共部门人员培训需求分析的理论

(一) 三步体系分析理论

麦吉（McGehee）和塞耶（Thayer）提出了组织培训需求分析三分法，提出培训需求分析应从三个方面着手，即组织分析、任务分析和人员分析，如表5-2所示。其具体内容在下文详细讲解。

表5-2 麦吉和塞耶的培训需求三分法

分析	目的	方法
组织分析	确定哪里需要培训	根据组织长期和短期目标、知识水平和技术需求对组织效率、工作质量与期望水平进行比较；制订计划，对现有组织成员的知识、技术进行审查；评价培训的组织环境
任务分析	确定培训内容	分析绩效考核标准、需要完成的任务，以及成功地完成任务所需的知识、技术和态度等
人员分析	确定谁应该接受培训	通过绩效考核，分析造成绩效差距的原因；收集和分析关键事件；对组织成员及其直接上级进行培训需求调查

(二) 基于意图的培训需求分析理论

罗塞特（Rost）的培训需求分析理论是一个结构化的分析过程，它帮助确定培训的目标和内容。罗塞特的理论强调了四个核心要素，它们是进行有效培训需求分析的关键步骤。

1. 目前性能水平

这一步骤涉及评估组织员工当前的工作性能水平，需要确定员工是否能够按照既定的标准完成工作任务。这包括评估员工的知识、技能和态度，以及他们如何运用这些能力来完成工作。

2. 标准或理想性能水平

在这个步骤中，管理者需要定义员工应该达到的性能标准或者理想性能水平。这些标准是基于工作需求和预期结果设定的，它们指明了员工在完成工作时应该达到的绩效水平。

3. 性能差距分析

通过比较当前性能水平和标准或理想性能水平，管理者可以识别出性能差距。性能差距是指员工在当前实际表现与预期表现之间的差异。这个差距揭示了培训的潜在需求，即员工需要提升的地方。

4. 原因分析

在确定了性能差距之后，管理者需要分析产生这种差距的原因。原因可能多种多样，包括缺乏必要的知识、技能或态度，或者是工作环境、流程或资源的限制。这一步骤是为了确保培训解决方案能够针对根本原因，而不仅仅是针对症状。

罗塞特的培训需求分析理论强调了系统性的方法和细致的分析，以确保培训计划能够有效地解决实际问题，并提升员工的工作性能。通过这个过程，组织可以确保培训资源得

到合理利用,同时也能够提高培训的投资回报率。

(三) 基于个体因素的需求分析理论

瓦伦齐等人认为,个体行为是组织行为的基本组成单元,个体的需要、动机、个性、感知、学习、态度和技能等因素会对组织行为产生影响。而且工作满意度与工作士气、工作绩效等有密切的关系,一些工作条件因素,如报酬、监督方式、工作本身的特点、工作伙伴、安全性、晋升渠道等,也对工作满意度有很大的影响。这些因素是培训需求分析中应考虑的重要因素。

(四) 基于知识、技能的需求分析理论

阿诺尔德等人在考察知识需求时,主张从三个方面进行分析：对组织系统和人员信息网络知识的分析,对产品服务、竞争者的知识分析,对专业性知识的分析。在技能分析方面,根据员工心智技能模拟培训法的研究结果,将心智技能作为培训的重点,并在实际的技能培训中采用专家口授报告方法和汇编栅格法来建立专家解决问题的认知模型。

(五) 基于组织气氛的需求分析理论

瑞文提出,人的称职行为不仅取决于价值观和能力,也取决于所处的组织气氛环境。组织气氛代表了组织内部环境一种较持久的特征,这些特征包括成员的经验、可能影响成员行为的因素和可利用的组织特征或属性。乔治则认为,组织气氛包括结构、责任、奖酬、风险、情谊、支持、绩效标准、冲突和归属程度九个因素。麦克利兰指出,组织的成就定向是揭示不同组织气氛的根本要素,高绩效组织和低绩效组织在组织气氛上最具差异的七种特征为：规范的灵活性、灵活的环境背景、赋予的责任、绩效标准、奖罚方式、组织目标和规划的清晰度、团队精神。

(六) 基于组织绩效问题的需求分析理论

培训的一个主要压力点是业绩不良或业绩低于标准要求,培训是解决绩效问题的一种方法,可以通过寻找绩效问题及其原因分析培训需求,如表5-3所示。

表5-3　组织对绩效问题的回应

情况	组织回应	人事活动
1. 问题是不显著的	忽略它	无
2. 选录标准是恰当的	提升对选录标准的关注度	职位分析
3. 组织成员不知道绩效标准	设置目标和标准并提供反馈	引导、绩效考核
4. 组织学会用但缺乏技能	提供培训	培训
5. 好的绩效没有得到奖励,差的绩效没有得到惩罚	提供奖励或惩罚,并把它们与绩效联系起来	绩效考核、惩罚行为

三、公共部门人员培训需求分析的内容

对公共部门人员需求分析,国内外学者进行了诸多探讨,提出了丰富的观点,其中最具代表性的是麦吉和塞耶于1961年提出的培训需求三分法,即通过组织分析、任务分析和人员分析来确定组织的培训需求。

（一）组织分析

组织分析是指分析组织战略、组织目标、组织资源和组织环境等对培训需求的影响。它反映的是组织成员在整体上是否需要进行培训，以及培训是不是解决现有问题的最有效方法。组织分析的内容主要包括以下四个。

1. 组织目标分析

分析组织的使命、愿景和战略目标，以确定培训如何支持这些目标；分析现有人员的素质是否与组织的目标存在差距，这些差距能否通过培训来缩小。组织目标明确了组织希望其成员拥有什么样的专长、技能等，决定了组织会优先将资源用于解决哪一个或哪几个培训压力点，不同的组织目标确定了不同的培训需求。要考虑组织的长期发展方向、竞争优势和核心价值，确保培训计划与组织的战略规划相一致。

2. 组织资源分析

评估组织的资源状况，包括财务、人力、物力和信息等，以确定培训的资源需求。要考虑组织的资源配置状况和利用效率，为培训提供充足的资源保障。明确组织能够为培训提供的费用，分析组织人员的年龄结构、技能水平和知识水平。此外，还要分析组织所能提供的时间以及培训人员的工作时间。

3. 组织环境分析

分析组织所处的内外部环境，包括政治、经济、社会、技术、文化和产业等，以确定培训需求的环境因素。要关注组织环境的变化趋势，为培训计划提供有针对性的解决方案，通过培训保证组织在环境的持续变动中不断提升绩效，赢得社会公众的信任和支持。

4. 组织文化分析

分析组织的文化理念，包括价值观、信仰、行为规范和习俗等，以确定培训需求的文化因素。组织内部是否存在对受训者的支持氛围至关重要，特别是受训者的直接上级与同事的支持力度，因此要关注组织文化对员工行为和绩效的影响，为培训计划提供符合组织文化要求的解决方案。

（二）任务分析

任务分析是指通过分析工作任务，明确需要完成哪些工作任务，为完成这些任务需要在培训中强化哪些知识、技能、行为方式等。任务分析的目的是确定工作任务、工作环境和员工能力之间的差距，从而确定培训需求。任务分析需要关注以下四个方面。

1. 工作任务

分析工作任务的性质、要求和发展趋势，以确定培训内容。要关注工作任务的难易程度、复杂性和变化速度，为培训计划提供有针对性的解决方案。

2. 工作环境

研究工作环境的因素，包括物理环境、组织氛围、人际关系和外部环境等，以确定培训需求的工作环境因素。要关注工作环境对员工绩效和培训需求的影响，为培训计划提供符合工作环境要求的解决方案。

3. 员工能力

评估员工完成工作任务所需的能力，包括知识、技能、经验和态度等。要分析员工现有能力和应有能力的差距，为培训计划提供有针对性的解决方案。

4. 绩效评估

通过任务分析对员工产生的绩效进行预期假设，确定绩效差距和培训需求。要关注绩效评估指标、方法和过程，确保培训计划能够有效提升员工绩效。

（三）人员分析

人员分析是指通过对组织成员目前的工作绩效进行分析，评价与预期工作绩效水平之间的差距，确定其是否需要进行培训，以及接受什么样的培训。人员分析的目的是确定员工的个人需求、职业发展和潜能，从而确定培训需求。人员分析主要来源于绩效考核、自我评估等信息。在此层面，管理者分析的重点是评价工作人员实际的工作绩效与工作能力，需要关注以下几个方面。

1. 工作绩效

对绩效考核结果进行分析，并对照部门绩效考核标准，确定个人绩效考核与考核标准之间是否存在差距。若差距存在，则说明组织有培训需求。

2. 个人需求

分析员工的需求，包括薪酬、福利、工作条件、职业安全和人际关系等。要关注员工需求的差异性和变化趋势，为培训计划提供符合员工需求的解决方案。

3. 职业发展

研究员工的职业规划、晋升路径和职业兴趣，以确定培训需求。要关注员工的职业发展需求和潜力，为培训计划提供有针对性的解决方案。

4. 潜能评估

评估员工的潜能，包括智力、情商、领导力和创造力等。要关注员工的潜能开发和培养，为培训计划提供符合员工潜能发展的解决方案。

5. 员工态度

运用定量测验或态度量表了解影响员工工作的态度状况。个人态度影响着工作本身以及工作环境中的人际关系，这些都直接影响着工作成效。

四、公共部门人员培训需求分析的方法

公共部门人员培训需求分析常用的方法有面谈法、现场观察法、问卷调查法、集体讨论法、绩效考评法、差距分析法和资料分析法等。

（一）面谈法

面谈法是一种一对一的访谈方法，培训专家会与员工或管理人员进行深入交谈，了解他们对培训的看法、工作中遇到的困难以及对技能提升的需求。面谈可以是结构化的，也可以是非结构化的，以适应不同的信息收集需求。面谈法首先要为员工营造宽松、平等、和谐的交谈氛围，取得面谈员工的信任。

（二）现场观察法

现场观察法是指培训专家直接到工作现场，观察员工的工作流程、操作方法和行为表现。通过现场观察，可以发现员工在技能或知识上的不足，以及工作流程中可能存在的问

题。现场观察法具有一定的周期性，其分析成本和效率均较高。

（三）问卷调查法

问卷调查法是通过设计详细的问卷，收集大量员工的意见和反馈。问卷可以采用纸质形式或在线形式发放，便于收集和分析数据。需求分析调查问卷的问题设计要充分考虑不同岗位的工作性质和特点，以及各岗位对任职者知识、技能和能力等的要求，列出所调查的培训项目，然后由被调查者对每一个培训项目的重要性和任职者的培训需求进行等级评价。这种方法可以覆盖广泛的员工群体，但可能无法深入了解个别员工的特定需求。

（四）集体讨论法

集体讨论法是一种小组互动的培训需求分析方法。结合工作说明书对员工责任、任务和能力的要求，以及员工的实际工作绩效，以集体讨论的方式进行分析，找出之间的差距，根据差距制定相关的解决措施。通过集思广益，发现共同的培训需求，并激发创新的想法。

（五）绩效考评法

绩效考评法是通过评估员工的工作绩效来确定培训需求。管理层的绩效评估报告可以提供员工在哪些方面表现不佳或需要改进的线索。绩效考评法通常与员工绩效考评过程结合起来，分析过程具有较高的可量化程度，通常结合面谈法找出导致员工低绩效的原因。这种方法与工作目标和期望紧密相连，有助于确定针对性的培训内容。

（六）差距分析法

差距分析法是通过比较员工的实际表现与预期表现之间的差距来确定培训需求。这种方法涉及对员工当前技能、知识和态度的评估，以及他们为了达到工作目标所需的能力。差距分析涉及两个层面的分析内容：一是差距程度的判断；二是差距原因分析。通过识别这些差距，可以确定需要哪些培训来填补这些空白。

（七）资料分析法

资料分析法是指通过审查员工的培训记录、工作手册、操作指南和其他相关文档来识别培训需求。这种方法可以帮助培训专家了解员工已经接受的培训和未来的培训需求。这种方法比较适合对新员工的培训需求进行分析。对于老员工，也可通过将工作描述、工作日志和员工绩效考评结果等进行综合分析，来了解其培训需求。

专栏 5-2

伊春市金山屯"订单式"培训满足党员个性化教育培训需求

伊春市金山屯区把教育培训作为建设高素质党员队伍的先导性、基础性、战略性工程，针对日常培训形式单一、内容生硬、参与积极性不高等短板问题，探索"精准式"培训模式，全力提升党员干部综合能力和素质，为经济社会快速发展提供坚强保障。

坚持靶向设计，精准备课教学。一改以往固定的培训课程设置，在开展培训教育前，该区区委组织部联合党校根据形势发展需要初步拟定授课量200%的课程题目，并通过走访党员干部、座谈交流、发放征求意见表等形式，让受训人员依据自身"口味"自主选择课程，把"要我学"转变为"我要学"。从宣传部、纪委、旅游局、农业局等部门抽调业务能力强、经验丰富、理论功底深厚的干部充实师资队伍，按照需求备课，精准实施"订单"。

创新培训方式，灵活办班送学。以提高教育培训密度和经常性为目标，在培训方式上，改变以往区委党校定期"集中办班"的单一教育方式，根据机关、企事业单位、林场（所）、农村党员不同空闲时间节点情况，按照因地制宜、因人而异、因时而异的原则，组织讲课团队根据受众需求，随时深入各学习点开展"灵活办班"。培训内容短小精悍、形式新颖，更加贴近党员实际需要，进一步增强了党员教育的生命力。目前，党校深入全区各学习点开展"灵活办班" 16场次，受学人员877人次，参学对象由机关企事业单位党员延伸到社区、林场、农村流动退休党员，实现了培训教育全覆盖。

转变传统思维，预约搭台点学。转变"坐等上门"的传统培训思维方式，全面推行基层党支部预约、区委组织部搭台、区直相关部门配餐的"点单式"培训模式。一方面，根据预约要求精心准备教学内容和课件，把晦涩难懂的知识以通俗易懂的"老土话""大白话"展现出来，确保党员干部听得懂、学得深、用得上；另一方面，采取案例式、影像式、互动式等多种手段，提升培训的吸引力和实效性。同时，由组织部统筹遴选建立了由20多名党员干部和80多个教学题目组成的强大师资库，供培训对象自主选择教师和课题。截至目前已履约完成基层党支部23个培训课程。

（资料来源：龙江先锋网）

第三节 公共部门人员培训的程序与制定

一、公共部门人员培训的程序

公共部门人员培训是公共部门人力资源开发与管理系统的一个子系统，这个子系统能否良性运行及其运行的效果如何，直接关系到公共组织及其受训者的绩效。一个完整的公共部门人员培训体系包括如下几个基本环节：培训需求分析、培训计划设计与准备、培训实施、效果评估与反馈，如图5-2所示。

（一）培训需求分析阶段

公共部门培训需求分析是培训的开始，主要任务是通过组织分析、岗位分析和人员分析，来解决需要什么培训、谁需要培训、培训什么以及预计达到怎样的培训效果等问题，进而确定培训目标和培训对象。

（二）培训计划设计与准备阶段

这一阶段的主要任务是在培训需求分析的基础上，以书面的形式设计并制订培训计划，同时根据培训需求准备相关的材料、设备、资源和场所等。主要内容包括以下九点。

(1) 根据培训需求分析确定具体的培训内容。

(2) 确定受训人员的数量和特征。

(3) 选择培训方式。

(4) 确定培训时间和培训地点。
(5) 初步选定培训讲师或机构。
(6) 准备培训材料及设备。
(7) 拟定培训方法。
(8) 进行培训经费预算。
(9) 拟定考核方式。

（三）培训实施阶段

培训实施阶段是培训活动的关键阶段，主要包括以下任务。
(1) 确定培训最终的具体时间和地点。
(2) 确定培训的实施机构和师资。
(3) 根据培训内容和受训人员要求确定培训方法，并在培训过程中根据实施情况不断调整。
(4) 提供培训所需的设备和仪器。
(5) 进行培训经费的使用与控制。
(6) 提供培训后勤保障和服务。
(7) 监控培训过程等。

（四）培训效果评估与反馈阶段

在培训结束后对整个培训过程及其效果进行评估和判断，根据受训者的反馈结果为以后的培训提供经验性指导。这一阶段的主要任务包括培训效果调查与评估，以及培训方案和培训过程评估。此阶段的关键内容是培训效果调查和评估。在评估结束后，还要根据实际评估结果和在评估中发现的问题，对培训各环节进行调整和修正，进而提升下一次培训的效果。

```
培训需求分析
    ↓
培训计划设计与准备
    ↓
培训实施
    ↓
培训实施
    ↓
培训效果评估与反馈
```

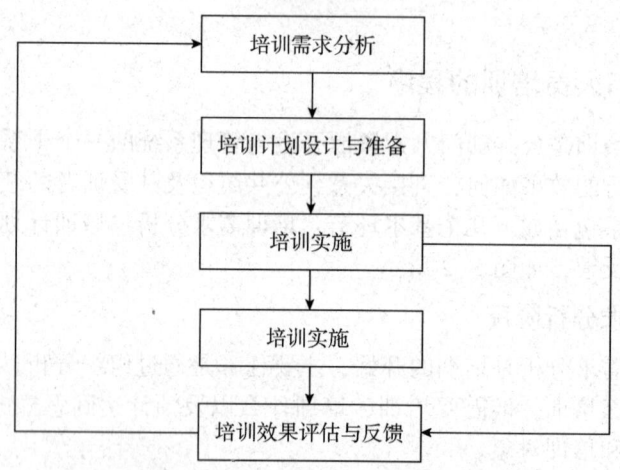

图 5-2　公共部门人员培训的程序

二、公共部门人员培训的方案设计

培训方案设计是一个系统的过程，是公共部门人员培训的重要环节，为了确保公共部门人员培训的有效性，应在培训需求分析的基础上，结合组织和受训人员的情况以及时间、地点、经费投入等设计培训方案。

培训方案设计内容主要包括确定培训目标、确定培训内容、教学计划设计、确定培训方式、确定经费预算、确定培训机构和师资、确定培训时间和地点、培训活动的后勤管理与服务等。

（一）确定培训目标

培训目标的确立是培训需求分析阶段的进一步延续和具体化。培训目标要具体和精确，要有利于培训人员对培训内容和材料的准确把握。培训目标通常包括以下三点。

1. 学习目标

学习目标的核心在于明确培训的目的和预期成果。学习目标的设计应当能够激励受训者积极参与培训过程，并引导他们理解培训对于个人职业发展及组织目标实现的重要性。学习目标涵盖的知识范围广泛，包括但不限于新的政策法规理解、管理知识、技术技能、工作方法和工作态度等。

2. 行为目标

行为目标是培训目标体系中对受训者行为变化的描述，它关注的是受训者在接受培训后，在工作中的具体行为将如何改变，以及这些改变将如何影响组织、部门和个人的绩效。行为目标旨在引发受训者的实际行为变化，从而实现工作流程的优化和工作效率的提升。

3. 绩效目标

绩效目标是培训目标体系中对成果的具体化，它关注的是受训者通过培训后在实际工作中的表现改进和业绩提升。绩效目标的确立需要分析受训者当前的工作表现与预期绩效标准之间的差距，并识别导致这些差距的根本原因。在设定绩效目标时，应确保目标的具体性、可衡量性和可实现性，以便于在培训结束后对受训者的绩效改进进行评估。绩效目标关注的是受训者受训后的实际工作绩效变化。

（二）确定培训内容

培训内容的确定是在确定了培训目标后进行的。公共部门人员培训的内容主要集中在知识和技能的普及性学习、特殊知识和技能的学习、增进语言能力的学习、法律法规和制度规章的学习，以及文化、价值观和态度的学习等方面。培训内容的确定十分重要，它直接决定培训的成效。不同的培训目标要设置不同的培训内容，根据不同的培训内容需要确定相应的培训机构或培训人员。比如，在对新入职人员开展初任培训时，其目标是帮助他们全面认识和理解即将承担的职责，以及明确这些职责如何与组织的整体目标相结合。培训应确保受训者对工作性质有一个清晰的认识，包括工作内容、工作环境、工作条件和程序等方面。因此主要培训内容便是学习即将任职的岗位的基本专业知识和职业素养。通过这样的培训，新进公职人员能够更好地理解自己的工作职责，掌握必要的工作技能，树立正确的职业观念，从而快速适应新的工作岗位，为组织的发展作出贡献。

（三）教学计划设计

教学计划设计就是将培训内容落实到可见的课程目录中并进行先后排序的过程。

1. 教学分析

在教学目标确定后，要进行教学分析，并确定起点能力。这一分析过程旨在深入探究达到组织、部门和岗位目标必需的知识、技能和能力。它要求对受训者的起点能力进行详尽的分析，这包括对学习者的现有知识水平、技能熟练度和个性特质的评估。这样的分析是为了确保教学活动能够从正确的起点开始，从而制定既合理又有效的教学方法和进度安排。

2. 确定行动目标

确定行动目标是将宏观的培训目标和内容具体化，转化为受训者可以具体学习的目标和学习内容。这一过程有两个主要目的：一是为受训者提供一个可以在不同层次和水平上进行交流和展示的平台；二是通过将目标细化，制订具体的实施计划，并据此开发教材和教学传递系统。注意，具体化的目标通常使用操作性术语来表述，以便于测量和评估。

3. 制定教学策略

教学策略是指导整个培训过程、帮助培训者选择合适教学方法和手段的重要依据。主要有两种教学策略：以培训者为中心和以受训者为中心。以培训者为中心的策略强调培训者的主导作用，受训者更多是接受培训者的指导和控制。以受训者为中心的策略则更加注重受训者的主动参与和自主学习能力的培养，培训者在培训过程中更多地扮演指导者和辅助者的角色。

4. 选择教学手段

对于培训方法和手段的选择通常以培训内容和课程性质为依据。例如，对于那些操作性较强的技能培训，课程讲授可能不是最合适的方法，实地演练和情景模拟可能更为有效。在培训过程中，是选择多媒体教学还是传统的黑板教学，也应该根据具体的培训课程和教学内容来决定。

5. 评价和修正

在教学计划初步成型后，还需要结合培训需求分析结果、目标，以及培训对象的实际情况进行修正，尽可能使教学计划符合组织、部门、岗位及任职者的需求。在培训方案的设计过程中，确定培训内容和开发教学计划是至关重要的。通过不断地评价和修正，教学计划能够更加精确地指导培训活动，确保培训目标的最终实现。

专栏 5-3

课程设计方法如表 5-4 所示。

表 5-4　课程设计方法

方法	详细内容
专家意见法	对培训内容、岗位、方法、课程等非常熟悉的专家，根据公共组织自身的实际情况，构建课程安排模型
深度递进法	按培训目标对培训课程的要求，选择由浅到深的不同课程，分类进行培训，从而达到教学目标
适应性模型法	以现有工作岗位上所具有的知识和技能达到岗位要求的人员为标准，根据其知识结构和水平对培训课程进行设计

（四）确定培训方式

培训的形式和方式对于确保培训对象能够有效吸收和理解培训内容至关重要，它直接

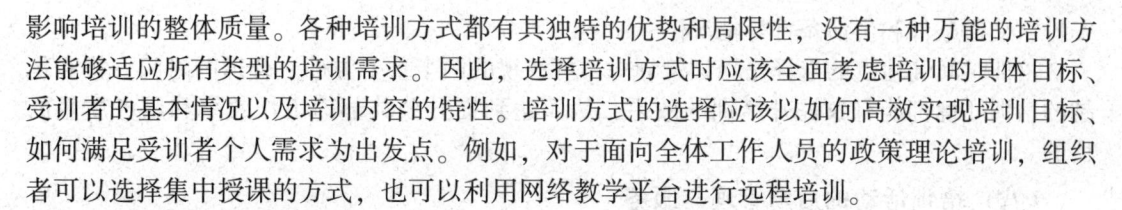

影响培训的整体质量。各种培训方式都有其独特的优势和局限性，没有一种万能的培训方法能够适应所有类型的培训需求。因此，选择培训方式时应该全面考虑培训的具体目标、受训者的基本情况以及培训内容的特性。培训方式的选择应该以如何高效实现培训目标、如何满足受训者个人需求为出发点。例如，对于面向全体工作人员的政策理论培训，组织者可以选择集中授课的方式，也可以利用网络教学平台进行远程培训。

（五）确定经费预算

经费预算不仅关系着培训方案的有效性，而且关系着一个培训项目的效益。培训经费的来源、投入和分配使用，关系着培训的规模、水平和质量。培训的经费主要包括直接成本和间接成本两部分。直接成本通常包括租赁培训场地的费用、培训材料的开发和印刷成本、培训设备和仪器的使用费用、受训人员的学费和其他杂费、支付给外部培训机构和培训师的咨询或授课费，以及培训管理人员的补贴等。这些直接成本是培训过程中不可或缺的支出，它们确保了培训活动的顺利进行和培训内容的有效传递。间接成本则涵盖了与培训间接相关的费用，这些费用往往不那么直观，但同样对整体培训成本有重要影响。间接成本主要包括受训人员离岗或离职导致的生产收益损失、在培训期间支付给受训人员的工资和各种福利，以及支付给公共部门培训管理人员的工资和福利等。这些间接成本反映了培训活动对组织运营的影响，包括生产力损失和人力资源成本。在实际操作中，组织者需要权衡这两种成本，寻找成本效益比最高的培训方案，以确保培训投资能够带来最大的业务效益和员工能力提升。

（六）确定培训机构和师资

选择培训机构是培训过程中的一个重要步骤，它决定了培训是由内部团队还是外部机构来执行。对于公共部门来说，实施培训的机构通常包括国家和地方行政学院、管理干部学院、大专院校以及企业性的培训机构等。在挑选培训机构时，公共部门应综合考虑自身的发展目标、岗位需求以及预算限制，力求选择专业性强、信誉良好的机构，以确保培训内容与部门和员工的发展目标相契合。越来越多的组织通过与高校、党校、行政学院、干部学院等合作培训，或让组织成员进驻学校，或学校选派教师送教上门。培训内容涵盖了普通知识教育和专业技能提升。还有的选派组织成员到高校接受定向的正规学制教育。

培训师资的选择是确保培训质量的关键。在公共部门培训中，师资的选择应紧密联系员工的实际工作需求。培训师的挑选将直接影响培训效果。一个优秀的培训师应具备深厚的理论知识、丰富的实践经验、熟练的培训技巧，以及高尚的职业道德和强烈的责任感。因此，培训师的知识背景、经验水平、培训能力，以及个人品质和责任心，构成了评估培训师专业水平的重要维度。

（七）确定培训时间和地点

培训时间的合理选择与分配，要视培训内容的难易程度、所需时间的总长度以及公共组织自身的日常工作安排而定。理想的培训时间安排应当既不会干扰正常的工作流程，又确保培训能够产生实际的效果。通常，对于内容较为简单、周期较短的培训，可以采用集中式学习方式，一次性完成；而对于内容复杂、难度较高、耗时较长的培训，则更适合采用分散式学习方法，这样可以有效控制成本，提升培训效率。

在选择培训地点时，应当综合考虑培训内容、公共部门的日常工作计划，以及参与培训员工的具体情况。同时要考虑视觉效果、内外环境、温度控制、场地大小和形状、座位安排、交通条件和生活条件等情况。

培训时间和地点的选择是培训策划中不可忽视的两个重要方面。合理的时间安排和优越的培训环境都能有效提升培训的效果，从而达到提升公共部门工作效率和服务质量的目的。

（八）培训活动的后勤管理与服务

培训活动的后勤管理与服务对培训的效果及成败有重要影响。这些管理工作和服务工作涉及多个方面，内容主要包括培训通知，报名和注册，培训材料准备，评价数据管理，沟通渠道建立，培训记录表、时间表设计，教学场所准备，设备供应与管理，岗位任务调整，培训师的接待、安置和生活服务等。这些后勤管理和服务工作不仅关系培训活动的顺利进行，而且对提升培训的整体效果和参与者满意度具有重要作用。因此，公共部门在组织培训时，应给予这些环节足够的重视，并确保各项工作的执行细致、周到。

三、公共部门人员培训的方法

公共部门人员培训的方法具有多样性，培训方法的确定，要视具体的培训目标、培训内容、培训对象和培训要求而定。培训方法主要包括演示法、亲身体验法和实地培训法。演示法是在培训过程中，培训者将培训信息向受训者演示，供受训者学习的方法。演示法主要包括课堂讲授法、视听技术法和远程学习等。亲身体验法强调受训者的亲身体验和主动学习，主要有研讨法、案例分析法、角色扮演法、情景模拟法、行为示范法、管理游戏和拓展训练法等。实地培训法是为了避免所学与所用相脱节而发展起来的一种方法，主要有实习法、在职培训法、实地调查法和岗位轮换法等。下面重点介绍八种常用的方法。

（一）课堂讲授法

课堂讲授法是指在公共部门人员培训中，主要由讲师在课堂上对相关知识、技能或态度进行系统讲解和阐述的一种教学方法。课堂讲授法是一种成本低、耗时少、接受群体相对较大的传统方法。课堂讲授法通常以培训者为中心，所传授知识的性质、知识重点、供给量和速度等均取决于培训者，受训者在课堂上相对处于被动地位，受训者的反馈渠道相对较窄，可能存在讲师与受教者信息不对称的情况。

因此在采用课堂讲授法时要加强培训者和受训者之间的经验或思想的交流与分享，增强受训者的学习主动性，辅以问答、课堂练习、讨论、案例分析等培训方法，引导受训者经常性的思考和提问。

（二）研讨法

1. 研讨法的内涵

研讨法是培训者组织受训者围绕某一问题或就某一材料进行讨论和交流的一种教学方法。在实施过程中，培训者可以根据不同的培训目标和需求，选择以自己或受训者为中心的组织方式。这种方法的关键在于激发受训者对讨论主题的深入思考和理解，要求他们在课前对相关问题和材料进行充分准备。研讨法的形式多样，常见的如演讲讨论法、小组讨论法、集体讨论法、沙龙式方法等。这些不同的研讨法，可以有效地提升受训者的批判性思维、问题解决能力和沟通能力，同时能够增强培训的吸引力和实用性。

2. 研讨法应注意的问题

在使用研讨法进行培训时，核心在于培训者如何有效地激发受训者的参与热情和自主性,确保他们能够充分表达自己的观点和看法。为了确保研讨活动的顺利进行和取得预期效果,培训者应考虑以下五方面问题。

(1)研讨计划的科学制订:在开展研讨活动前,培训者需要明确研讨的目标、内容、流程及预期成果。同时,应提前设计研讨的提问和讨论方式,确保研讨活动能够有序进行。

(2)开场的巧妙引导:研讨活动的初始阶段至关重要,培训者应采取适当的引导方式,帮助受训者迅速适应研讨氛围,并积极参与其中。如果开场引导得当,受训者将更容易进入状态;反之,则可能导致研讨难以继续。

(3)倾听与观点调整:在研讨过程中,培训者应耐心倾听受训者的发言,并根据受训者的观点适时调整研讨的方向和深度,以确保研讨活动的连贯性和深度。

(4)控制研讨节奏:培训者需要合理控制研讨的信息量和时间安排,确保研讨活动既充实又高效。同时,要善于处理研讨中可能出现的分歧和冲突,维护良好的研讨氛围。

(5)总结与反馈:研讨结束后,培训者应进行全面总结,并提供及时的反馈和建议。

(三)案例分析法

1. 案例分析法的内涵

案例分析法是一种针对实际问题进行深入探讨和分析的教学方法,旨在提升受训者分析和解决问题的能力。通过独立研究和小组讨论的形式,受训者能够在实践中学习和提升。

案例分析法的关键在于案例的精心选择或编写。一个优秀的案例应当具备以下几个基本要素:①事件发生的背景资料、时间、人物关系;②事件的典型性及能够引发人们思考和争论的问题;③相对独立和完整的情节;④案例结构合理、语言流畅。

2. 案例分析法的优缺点

案例分析法的优点是:①能够调动受训者的主动性。②能引发受训者展开争论,集思广益。③能培养团队合作精神和意识。④能够培养和训练受训者分析和解决实际问题的能力。

案例分析法的缺点是:①案例中所提供的情境可能与受训者现实中遇到的问题有一定甚至较大的出入。②选择和编写案例耗费时间一般较多。③案例分析法比较注重过去发生的事件,对受训者的创新能力有一定的局限性。④选择和编制一个好的案例对选编者有一定的技能和经验要求。

(四)情景模拟法

1. 情景模拟法的内涵

情景模拟法是对现实的工作情境或环境进行模拟的一种培训方法。在这种方法的应用过程中,培训者会准备一系列与工作相关的工具、设备、材料以及其他必要的数据资源,这些资源往往是公共部门工作人员在日常工作中所使用的真实工具和设备。当受训者置身于这样的模拟环境中时,通过对相关仪器、设备及其他器材的操作,能够学到必要的专业知识和技能,同时也能够锻炼和提升相应的工作能力。这种方法的学习体验更加直观和互动,有助于加深受训者对工作流程和操作要领的理解记忆。

2. 情景模拟法的优缺点

情景模拟法的优点是:①实用性和针对性强。②可以有效避免实际操作中的风险和损失,降低实际工作的技能性成本。③能有效缩短受训者与岗位的磨合期,增强受训者信心。

情景模拟法的缺点是：①模拟环境和设施的开发成本较高。②需要不断更新。

(五) 角色扮演法

1. 角色扮演法的内涵

角色扮演法是指让受训者亲自扮演事先设定好的情境中的具体角色,使之身临其境地处理其中所发生的矛盾或问题的一种方法。在角色扮演法中,角色和情境的设计是至关重要的。如果角色缺乏深度或者情境不够贴近实际,那么这种培训方法的效果可能会大打折扣,甚至可能产生误导。因此,培训者需要精心设计角色背景、性格特点、人际关系及情境的发展脉络,确保这些元素能够激发受训者的参与热情,并促使他们在角色扮演过程中学习和成长。角色扮演法的另一个关键点是培训者的引导技巧。培训者需要适时引导受训者进入角色,提供必要的反馈,并激发讨论,以确保受训者能够从经历中获得有价值的经验和洞察。

通过角色扮演,受训者不仅能够在没有真实后果压力的情况下练习和提升沟通、决策和解决问题的能力,还能够更好地理解他人的立场和感受,这对提升团队协作和领导能力尤为重要。

2. 角色扮演法的优缺点

角色扮演法的优点是：①受训者之间的互动性及受训者的行为表现力比较强。②能够重塑或改变受训者的态度和行为。③受训者进行换位思考,让角色扮演者的想象力能够更好地发挥。

缺点是：①背景数据获得的信息较少。②角色扮演者的主观性较大。③因角色扮演中的角色行为相对固定,会在一定程度上限制受训者创新能力的发展。

(六) 岗位轮换法

1. 岗位轮换法的内涵

岗位轮换法是让受训者在预定时期内变换工作岗位,使其获得不同岗位的相关知识、技能和工作经验的一种培训方法。该方法是一种在职培训方法,适用对象主要为新入职或即将入职的员工。

2. 岗位轮换法的优缺点

岗位轮换法的优点是：①能丰富受训者的工作经历。②识别受训者的长处和短处。③增进受训者对各部门和岗位的了解,为受训者跨部门合作或转换工作岗位打下基础。

缺点是：①因受训者在所轮换岗位上停留的时间太短,所学的知识和技能非常有限。②适用于对一般直线管理人员的培训,不适用于对职能管理人员的培训。

(七) 拓展训练法

拓展训练法,也称极限训练法,是由教师设计出许多模拟的惊险情境或极限训练方案,让受训者参与其中,以训练受训者的耐受力和团队合作意识的一种方法。通过拓展训练,受训者可以获得战胜自我的勇气和能力,深刻理解团队合作的重要意义。

(八) 实习法

实习法是指以实习的方式让受训者亲自工作,在实际操作的过程中学习新知识,增长实践经验。在实习过程中，受训者通过实际操作和工作经验的积累来学习，同时，他们需要记录自己的实习经历和所学知识，以便于后续的回顾和总结。在实习期间，部门主管或经验丰富的同事会对受训者进行评估，并提供具体的反馈和建议，这有助于受训者更快地成长和提升自身能力。对于受训者来说，实习培训使他们能够亲身体验真实的工作环境，深入了解组织的运营模式和工作流程，是一个宝贵的机会。这样的实习经历不仅能够丰富受训者的工作经验，还能够帮助他们更好地理解理论知识与实际应用之间的关系，从而在未来的职业生涯中更加游刃有余。实习是一个双赢的过程，既有助于受训者提升个人能力，为未来的职业发展打下坚实基础，也为组织带来了新的活力和创新思维。通过有效的实习管理和评估，组织可以更好地发现和培养潜在的优秀员工，同时为受训者提供了一个宝贵的成长和学习平台。

第四节 公共部门人员培训效果的评估

培训效果评估是公共部门人员培训的最后环节，也预示着下一次培训活动的开始。培训效果评估是公共部门对培训成本和收益进行评价，以及对受训者在培训前后的知识、技能、能力、行为和绩效变化情况等进行分析和比较的过程。培训效果评估是人力资源管理部门获得领导管理层支持的有效手段。

一、公共部门人员培训效果评估的目的和原则

（一）公共部门人员培训效果评估的目的

（1）确定培训项目是否达到了预期目标。
（2）测量培训项目的投资回报率及价值大小。
（3）确定哪些参与者从项目活动中获得了较大收益。
（4）确定将来由谁来参加培训。
（5）测量培训的最终效果。
（6）测量和跟踪培训全过程，以寻找不足，提出改进措施。
（7）研究培训中一些非量化和无形的影响因素。
（8）为人力资源信息系统提供数据支持。

（二）公共部门人员培训效果评估的原则

人员培训效果评估的直接标准是投资回报率（Return on Investment，ROI）。它通过计算培训所带来的节约和收益与培训所花费的时间和成本之比，来反映培训的成效。通常选择的评估标准包括培训后公共部门生产力是否提高了，培训后工作中的差错率是否降低了，培训后公共服务质量是否得到了明显的提高等，同时要证明这些变化是否与培训密切关联。

在公共部门中，由于其产出往往是非量化的且标准不一，投资回报率标准在评估培训效果时的应用面临诸多挑战。因此，公共部门通常采取更为直观和定制化的评估方法来衡量培训成果。公共部门对培训效果的评估主要依赖于组织的内部观察和考核，这包括对员工在培训前后的行为、态度、知识和技能等方面的变化进行对比分析。具体而言，评估指

标包括但不限于理论素养和政策水平、政策和行政执行能力、公众服务态度、工作完成数量和质量、创新能力和持续学习、团队合作和领导力等。此外，为了提高评估的准确性和可靠性，公共部门还会采取定量和定性相结合的方法，比如问卷调查、面对面访谈、工作样本评估等，以确保评估结果的全面性和客观性。

二、公共部门人员培训效果评估的模型

（一）柯克帕特里克四层次评估模型

柯克帕特里克四层次评估模型由美国学者唐纳德·柯克帕特里克提出，是目前最具影响力的培训效果评估模型，其他模型都是在此模型的基础上建立起来的。它主要以受训者为评估对象，对培训效果从反应层次、学习层次、行为层次、效益层次进行评估，前两个层次主要是对培训的过程进行评估，而后两个层次主要是对培训的结果进行评估，如表5-5所示。

（1）反应层次。评估受训者对培训项目的反应。这是培训效果评估的第一个层次。它主要了解培训对象对整个培训项目和项目的某些方面的意见和看法。评估内容主要集中于培训内容能否激发受训者的学习兴趣、培训方法是否能让受训者参与其中、培训形式是否让受训者感到满意、培训者能否对培训进行有效把控等。因受训者的知识、价值观等的差异，评估结果带有较强的主观性和片面性。为此，不能将其作为培训的实际效果和效益，但可作为改进培训的依据或综合评估的参考。

（2）学习层次。评估受训者对所学内容的掌握情况，主要是在培训即将结束之前，通过对受训者在培训期间所学知识和技能结果的直接评价，掌握培训效果。主要采用书面测试、操作测试、情景模拟测试等评估方法，直接测量受训者对基本原理、实践技能的掌握程度。

（3）行为层次。评估受训者工作行为的变化特征。它是考察培训效果的最重要指标。考虑到行为层次评估的复杂性和专业化，在实施行为层次评估时，应尽可能选择那些适合实施行为评估或值得进行行为评估的培训项目或课程，或者委托或外包给专门咨询评估机构实施。组织一般采取的培训评估方法有以下几种：运用领导、主管人员的直接观察，考察受训者在培训后的行为表现；通过问卷调查或与受训者面谈的形式，总结他们培训前后行为的变化。

（4）效益层次。评估受训后组织较明显变化特征，如员工离职率降低、生产成本减少、员工效率提高、员工抱怨减少、员工满意度提高、客户关系改进等。效益层次是柯克帕特里克四层次评估模型中的第四个层次，需要在培训活动结束后开展，而且需要相当一段时间才能反映培训的成效。在进行效益层次评估时，可以采用预先测试、事后测试和控制小组等办法。

表5-5　柯克帕特里克四层次评估模型

评估级别	主要内容	可以询问的问题	衡量方法
一级评估：反应层次	观察受训者对培训项目的反应	受训者喜欢该培训项目吗？项目对自身有用否？对培训讲师及培训设施等有何意见？课堂反应是否积极主动？	问卷、评估调查表、评估访谈

续表

评估级别	主要内容	可以询问的问题	衡量方法
二级评估：学习层次	检查受训者的培训结果	受训者在培训项目中学到了什么？培训前后，受训者知识、技能有多大程度的提高？	培训调查表、笔试、绩效考核、案例研究
三级评估：行为层次	衡量培训前后的工作表现	受训者在学习的基础上有没有改变行为？受训者在工作中是否用到培训所学的知识？	由直接上级、同事、客户、下属进行绩效考核、观察
四级评估：效益层次	衡量组织绩效的变化	行为的改变对组织的影响是不是积极的？组织是否因为培训而经营得更顺心更好？	考核事故率、生产率、流动率、士气

（二）CIRO 评估模型

1. CIRO 评估模型的内涵

CIRO 评估模型由四项评估活动构成，这四项评估活动分别是背景评估（Context Evaluation）、输入评估（Input Evaluation）、反应评估（Reaction Evaluation）、输出评估（Output Evaluation）。

（1）背景评估。背景评估是指获取和使用当前背景信息，确认培训的必要性。其主要任务一是收集和分析有关培训的信息，二是分析和确定培训需求与培训目标。其中确定培训需求和设定培训目标是主要任务。

（2）输入评估。输入评估是指通过可获取的内、外培训资源，确定培训的可能性。其主要任务一是收集和汇总可利用的培训资源信息，二是评估和选择培训资源。另外，也要对资源进行分析，确定如何有效使用现有资源才能达到培训目标。

（3）反应评估。反应评估是指获取和使用参与者的主观反应信息，提高培训过程的有效性。其主要任务一是收集和分析受训者的反馈信息，二是改进培训的运作程序。这需要建立在大量的相关信息基础之上。这些信息、数据的收集既可以使用正规的方法，也可以使用非正规的方法。

（4）输出评估。输出评估是指收集培训项目所产生的结果，并将结果与最初的目标设定进行比较，评估培训项目的完成情况，并用这些来改进以后的培训项目。输出评估包括界定趋势目标、确定测量方法、选择测量时间和评估结果四个阶段，以改善后续的培训。其中有两项重要的任务：收集和分析培训结果相关信息，以及评价与确定培训的结果。

2. CIRO 评估模型的优缺点

CIRO 评估模型的优点是让评估活动介入了培训过程的其他环节。CIRO 评估模型的缺点是未能将评估与培训执行结合起来，也未能对反应评估和输出评估的作用进行明确的认定和必要的说明，如对后续培训项目设计的作用和对本次培训项目的改进等。

（三）CIPP 评估模型

1. CIPP 评估模型的内涵

美国学者斯塔夫尔贝姆在反思泰勒行为目标模式的基础上，将培训项目本身作为一个对象进行分析，根据项目组织过程的规律，提出了关于培训效果评估的 CIPP 模型。他认为，培训效果的评估由四项评估活动组成，这四项评估活动分别是背景评估（Context Evaluation）、输入评估（Input Evaluation）、过程评估（Process Evaluation）、成果评估（Product Evaluation）。

（1）背景评估。背景评估主要用来确定目标。背景评估的内容是了解相关环境、诊断具体问题、分析培训需求、确定培训需求、鉴别培训机会、设定培训目标等。其中，确定培训需求和设定培训目标是主要任务。

（2）输入评估。输入评估主要用来决定使用何种资源可实现目标。输入评估的内容是收集培训资源信息、评估培训资源、确定如何有效利用现有资源才能达到培训目标、确定项目规划和设计的总体策略是否需要外部资源的协助。

（3）过程评估。过程评估主要是对培训项目负责人提供信息反馈。过程评估的内容是为那些负责实施培训计划的人提供信息反馈，及时修正或改进培训计划的执行过程。

（4）成果评估。成果评估主要是对培训结果进行衡量。成果评估的内容是对培训活动所达到的目标进行衡量和解释，并与培训的目标进行比较分析，找出原因，为以后培训项目提供依据。成果评估可以在培训以后进行，也可以在培训之中进行。

2. CIPP 评估模型的优缺点

CIPP 评估模型的主要优点是具有全程性、过程性和反馈性特点，真正将评估活动贯穿于整个培训过程的每个环节，集中表现在对培训项目的执行过程进行监控。CIPP 评估模型是对 CIRO 评估模型的补正，其关键是将评估活动真正切入整个培训过程的核心地带"执行培训"环节，而"成果评估"不仅被置于培训之后，对后续培训项目的设计产生影响，更被明确置于培训之中，对本次培训项目的推进产生作用。

三、公共部门人员培训效果评估的步骤与方法

（一）公共部门人员培训效果评估的步骤

公共部门人员培训效果评估的过程通常包括以下三个步骤。

1. 确定评估标准

评估标准通常是在反应、学习、行为和结果四个层面上确定的，涉及认知成果（用于判定受训者是否熟悉培训计划所强调的原理、程序、事实、技能和过程）、技能成果（用于衡量受训者学到的技能和技能在实际工作中的应用情况）、情感结果（包括受训者的学习态度和心理动机）和绩效成果（用于衡量培训项目最后给组织带来的回报）。

2. 填写培训效果评估表

这一步骤的重点在于制作一份优秀的培训效果评估表。这一步骤应满足以下四个条件：一是始终坚持培训目标导向，依据相关的标准；二是涵盖培训的各个环节和培训要素；三是鼓励受训者积极反馈；四是成果可量化，以便于统计、比较和评价。

3. 评估效果的转化

评估效果的转化是指将培训成果应用于工作实践。要将培训与组织的目标、政策、方针和组织文化相结合，确保培训结果与组织的实际运行不相违背，从而保证培训工作的有效进行，实现组织的预期目标。

（二）公共部门人员培训效果评估的方法

1. 测试比较法

在员工培训项目实施前和结束后分别用难度相同的测试题对受训者进行测试。通常包括纵向和横向的比较，如前后测试比较法和分组测试比较法。如果受训者在培训结束后的测试成绩明显提高，则表明培训确实使受训者获得了较多的知识、技能和经验。

2. 目标评价法

在员工培训项目结束后，对培训目标的完成情况进行评价，从而了解受训者的培训效果。目标评价法要求在制订培训计划时把培训应该学到的知识、技能和应达到的标准写明，以便于培训后对比受训者实际的测试成绩是否达到目标，因此，需要以可行的培训目标为导向，以详细的培训需求分析为基础。

3. 工作绩效评价法

在员工培训项目结束后，每隔一段时间（如3~6个月）以书面调查或面谈的形式，衡量受训者在实际工作中取得的成绩。如工作量增加与否、工作素质提高与否、人际交往能力增强与否等，这些都可以帮助确认培训的效果。

4. 问卷+访谈法

问卷+访谈法是最常用的培训效果评估方法。问卷一般是根据培训目标，设计相关的题目内容，邀请受训者作答，以便于受训者更好地达到预期目标。问卷一般分为知识态度问卷和行为表现问卷。访谈法是指通过调查者与受训者进行对话的方式，使培训主体了解培训的需求和效果。在培训前需要对受训者的上级或管理部门进行访谈以设计调查问卷，来确定培训需求和目标。而在培训后进行问卷调查和访谈，旨在调查受训者对培训的意见和收获，并根据这些感受对未来培训提出改进意见。

5. 关键人物评价法

在培训结束后，运用相关关键人物对受训者进行评估。这些关键人物包括同事、上级、下级、服务对象等。这些关键人物能够从不同角度反映受训者培训前后的改变。在培训后，培训调查者以书面调查或面谈等形式，向受训者的同事、主管或下属了解其工作表现。如果主管对受训者的工作态度和工作效率的改善与提高给予充分肯定，则表明培训活动具有成效。采用这种方法作为评价依据时，首先要考察关键人物的评价是否公正、客观。

本章小结

公共部门人员培训与开发是指公共部门根据国家经济和社会发展的需要，根据公共部门实际工作的需要以及工作人员自身发展的需要，对公职人员进行的有计划、有组织的培养、教育和训练活动。公共部门人员培训与开发是一个系统过程，包括培训需求分析、培训方案设计、培训计划实施和培训计划评估等环节。公共部门人员培训与开发是公共部门提高人力资源质量的重要途径，也是公共部门人力资源管理的重要内容之一。有计划的培训、教育和人员开发活动，对提高员工的知识、技能和能力水平，改善员工的态度，提高工作效率，促进组织发展和员工成长具有重要意义。

核心概念和知识点

公共部门人员培训；胜任素质；培训需求分析；培训方案设计；培训方法；培训效果评估。

课后习题

1. 什么是公共部门人员培训？如何理解公共部门人员培训的目的与意义？
2. 胜任素质的核心思想是什么？构建胜任素质模型的步骤是怎样的？
3. 公共部门人员培训可分为哪几种类型？
4. 我国的公务员培训主要包括哪些方面的内容？
5. 公共部门人员培训的程序是怎样的？
6. 公共部门人员培训需求分析的目的有哪些？
7. 培训需求分析的程序是怎样的？方法有哪些？
8. 公共部门人员培训的方法有哪些？各有何优缺点？
9. 公共部门人员培训效果评估的目的是什么？
10. 公共部门人员培训效果评估的内容是什么？方法有哪些？

本章案例研究

海南：育好"领头雁" 锻造"主心骨"

2023年8月底，海口市美兰区三江镇茄苪村党支部书记王琼作为全省乡村振兴能力提升浙江培训班的一员，学习了浙江"千万工程"经验。这趟学习之旅让王琼收获良多。"这些特色鲜明的村庄，背后都有不少值得学习借鉴的经验。"近日，回到茄苪村后，王琼继续依托良好的莲雾产业基础，与企业合作发展好农文旅项目，带动村民增收。

2023年3月至10月，海南省对全省2 608名村（居）党组织书记实行提级培训、全员轮训。本次培训覆盖全省所有村（居）党组织书记，是近年来省委组织部直接举办的规模最大的农村基层干部培训。"考虑到各村的实际情况以及行政村与农场居的不同，我们将2 513名村党组织书记分期分批安排在不同的主题班次参训，同时为95名农场居党组织书记单独开设主题班次。"省委组织部相关负责人说。针对部分新任职的村党组织书记，省委组织部专门安排5个班次，分别在浙江、江苏、山东等地区举办，帮助他们进一步开阔视野、增长见识。

如何提升培训的针对性和实用性？省委组织部相关负责人介绍，培训聚焦"干什么精通什么、缺什么补什么"，围绕乡村产业、乡村治理、乡村建设、基层党建4个专题开设26期主题班次，针对性设置政治理论课、省情课、业务知识课、案例课、法律课、警示教育课等课程，组织村（居）党组织书记学理论、学实务、学先进地区的经验。

为了让学员们能够拥有更好的学习体验，培训班注重把课堂搬进示范村，以身边的变化和榜样的力量"现身说法"。每班次采取"2天课堂+3天课外"教学模式，利用3天时间组织学员到5至7个发展各具特色的村开展现场教学，并利用半天时间邀请省内外优秀村党组织书记现场或视频连线授课，与学员开展互动交流，分享金点子、好办法。

省委组织部还结合村（居）党组织书记岗位特点、学历层次和工作需求精选优质师资力量。比如，在政治理论培训方面，邀请省内外高校理论功底扎实的学科带头人、资深专家学者授课；在乡村振兴政策解读和业务实操方面，邀请省直单位政策把握全面、实践经验丰富的相关人员授课；在实地教学和现场观摩方面，邀请省内外获得全国"两优一先"、全国脱贫攻坚楷模、全国劳动模范、时代楷模等荣誉的优秀村党组织书记现场交流、分享经验。

良好的培训效果，赢得了学员的一致好评。大家纷纷表示，此次培训主题鲜明、课程精彩，通过全面系统的学习进一步补短板、强弱项，自身综合素质和履职能力得到了加强。

（资料来源：《海南日报》）

思考与探讨

1. 根据材料，谈一谈在公共部门进行人员培训的重要性。
2. 结合材料，你认为海南开展领导干部省外培训的哪些方面值得借鉴？

第六章　公共部门人员绩效管理

> **引导案例**

浙江慈溪：岗位对责 绩效对账

针对公务员平时考核缺乏精准化、结果难应用等问题，近年来，浙江慈溪市规范考核程序、强化考核激励，进一步考准考实公务员工作实绩。

搭建干事对账档案系统，根据单位、科室年度重点工作任务，及时录入、更新每名公务员的岗位职责、个人年度主要工作任务。设置日考勤模块，由各单位负责人自行利用浙政钉等信息化平台，登记管理公务员请假和加班情况，并在每季度末将相关情况上报系统。设置月对账模块，要求公务员自主登录系统，每月初制订上报本月工作计划，每月底根据个人履职情况，填写月度工作进展，按照"好、较好、一般、较差"四个等次，自评工作推进完成情况。截至2023年，全市4 283名公务员已全部纳入系统。

双月组织开展"对账亮灯"行动，由单位主要负责人视工作推进力度和完成进度签署审核意见，对推进顺利的公务员亮"绿灯"，推进较慢的亮"黄灯"，连续两个双月未按期完成的亮"红灯"，第一时间公布"亮灯"结果。推行季度考评模式，单位主要负责人和分管负责人对内设机构主要负责人进行考评，内设机构主要负责人对公务员进行考评，公务员人数较少的内设机构，可由分管负责人和内设机构主要负责人进行考评。考评人根据干事对账档案系统中考核对象的日考勤、月对账情况以及实际工作表现，从德、能、勤、绩、廉五方面，按照不同分值分类赋分，确定平时考核成绩。

对平时考核中发现的苗头性、倾向性问题以及平时考核得分低于60分的公务员，实行平时考核预警制度。由所在党委（党组）帮助引导公务员查找、分析自身原因，由党校制订能力素质提升计划，以职业素质培训、开展体验教育等方式帮助其改进作风，由市级组织部门协同纪检部门开展约谈，对该公务员提出警告，防止小毛病演变成大问题。

（资料来源：《中国组织人事报》）

本章学习目标

1. 掌握公共部门人员绩效管理的环节和关键决策
2. 掌握公共部门人员绩效计划的制订流程
3. 掌握公共部门人员绩效考核的程序
4. 掌握公共部门人员绩效考核的方法
5. 掌握公共部门人员绩效反馈沟通

本章重点问题

1. 公共部门人员绩效管理目的和原则
2. 公共部门人员绩效计划
3. 公共部门绩效监控
4. 公共部门人员绩效考核
5. 公共部门人员绩效反馈沟通

本章思维导图

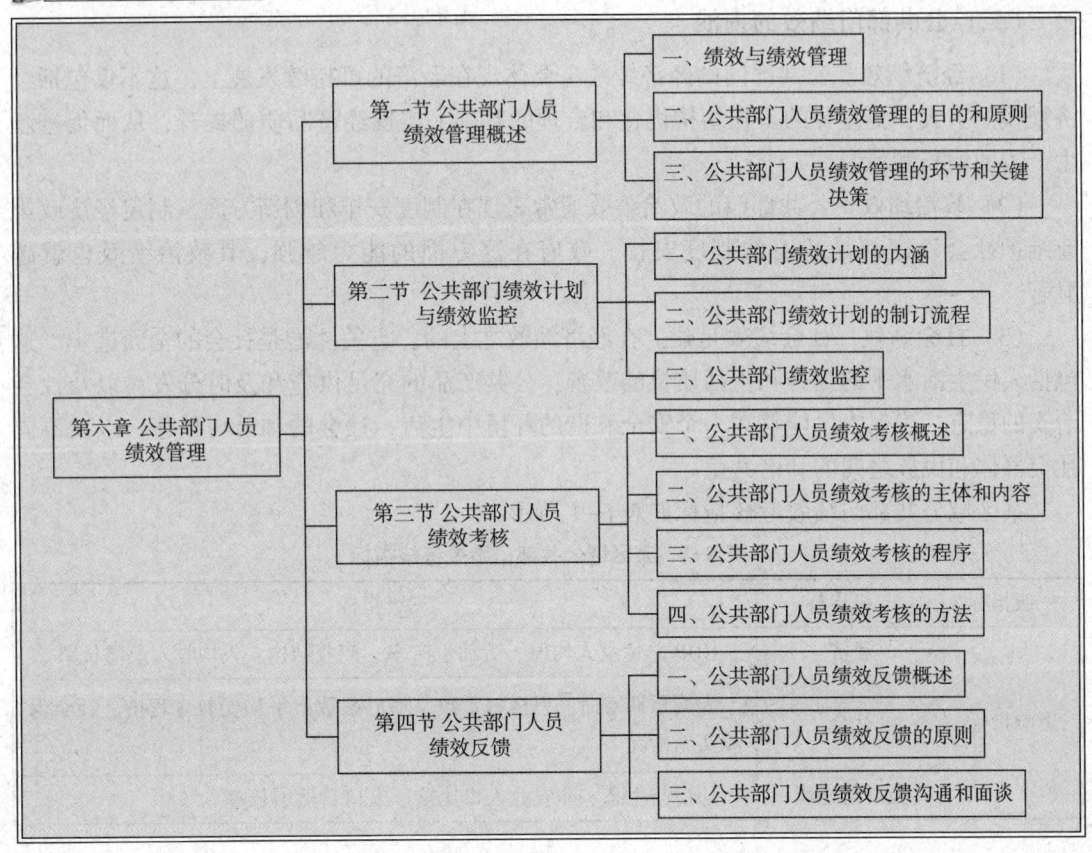

第六章 公共部门人员绩效管理
- 第一节 公共部门人员绩效管理概述
  - 一、绩效与绩效管理
  - 二、公共部门人员绩效管理的目的和原则
  - 三、公共部门人员绩效管理的环节和关键决策
- 第二节 公共部门绩效计划与绩效监控
  - 一、公共部门绩效计划的内涵
  - 二、公共部门绩效计划的制订流程
  - 三、公共部门绩效监控
- 第三节 公共部门人员绩效考核
  - 一、公共部门人员绩效考核概述
  - 二、公共部门人员绩效考核的主体和内容
  - 三、公共部门人员绩效考核的程序
  - 四、公共部门人员绩效考核的方法
- 第四节 公共部门人员绩效反馈
  - 一、公共部门人员绩效反馈概述
  - 二、公共部门人员绩效反馈的原则
  - 三、公共部门人员绩效反馈沟通和面谈

第一节 公共部门人员绩效管理概述

一、绩效与绩效管理

（一）绩效的内涵

绩效是一个多维度的概念，包含成绩和效益的意思，在经济管理活动方面，绩效被定义为特定管理活动的最终成果和效率；在人力资源管理方面，绩效关注的是投入与产出的比率，即个人或组织的努力与所获得的成果之间的比较；在公共管理中，绩效用来评估政府机构和公共服务的有效性，它是一个综合性的指标，包含多种目标和价值。绩效不仅是对组织和个人职责履行的一种衡量，还反映了工作任务的完成情况和执行力度。它是组织使命、核心价值观、愿景和战略的具体体现，是组织文化和社会责任感的直接映射。在组织中，绩效可以在不同的层面展现，包括财务、运营、客户服务、员工满意度等各个方面。为了全面评估绩效，组织通常会采用一系列的绩效指标和评估方法，如关键绩效指标（KPI）、平衡计分卡（BSC）和员工绩效考核等。这些工具和方法帮助组织跟踪和分析不同维度的绩效，从而实现持续改进和增长。

（二）公共部门绩效的内涵

（1）经济绩效。公共部门的经济绩效主要体现在经济的可持续发展上，这不仅包括经济规模的扩大，更重要的是在结构优化和合理的基础上实现经济品质的提升，从而促进新生产力的增长和壮大。

（2）政治绩效。公共部门的政治绩效通常表现在制度安排和创新方面。制定经济政策或维护社会秩序都是政府的制度安排，政府在这方面的能力越强，其政治绩效也就越显著。

（3）社会绩效。社会绩效是建立在经济绩效之上的，它关注的是社会的全面进步。这包括人民生活水平的提升和生活质量的改善；公共产品的充足供应和及时分发，以及社会治安的稳定，确保人民能够在一个安全和谐的环境中生活；社会的和谐与秩序，以及不同社会群体和民族之间的和谐共生。

某区域公共部门绩效考核指标如表6-1所示。

表6-1 某区域公共部门绩效考核指标

一级指标	二级指标	三级指标
影响指标	经济	GDP总量及人均值、劳动生产率、产业结构、人均收入及增长率
	社会	人均预期寿命、恩格尔系数、基尼系数、平均受教育程度、社会保障实施情况
	人口与环境	环境与生态、非农业人口比重、人口自然增长率

续表

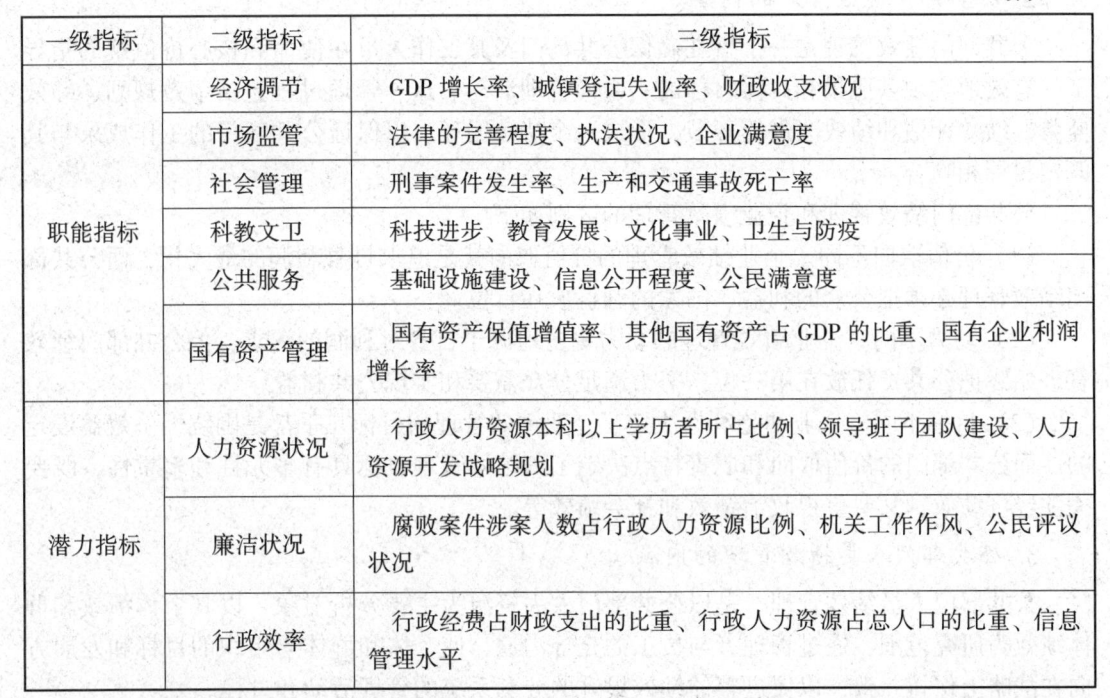

一级指标	二级指标	三级指标
职能指标	经济调节	GDP增长率、城镇登记失业率、财政收支状况
	市场监管	法律的完善程度、执法状况、企业满意度
	社会管理	刑事案件发生率、生产和交通事故死亡率
	科教文卫	科技进步、教育发展、文化事业、卫生与防疫
	公共服务	基础设施建设、信息公开程度、公民满意度
	国有资产管理	国有资产保值增值率、其他国有资产占GDP的比重、国有企业利润增长率
潜力指标	人力资源状况	行政人力资源本科以上学历者所占比例、领导班子团队建设、人力资源开发战略规划
	廉洁状况	腐败案件涉案人数占行政人力资源比例、机关工作作风、公民评议状况
	行政效率	行政经费占财政支出的比重、行政人力资源占总人口的比重、信息管理水平

（三）绩效管理相关概念的内涵

1. 绩效管理的内涵

绩效管理是把对组织的绩效管理和对员工的绩效管理结合在一起的一种体系，是组织系统整合组织资源达成其目标的行为，包括全方位控制、监测、评估组织所有方面的绩效。绩效管理重视员工潜能的开发、未来的发展及个人职业规划的指导。

绩效管理是一种旨在通过绩效信息的有效利用来提升组织绩效的管理实践活动。它涉及与各方共同确立绩效目标，并据此进行资源的合理配置以及优先级的合理排序。绩效管理的核心目的是辅助管理者对既定目标计划进行有效的监控和调整，确保实际成果与预设目标一致。绩效管理是一个系统化的过程，涵盖从绩效信息的收集，到绩效目标的设定，再到考核指标的划分，以及最终的绩效考核和结果反馈等多个环节。绩效管理的有效实施对于组织来说至关重要，它能够帮助组织更好地识别和利用其内部资源，优化工作流程，提高工作效率，同时能够激发员工的潜力，促进员工的职业成长。通过绩效管理，组织能够建立起一套科学、公正的评价体系，为员工提供明确的发展方向和激励机制，从而在实现组织目标的同时，提升员工的满意度和忠诚度。

绩效管理不是孤立的行为，它需要与组织的战略规划、人力资源管理、财务管理等其他管理职能相结合，形成协同效应，共同推动组织向既定目标迈进。通过持续的绩效管理，组织能够不断适应外部环境的变化，保持竞争优势，实现可持续发展。

绩效管理是一个持续的交流过程，该过程由员工和其直接主管之间达成的协议来保证完成，并在协议中对未来工作达成明确的目标和理解，并将可能受益的组织及员工都融入绩效管理系统中。

2. 公共部门绩效管理的内涵

公共部门绩效管理是一个旨在确保公共部门及其工作人员在使命和核心价值观的指导下，有效地实现其愿景和具体目标的一系列管理活动。这一管理过程包括绩效规划、绩效监督、绩效评估和绩效改进等环节，形成一个持续循环，以保证公共部门的工作成果与其既定目标相吻合。

公共部门绩效管理和企业绩效管理的区别如下：

（1）价值取向不同。企业绩效管理的价值取向就是追求自身利润的最大化，而公共部门绩效管理必须把公众的利益、国家的利益放在首位。

（2）动力不同。企业绩效管理的动力更多地源于自身对利润的渴求，但公共部门绩效管理始终把公共责任放在第一位，努力满足公众需要和实现公共利益。

（3）目标不同。企业的趋利性决定了企业绩效管理的目标几乎都是围绕经济效益设定的。而公共部门的价值取向和职责特点决定了其绩效管理目标具有多元性和多重性，既要关注经济绩效，又要重视政治绩效和社会绩效等。

3. 公共部门人员绩效管理的内涵

公共部门人员绩效管理，是以公共部门人力资源为主要分析对象，以其个体绩效和群体绩效为研究范围，通过管理者与员工的充分沟通，使个体和群体与组织的目标和发展方向在战略上保持一致，以促进整体绩效提升的一套系统的管理活动和过程。

从系统的视角来看，公共部门绩效管理可以划分为组织绩效管理、团队绩效管理和个人绩效管理三个层次。这三个层次相互依存、相互作用，共同构成了一个复杂的绩效管理系统。

公共部门人员绩效管理探讨的是公共部门群体绩效的管理和公共部门人员个体绩效的管理。个人对组织绩效的贡献主要通过团队的形式来实现，因此，在进行绩效管理时，应当考虑团队绩效。团队绩效是个人绩效的综合体现，个人绩效与团队绩效之间存在着相互联系和相互影响的关系。在组织活动中，个人绩效应当以团队绩效为导向，合作是团队绩效发挥的关键因素。此外，在强调个体绩效以群体绩效为前提的基础上，必须十分重视个体绩效的作用。竞争在个体绩效的发挥中起着非常重要的作用，良好的竞争机制将使个体绩效得到良好发挥，从而使群体绩效更佳。

二、公共部门人员绩效管理的目的和原则

（一）公共部门人员绩效管理的目的

公共部门人员绩效管理的核心目的是通过精心设计和管理绩效管理系统，提升员工的工作效率，从而增强公共部门的整体绩效，推进实现组织的战略目标。公共部门人员绩效管理活动都是围绕绩效管理的目的展开的。

1. 战略目的

公共部门人员绩效管理系统必须与公共部门战略目标密切联系。推行绩效管理，公共部门应首先明晰战略规划和部署，通过战略目标的承接与分解，将战略目标逐层落实到各级部门及其员工身上，并在此基础上制订相应的绩效评价指标体系，设计相应的绩效评价和反馈系统，促使员工的努力与公共部门整体战略保持高度一致，促使公共部门战略目标

顺利实现。

2. 开发目的

公共部门人员绩效管理的开发目的主要是管理者通过绩效管理过程发现员工存在的不足，以便对其进行有针对性的培训或轮岗锻炼，从而使下属能够更加有效地完成工作。公共部门人员绩效管理要促进组织与员工的共同成长。通过绩效管理发现问题、改进问题，找到差距进行提升。公共部门绩效管理的应用重点在于薪酬和绩效的结合上。通过绩效考核，把人力资源聘用、职务升降、培训发展、劳动薪酬相结合，同时对员工建立不断自我激励的心理模式，使公共部门激励机制得到充分运用。

3. 管理目的

公共部门人员绩效管理的管理目的主要是通过评价员工的绩效表现并给予相应的奖惩，以激励和引导每位员工不断提高自身的工作绩效，实现组织战略目标。公共部门人员绩效管理本质上是一种过程管理，是一个不断制订计划、执行、检查、处理的循环过程，在整个绩效管理环节，包括绩效目标设定、绩效要求达成、绩效实施修正、绩效面谈、绩效改进、再制定目标的循环，这也是一个不断发现问题、解决问题的过程。

（二）公共部门人员绩效管理的原则

1. 公平公正原则

公平是确立和推行公共部门人员绩效管理制度的前提。不公平就不可能发挥绩效管理应有的作用。防止考核中可能出现的偏见以及种种误差，以保证考核的公平与合理。

2. 客观真实原则

绩效管理要客观公正，根据明确规定的绩效标准，针对实际情况进行评价，避免夹杂主观性和感情色彩。绩效考核要真实反映公共部门人员的实际工作表现，注重实绩。

3. 严格明确原则

绩效管理不能流于形式、形同虚设。绩效管理目标不明确、过程不严格，不仅不能全面地反映工作人员的真实情况，还会产生消极的后果。绩效管理要有明确的绩效标准，要有严肃认真的考核态度，要有科学规范的绩效管理制度与科学而严格的程序及方法等。

4. 等级差别原则

考核的等级之间应当有鲜明的差别界限。针对不同的考评评语，在工资、晋升、使用等方面应体现明显差别，从而使绩效管理带有激励性，以鼓励职工。

5. 结合奖惩原则

绩效管理要依据绩效结果，根据工作成绩，有赏有罚，有升有降。奖惩既要与精神激励相联系，也要体现在工资、奖金等物质方面。

6. 反馈说明原则

绩效考核结果要反馈给员工，并向员工对考核结果进行解释说明，肯定成绩和进步，说明不足之处，提供参考意见等，使员工了解自己的优点和缺点，使考核成绩好的员工再接再厉，使成绩不好的员工心悦诚服，奋起上进。

> **专栏 6-1**
>
> **"4E"标准和"SMART"原则**
>
> 1. "4E"标准
>
> 绩效标准是评估指标的具体化目标，设定被评估者在每个指标上应达到的水平和标准，解决被评估者应该做到什么程度、完成什么量的问题。绩效标准明确了在各个评估指标上，被评估者需要达到的具体绩效目标和要求。
>
> （1）经济性（Economic）。
> （2）效率性（Efficiency）。
> （3）效能性（Effectiveness）。
> （4）公平性（Equity）。
>
> 2. 绩效指标体系设计的SMART原则
>
> （1）S代表"Specific"，是指绩效指标要切中特定的工作目标。
> （2）M代表"Measurable"，是指绩效指标是能够量化的。
> （3）A代表"Attainable"，是指绩效指标是在付出努力的情况下可以实现的。
> （4）R代表"Realistic"，是指绩效指标应该与工作高度相关。
> （5）T代表"Time-bround"，是指在绩效指标中要规定具体的时间。

三、公共部门人员绩效管理的环节和关键决策

（一）公共部门人员绩效管理的环节

公共部门人员绩效管理是指对公职人员在特定时间内工作成果的评估，这一过程依据既定标准进行，并将评估结果反馈给相关工作人员。本质上，它是一种信息搜集、处理、评估及反馈的管理活动。一个完整有效的公共部门人员绩效管理系统必须具备绩效计划、绩效监控、绩效考核和绩效反馈四个环节，各部分相互衔接，构成一个有机整体。

1. 绩效计划

绩效计划标志着绩效管理流程的启动，它发生在每个绩效周期的开始阶段。在这个过程中，公共部门管理者与下属经过充分的沟通，共同明确在即将到来的绩效周期中，为了支持组织战略计划的实施和管理目标的达成，每位员工需要完成哪些任务，以及这些任务应达到的标准。此外，需要讨论为何需要完成这些任务、何时是完成任务的合适时机，以及员工在执行任务时有何决策权限等关键问题，以促进双方的理解并确保目标达成共识。

2. 绩效监控

在绩效计划制订完毕后，各部门就开始按照计划开展工作。在工作过程中，公共部门管理者要对下属进行指导和监督，及时解决发现的问题，并根据实际情况及时对绩效计划进行调整。

3. 绩效考核

绩效考核是通过对绩效监控阶段收集的数据进行分析，评估员工是否实现了既定的绩

效目标。这是绩效管理流程中的关键环节，它决定了员工的绩效水平是否达到了预期。

4. 绩效反馈

绩效反馈是指绩效周期结束时，公共部门管理者与下属进行绩效结果面谈，使下属充分了解和接受绩效考核的结果，并对下属在下一周期如何改进绩效提出意见和建议的过程。

（二）公共部门人员绩效管理的关键决策

为了落实公共部门的使命、愿景、核心价值观及战略，最终实现公共部门人员绩效管理的目的，必须把握好五项关键决策，如图 6-1 所示。

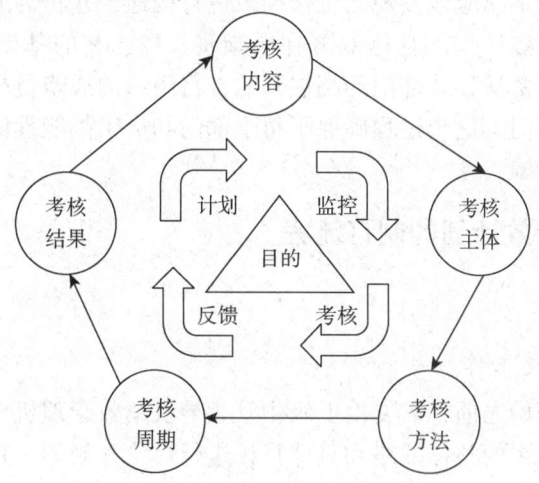

图 6-1 公共部门人员绩效管理的关键决策

1. 考核主体

考核主体应该与考核内容相匹配，考核主体对被评价者及其工作内容都应有所了解。工作绩效是多维度的，公共部门人员绩效考核主体应包括上级、同级、下级和社会群众，消除个体评估差异，增加考核的透明度和群众参与程度。考核主体可分为内部考核主体和外部考核主体。内部考核主体包括上级、同级和下级；外部考核主体包括社会公众、大众传媒、专业评估机构，以及立法和审计机关等利益相关者。

2. 考核方法

采用何种考核方法，要根据所要考核对象和评价指标的特点进行选择，并考虑设计和实施的成本。考核方法可分为相对比较和绝对比较。

3. 考核周期

评价周期与评价指标、职位等密切相关，应该根据管理的实际情况和工作需要，综合考虑各种相关因素而定，其设置应尽量合理，不宜过长，也不能过短。

4. 考核结果

公共部门绩效考核结果主要用于两个方面：一是用于绩效诊断、制订绩效改进计划；二是将绩效考核结果作为招聘、晋升、培训与开发、薪酬福利等其他管理决策的依据。

5. 考核内容

考核内容即"考核什么"，是指如何确定绩效考核指标、指标权重及目标值。为了确保组织战略目标的实现,公共部门需要在绩效管理过程中将组织战略目标转化为能够衡量的绩效评价指标,进而将组织战略目标的实现具体落实到各部门、各员工。

第二节　公共部门绩效计划与绩效监控

一、公共部门绩效计划的内涵

公共部门管理者对下属应该实现的工作绩效进行沟通,并将沟通的结果落实为正式书面协议,即公共部门绩效计划。它是双方在明晰责、权、利的基础上签订的一个内部协议。绩效计划的设计通常从公共部门的高层开始,将组织的战略目标和绩效期望逐步细化并分配到各个层级和部门。这个过程确保了每个部门和员工都能理解各自的角色以及如何为组织的整体目标作贡献。

二、公共部门绩效计划的制订流程

(一) 准备阶段

1. 准备阶段的主要工作

在新的绩效周期开始之前,需要由上级主管领导及绩效管理机构的相关成员组成一个绩效管理委员会,对组织的整体战略和具体目标进行讨论和规划。在公共部门绩效计划的准备阶段,主要工作包括分析组织的优势、劣势、机会、威胁,明确组织的使命、核心价值观、愿景和战略等。

2. 绩效计划的设计依据

(1) 公共部门的目标:这是绩效管理的出发点,确保所有的工作绩效都能够支持组织的整体目标。

(2) 公共部门的职能:这决定了员工的具体工作职责和任务,它们是绩效目标得以实现的具体体现。

(3) 公共部门的职能分工:清晰的职能分工是建立有效绩效管理体系的基础,它有助于明确各部门和员工的职责与权限。

3. 绩效目标的确定

为确保绩效管理的高效运行,必须事先制订绩效计划。这包括确立绩效管理的目的、对象,以及设定具体的绩效目标。在绩效目标的指引下,选择关键的绩效考核要素、设定考核的时间节点,以及采用合适的考核方法。

绩效目标应当描述公共部门人力资源在执行职能时的表现、产出及其对社会产生的影响。明确的绩效目标应当包含以下四个要素:执行者的明确性;目标标准的明确性;时限的明确性;保障措施的明确性。

由于绩效目标涉及对未来的预测,可能会受到各种不确定因素的影响,因此,绩效目标应当具备一定的灵活性,能够根据实际情况的变化进行适当的调整和修改,以确保绩效管理过程的适应性和有效性。

（二）沟通阶段

公共部门绩效计划是双向沟通的过程，公共部门管理者与员工必须经过充分的交流，对员工在本次绩效期间内的工作目标和计划达成共识。

绩效计划会议是制订绩效计划过程中进行沟通的重要环节，它为部门和员工提供了一个讨论和协商的平台。在召开绩效计划会议时，应根据部门和员工的具体情况对计划进行调整。

在绩效计划会议中，首先要回顾已收集的各种信息，包括部门的历史绩效数据、员工的个人工作描述和前一个绩效周期的评估结果等。在讨论具体的工作职责之前，公共部门的管理者和员工都应该对部门的目标、发展方向，以及与工作职责相关的信息有清楚的了解。

管理者应当确定明确的岗位责任和工作目标，并与员工进行持续的双向互动交流，以掌握员工的工作状态，并及时提供指导。部门负责人应当对员工的工作质量和效率进行持续追踪评估，并将评估结果反馈给员工。通过与员工进行绩效诊断，共同探讨影响绩效提升的因素，并提出改进计划，从而有效提升员工的绩效表现。

（三）审定确认

1. 管理者和员工双方达成共识

在绩效计划过程结束时，公共部门管理者和员工应回答几个问题，以确认管理者和员工双方是否达成共识。

（1）工作职责的共识：员工在本次绩效周期内的工作职责是什么？

（2）工作目标的共识：员工需要在本绩效周期内实现哪些工作目标？如何评估这些目标的完成情况？员工应在何时完成这些目标？

（3）工作绩效的影响：员工的工作绩效对整个部门或特定部门有何影响？

（4）工作权限和资源：员工在完成工作时有哪些权限？可以获得哪些资源和支持？

（5）工作信息获取：员工如何获取有关他们工作状况的信息？

（6）支持和帮助：员工在实现目标的过程中可能遇到哪些挑战和障碍？管理者将提供哪些支持和帮助？

（7）培训和发展：员工在绩效周期内将接受哪些培训？

2. 绩效计划结束时应达到的结果

（1）员工的工作目标与部门的总体目标紧密相连，并且员工清楚地知道自己的工作目标与部门的整体目标之间的关系。

（2）员工的工作职责和描述已经按照现有的环境进行了修改，可以反映本绩效期内主要的工作内容。

（3）公共部门管理者和员工对员工的主要工作任务，各项工作任务的重要程度，完成任务的标准，员工在完成任务过程中享有的权限都已达成共识。

（4）管理者和员工都十分清楚在完成工作目标的过程中可能遇到的困难和障碍，并且明确管理者所能提供的支持和帮助。

三、公共部门绩效监控

（一）公共部门绩效监控的内涵

公共部门绩效监控是指在整个绩效周期内，公共部门管理者采取恰当的领导风格，预防或解决绩效周期内可能发生的各种问题，更有力地支持下属实现绩效计划，以及记录工作过程中的关键事件或绩效信息，为绩效评价提供依据的过程。绩效监控是连接绩效计划与绩效评估的关键环节，并且在整个周期中持续进行，是整个绩效管理流程中耗时最长的部分。

（二）公共部门绩效监控的主体

公共部门绩效监控分为两个主要层面：一是针对整个组织或部门的绩效监控，二是针对员工的个人绩效监控。在组织和部门层面，绩效监控的主体可以根据来源分为外部和内部。外部绩效监控的主体包括社会公众、社会组织和媒体等；而内部绩效监控的主体通常是上级管理部门、政府内部的监察机构以及效能建设领导小组等。对于员工的个人绩效监控，主体则主要是组织内部的监察部门、效能办公室等政府绩效监控机构，以及员工直接的上级管理人员。其中，最为直接和有效的公共部门绩效监控主体是上级领导。

（三）公共部门绩效监控的关键点

1. 领导风格的选择和绩效辅导水平

公共部门管理者的领导风格及其绩效辅导水平与员工的工作绩效关系很大。公共部门管理者需要针对不同的员工和权变因素，积极地开展有效的绩效指导，绩效监控过程也是绩效辅导的过程。

2. 绩效沟通的有效性

公共部门管理者与员工之间能否做好绩效沟通，是决定绩效管理能否发挥作用的重要因素。只有在公共部门管理者与员工之间就各种绩效问题进行了沟通、达成了共识的基础上，才可能实现绩效管理的目的。

3. 绩效评价信息的有效性

绩效监控环节是绩效管理周期中持续时间最长的部分，要求在整个过程中持续地、客观地、准确地收集和整理工作绩效数据。这一过程对于正确评估绩效计划执行的状况，以及公正地评价员工的工作表现至关重要。为了确保绩效计划的灵活性和适应性，在具体工作实践中应进行有效的调整、修订、落实和完成，并及时、有效地整理和记录工作信息。

第三节 公共部门人员绩效考核

一、公共部门人员绩效考核概述

（一）公共部门人员绩效考核的内涵

公共部门人员绩效考核就是公共部门根据有关法律法规，按照管理权限，对员工的思想道德、工作成绩、工作能力和工作态度等进行考察和评价，并以此作为对员工进行奖惩、任用、培训、晋级的依据。在公共部门中，考核是一个涉及国家行政机关和国有企事业单位等主体的活动，这些主体依据法律规定的管理权限，遵循特定的原则和绩效测量标准，定期或不定期地对员工的政治素质、业务表现、行为能力和工作成果进行系统的、全面的考察和评价。这些评价结果为公共部门人员的奖惩、职务晋升、工资调整、培训和辞退等决策提供了客观依据。

公共部门绩效考核是公共部门绩效管理中的一个重要环节，是考核主体对照工作目标和绩效标准，采用科学的考核方式，评定员工的工作任务完成情况、员工的工作职责履行程度和员工的发展情况，并且将评定结果反馈给员工的过程。常见绩效考核方法包括平衡计分卡、关键绩效指标及360度考核等。绩效考核是一项系统工程，是绩效管理过程中的一种手段。公共部门绩效考核系统示意如图6-2所示。

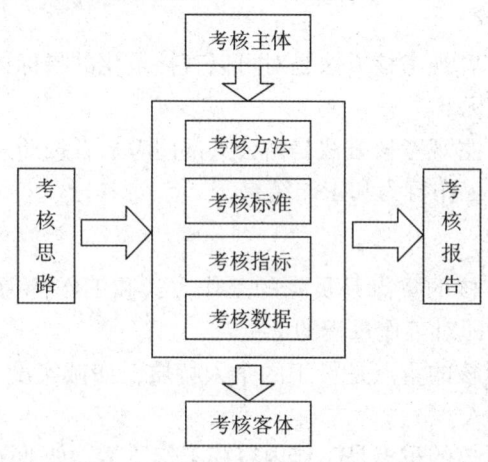

图6-2　公共部门绩效考核系统示意

> **专栏 6-2**
>
> **公共部门的自我评估和专门机构评估**
>
> 评估方式是指评估主体所采取的绩效评估形式、手段和方法。评估主体的多样性决定了评估方式也是多样的。
>
> 公共部门的自我评估是指公共部门对公共管理活动及其所提供的公共产品和公共服务的量与质进行自我测定的方式。公共部门自我评估的主要内容是部门内部的自身管理和部门对公共事务的管理。
>
> 专门评估机构是由政府依据法律和组织原则，通过法定程序设立的绩效评估机构，或者是由各类社会组织、教育科研机构根据章程申请成立的社会性绩效评估中介机构。这些机构依据效率、公平、管理能力、服务质量、公共责任和公众满意度等标准，对政府部门在管理活动和公共服务提供过程中的表现进行综合评定，包括输入、输出、中期成果和最终成果。专门评估机构分为政府类和社会性两类，它们都致力于为政府性能的提升提供独立的评价和意见。

（二）公共部门绩效考核的分类

1. 根据时间不同划分

（1）日常考评。日常考评指对被考评者的出勤情况、业绩和质量实绩、平时的工作行为所做的经常性考评。

（2）定期考评。定期考评指按照一定的固定周期所进行的考评，如年度考评、季度考评等。

2. 根据形式不同划分

（1）定性考评。其结果表现为对某人员工作评价的文字描述，或以优、良、中、及格、差等形式表示对员工的评价。

（2）定量考评。其结果以分值或系数等数量形式表示。

3. 根据意识不同划分

（1）客观考核方法。客观考核方法是对可以直接量化的指标体系所进行的考核，如部门业绩指标和个人工作指标。

（2）主观考核方法。主观考核方法是由公共部门考核者按照一定的考核指标体系对被考核者进行主观评价，如工作行为和工作结果。

4. 根据内容不同划分

（1）行为导向型。考核的重点是员工的工作方式和工作行为，如接待员的微笑和态度，待人接物的方法等，即对工作过程的考量。

（2）特征导向型。考核的重点是员工的个人特质，如诚实度、合作性、沟通能力等，即考量员工是一个怎样的人。

（3）结果导向型。考核的重点是工作内容和工作质量，如业务的熟练情况和质量、劳动效率等，侧重点是员工的工作业绩和能力。

（三）公共部门人员绩效考核的目标

公共部门绩效考核有两个基本目标：一类是维持和发展组织，以实现公共部门战略目标为目标；另一类是对员工个人进行管理，以实现人力资源管理为目标。

1. 实现公共部门战略目标

基于战略管理和目标管理的理念，以实现公共部门战略目标为目标的绩效考核，是组织提升自身的生产力和价值，从而提高组织竞争力的重要工具。对组织中员工的绩效进行考核，能改进和提高整个组织的绩效，使组织获得竞争优势，确保公共部门将短期目标和长期目标相联系。

在组织战略发展框架内，员工绩效考核的核心在于事务的完成情况，即工作目标的实现程度，它强调的是绩效的持续改进。这种考核方式要求在考核前就对未来工作的期望和成果进行详细的规划，确保目标既具有挑战性又能够促进个人和组织的进步。在考核过程中，主管与员工需要就考核指标或标准进行充分的沟通，并定期讨论目标进展情况，从而确保考核结果能够得到双方的认同。

2. 实现人力资源管理目标

以实现人力资源管理为目标的绩效考核是评价员工在工作上的表现以及工作进度，将绩效考核用于人力资源开发，通过考核来发掘员工未来的升迁潜力，并据此做好员工的个人职业生涯规划。绩效考核可以为上级提供衡量员工优缺点的途径，为员工提供定期与上级就绩效进行沟通的机会，提供薪资或绩效奖金调整的资料，提供赏罚的依据，提供晋升或降级的依据，可为组织发掘及培育人才，协助员工进行职业生涯规划。

通过绩效考核实现人力资源管理，概括起来就是发挥绩效考核激励、监督和评价三方面的功能。

一是绩效考核的激励功能。通过评估员工的业绩并给予相应的认可，绩效考核为组织提供了奖励和惩戒的依据。这种认可不仅能够增强员工的工作满意度，还能激发他们的成就感和工作热情。

二是绩效考核的监督功能。绩效考核为员工的晋升、降职或淘汰提供了重要的参考标准。通过绩效考核，组织能够评估员工在当前职位上的表现及其潜在的发展能力。

三是绩效考核的评价功能。绩效考核有助于员工的职业发展和培训。通过识别员工的强项和弱点，绩效考核为培训活动提供了依据，使组织能够制订有效的培训计划和措施，并评估这些计划和措施的成效。

专栏 6-3

关于开展科技人才评价改革试点的工作方案

....

二、试点任务

坚持德才兼备，把品德作为科技人才评价的首要内容，在加强对科技人才科学精神、学术道德等评价的基础上，按照承担国家重大攻关任务的人才评价以及基础研究类、应用研究和技术开发类、社会公益研究类的人才评价，从构建符合科研活动特点的评价指标、创新评价方式、完善用人单位内部制度建设等方面提出试点任务，推动人才评价体系更加完善，形成可操作可复制可推广的有效做法。

（一）承担国家重大攻关任务的人才评价

1. 突出支撑国家重大战略需求导向，建立体现支撑国家安全、突破关键核心技术、解决经济社会发展重大问题的实际贡献和创新价值的评价指标，重点评价国家重大科研任务完成情况。

2. 完善科研任务用户导向的评价方式，充分听取任务委托方、成果采用方意见。注重个人评价与团队评价相结合。

3. 对承担"卡脖子"国家重大攻关任务、国家重大科技基础设施建设任务等并作出重要贡献的科研人员，在岗位聘用、职称评审、绩效考核等方面，加大倾斜支持力度。

（二）基础研究类人才评价

1. 实行以原创成果和高质量论文为标志的代表作评价，建立体现重大原创性贡献、国家战略需求以及学科特点、学术影响力和研究能力等的人才评价指标。破除"唯论文"数量倾向，不把论文数量、影响因子高低等相关指标作为量化考核评价指标，鼓励科研人员把更多高质量论文发表在国内科技期刊上。

2. 按照学科特点和任务性质，科学确定评价周期，着力探索低频次、长周期的考核机制。

3. 探索建立同行评价的责任机制，在专家选用、管理和信用记录等方面建立相关制度，规范同行评价的方式和程序、评价意见反馈等行为。探索引入学术团体等第三方评价、国际同行评价等。

4. 建立完善体现基础研究人才评价特点的岗位聘用、职称评审、绩效考核等相关制度，加大对重大科学发现和取得原创性突破的基础研究人员的倾斜支持。

5. 探索由一线科学家举荐优秀青年科技人才担任重要科研岗位、承担"从0到1"基础研究任务的机制。

（三）应用研究和技术开发类人才评价

1. 以技术突破和产业贡献为导向，重点评价技术标准、技术解决方案、高质量专利、成果转化产业化、产学研深度融合成效等代表性成果，建立体现产学研和团队合作、技术创新与集成能力、成果的市场价值和应用实效、对经济社会发展贡献的评价指标。不得以是否发表论文、取得专利多少和申请国家项目经费数量为主要评价指标。

2. 探索构建专家重点评价技术水平、市场评价产业价值相结合，市场、用户、第三方深度参与的评价方式。

3. 对承担国家科研任务特别是急难险重科研攻关任务、国家重大科技基础设施建设任务等并作出贡献的科研人员，在绩效考核权重方面予以倾斜，引导优秀科研人员投身国家科技任务。

4. 探索设立科技成果转化岗，重点评价科技成果转化成效，建立高水平、专业化的成果转化人才队伍。

（四）社会公益研究类人才评价

1. 突出行业特色和岗位特点，重点评价服务公共管理、应对突发事件、保障民生和社会安全等共性关键技术开发、服务的能力与效果，探索建立体现成果应用效益、科技服务满意度和社会效益的评价指标，引导科研人员把论文写在祖国大地上。突出长期在艰苦边远地区、高危岗位、基层一线和从事科研基础性工作科研人员的贡献。不得设立硬性经济效益的评价指标。

2. 完善社会化评价方式，充分听取行业用户和服务对象的意见，注重政府和社会评价。依据不同科研和服务活动类型确定合理评价周期。

3. 对承担和支撑国家科研任务并作出贡献，成果应用实效显著的科研人员，在岗位聘用、职称评审、绩效考核等方面予以倾斜，引导优秀科研人员投身国家公益事业。

（五）地方科技人才评价改革综合试点任务

试点地方政府要围绕本地区科技创新任务和人才队伍建设，以"破四唯""立新标"为突破口，组织并指导本地区优势科研单位、新型研发机构深化科技人才分类评价改革，大胆创新人才发现、培养、使用、激励机制，发挥政策集成效应，推动人才、项目、基地、资金一体化配置，有效激发科技人才活力，探索形成可推广可复制的地区经验。

（四）公共部门人员绩效考核的误区

1. 认为"一考就灵"

公共部门绩效考核只是众多管理工具中的一种或管理工作的一部分，只有系统地做好经营和管理工作（战略、模式、组织、人职匹配、制度、流程等），才能让绩效考核的作用发挥出来。

2. 重短期，轻长期

公共部门绩效考核的另一个误区是只重短期，不重长期。若没有正确的引导，员工可能会为了短期效益而牺牲部门的长期效益，要把员工的长远发展和部门的长远发展结合起来。

3. 考核体系设计复杂

过于复杂的考核指标和考核体系，会让公共部门管理者和被管理者为了得综合高分而失去工作重点。

4. 用考核代替管理

公共部门绩效考核是公共部门绩效管理的一个重要环节，绩效考核的重点不在考核，而是利用考核进行管理。管理者可以和员工明确其任务和目标，通过绩效考核及时发现员工在目标实现过程中的偏失，以便及时对员工给予必要的支持、帮助和管理。

5. 过于追求形式主义

绩效考核体系不专业体现在指标体系和目标设计的不合理上。例如，指标和目标经常被随意改变；指标分配不当，一个人无法对他自己的目标负责；追求形式主义，不把时间花在实质目标和指标的讨论上，而是做很多似是而非的表格、权重计算等。

6. 激励个人主义

公共部门绩效考核体系本质上是一个激励机制，即把一个人的部分所得和他的业绩挂钩。由于绩效要细分到个人，很多组织绩效体系的根本是激励个人业绩，而不是激励团队和整个部门，可能产生错误的导向。

7. 考核频率太高或太低

考核频率过高，无法及时发现考核对象的问题并进行指导。考核频率过低，考核对象的工作无法和其工作成果对应。通常业务人员的考核频率应该比较高（月考核或季度考核），支持人员的考核频率应该较低（季度考核或半年考核）。

二、公共部门人员绩效考核的主体和内容

（一）公共部门人员绩效考核的主体

公共部门绩效考核主体是对公共部门人员绩效进行价值判断的组织、部门和个体。选择合适的绩效考核主体对于确保公共部门绩效考核的准确性和有效性至关重要。由于公共部门绩效的复杂性和广泛性，采用多元化的绩效考核主体成为确保考核过程准确、客观和公平的必要条件。合格的公共部门绩效考核者应当对被考核者的职位性质、工作内容、职责和要求以及绩效考核的标准有深入的了解，并能够熟悉被考核者的工作表现，最好能够

有机会近距离观察他们的工作。在选择绩效考核主体时，一些部门采用360度全方位考核方法，考核者包括被考核者的上级、同级、下属、被考核者本人以及外部专家。对于员工个人的绩效评价，内部评价主体通常分为上级领导、下属员工、同级同事、服务对象和员工本人，而外部评价主体包括外部专家、国家权力机关、大众媒体、社会组织和公众。

1. 上级领导考核

上级领导考核的优点是对工作性质、员工的工作表现比较熟悉，考核可与加薪、奖惩相结合，有机会与下属更好地沟通，了解其想法，发现其潜力。但上级领导考核也存在一定的缺点，由于上级领导掌握着切实的奖惩权，考核时下属往往心理负担较重，不能保证考核的公正客观，可能会挫伤下属的积极性。

2. 同级同事考核

同事对被考核者的工作有深入的了解和熟悉的观察角度。他们往往能够捕捉到上级可能忽视的一些细节和特定情况，因此他们的评价可以提供宝贵的补充信息。同级同事考核的优点在于能够获得全面而真实的考核信息。由于彼此熟悉，评估结果可能会更加贴近被考核者的实际工作表现。在项目小组或团队环境中，同级之间的评估尤为重要，因为它有助于揭示潜在问题，激励团队成员改进工作，并促进团队的整体发展。

然而，同级同事考核也存在潜在的偏见。由于同事之间可能存在个人关系，这种关系可能会影响评估的客观性，导致评价结果过于宽松，从而降低绩效评估结果的可靠性。特别是在涉及薪酬调整、晋升等激励措施时，个人利益可能会导致评估结果的不公平性。因此，在使用同事作为绩效评估主体时，需要确保评价过程的透明度和公正性，以减少潜在的偏见和冲突。

3. 下级下属考核

下属对上级的绩效评估可以从不同的视角提供宝贵的意见，有助于上级领导了解自己在下属眼中的形象和领导风格。这种考核方式不仅有助于上级领导发展和改进自己的管理技能，而且可以通过权力平衡机制对上级领导形成有效的监督和制约。

然而，下属对上级的评估可能存在片面性和不客观性。下属可能会因为害怕报复或想要讨好上级而给出不真实的评价。在这种情况下，下属的评估可能无法准确反映上级的领导能力和工作表现，进而影响绩效评估的公正性和有效性。

为了提高下属评估的准确性和可信度，组织可以采取一些措施。例如，实施匿名评估制度，以保护考核者的身份，减少评估过程中的顾虑和压力。此外，组织应该鼓励上下级之间建立良好的沟通和信任关系，这样下属才能更加坦诚地提供意见，而上级也能更加开放地接受和利用这些意见来改进自己的工作方式。

4. 本人自我考核

自我考核是指被考核者对自己的工作表现进行评价。这种方法可以有效地减少被考核者在绩效考核过程中的抵触情绪，提高他们的参与度，从而促进绩效评估工作的顺利进行，并对他们的职业发展产生积极影响。自我考核有助于被考核者认识到自己的优势和不足，进而推动他们主动改进工作方式，提高工作效率。

然而，被考核者往往倾向于对自己的工作绩效给予过高的评价。这种自我美化的倾向

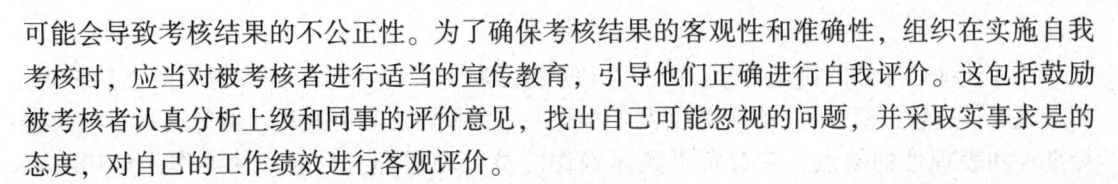

可能会导致考核结果的不公正性。为了确保考核结果的客观性和准确性，组织在实施自我考核时，应当对被考核者进行适当的宣传教育，引导他们正确进行自我评价。这包括鼓励被考核者认真分析上级和同事的评价意见，找出自己可能忽视的问题，并采取实事求是的态度，对自己的工作绩效进行客观评价。

5. 外部专家考核

外部专家考核的优点是外部专家有绩效考核方面的技术和经验，与被考核者没有关系，能做到公正客观。缺点是外部专家可能对部门的政务不熟悉，因此，必须有内部人员协助。此外，聘请外部专家的成本较高。

6. 社会公众考核

"以公众为导向"已成为公共部门改革的重心，公众理应成为公共部门人员绩效考核的一种有效考核信息源。虽然公众不可能完全了解被考核者的工作标准与要求，但却能真实、详细地觉察和评估其工作态度和服务质量，从服务的角度进行客观的评价。社会公众考核的信息一般可通过与公众进行电话交谈或通过正式访谈、问卷调查获取。

(二) 公共部门人员绩效考核的内容

绩效考核的内容主要分为工作能力考核、工作业绩考核、工作态度考核以及潜力考核。

1. 工作能力考核

工作能力是从事本职工作所需具备的基本能力和应用能力，也就是员工对于完成其职责范围内的工作所能使用方法的多寡以及好坏。工作能力包括体能、知识、智能、技能等。

(1) 体能。体能取决于年龄、性别和健康状况等因素。现代社会快节奏的工作环境，往往要求员工的精神高度集中，反应敏捷，判断准确，同时还要求员工有比较强的耐力。

(2) 知识。知识包括学历、专业知识水平、工作经验等。

(3) 智能。智能包括记忆、逻辑分析、综合、判断、创新等能力。

(4) 技能。技能包括操作、表达、组织等能力。

2. 工作业绩考核

工作业绩是员工职务行为的直接结果。考核内容以工作效果为主，重点在结果，而不是行为。这个考核过程不仅要说明各级员工的工作完成情况，更重要的是通过这些考核指导员工有计划地改进工作，以达到组织发展的要求。

(1) 责任。责任指职位或部门应承担的为部门或组织目标服务的任务。

(2) 目标。目标是对在一定条件下、一定时间内所达到的结果的描述，也反映出工作的先后顺序。

(3) 指标。指标是衡量任职者工作执行状况的尺度，强调的是产出和结果，而不是投入或努力。

(4) 任务。任务指一项应该完成的工作。

(5) 关键成果领域。关键成果领域是活动的重要领域，这些领域的成就决定或表明成功。

工作业绩是考核的重要部分。因为考核工作业绩只是考核员工职务行为的直接结果，而不是工作过程，所以考核的标准容易制定，并且考核方法容易操作。但是这种考核具有短期性和表现性的缺点，它对负责具体操作的员工较适合，对事务性工作人员却不太适合。

3. 工作态度考核

工作态度主要指纪律性、协作性、积极性、主动性、服从性、执行性、责任性、归属性、敬业精神、团队精神等，是影响工作能力发挥的个性因素。强的工作能力并不一定产生高绩效，个体必须在良好的工作态度下，获得内外部条件的支持，才能取得高绩效。因此，在绩效考核中应该增加对员工工作态度的考核，以鼓励员工充分发挥现有的工作能力，最大限度地创造优异的工作业绩，并通过日常工作态度考核，引导员工提高工作热情。

4. 潜力考核

绩效考核不再只是"追溯过去""评估历史"，它强调员工潜能与绩效的关系，关注员工素质和未来发展。在公共部门，工作的创新性成为考核的一个重要方面。创新本身往往是一个不断试错的过程，这就要求绩效考核不仅仅关注结果，还要关注员工的发展潜力和未来潜力。潜力考核更加强调员工的未来发展潜力，弥补了仅关注过去成绩的不足。通过多种评估手段，潜力考核旨在深入了解员工未被充分挖掘的能力，识别阻碍员工潜能发挥的因素。这样的考核方法有助于激发员工的工作潜力，将其转化为实际的工作能力和成果。

在实施潜力考核时，组织可以通过一系列方法来评估员工的潜力，如心理测评、职业发展对话、能力发展计划等。这些方法不仅有助于识别员工的潜力，还可以为员工的职业规划和发展提供指导，从而帮助组织培养一支更加灵活和有能力应对未来挑战的团队。

三、公共部门人员绩效考核的程序

公共部门人员绩效考核的程序主要包括建立绩效指标体系、确立绩效标准、培训考核主体、收集绩效信息和实施绩效考核等环节。

（一）建立考核指标体系

绩效考核指标是衡量被考核者工作表现的关键标准和参考。为了确保这些指标的有效性和公正性，首先需要对设计的绩效指标进行深入的论证，确保它们基于充分的数据和理论支持。接着，应用绩效指标体系的构建方法，对指标进行详细的分析和调整，以适应不同的工作场景和评估需求。经过这一过程，最终形成一个全面、合理的绩效考核指标体系。绩效考核指标的编制方法一般有以下几种。

1. 工作分析法

通过采用科学的方法收集工作信息，并通过分析与综合所搜集的工作信息找出主要工作因素。制定绩效考核指标体系所进行的工作分析中，最为重要的是分析从事某一职位工作的公职人员需要具备哪些能力和条件，履行职责与完成工作任务应以什么指标来评估，并提出这些能力和条件与评估指标中哪些更为重要、哪些相对不那么重要。

2. 专题访谈法

专题访谈法是研究者通过与部门主管、人力资源部门管理人员、某职务人员等进行广泛交谈，用口头沟通的方式直接获取有关信息的研究方法。

3. 多元分析法

在广泛的分析调查和收集资料的基础上，采用因素分析和聚类分析等方法，从较多数量的初选指标中，找出关键性的指标以及各种岗位人员绩效情况的基本结构，将此作为绩效考核的指标。

4. 问卷调查法

设计者将所要调查的内容设计在一张调查表上，写好填表说明和要求，以问卷的方式分发给有关人员填写，收集和征求不同人员的意见。

专栏 6-4

公共部门绩效指标考虑的几个方面

（1）行政业绩。公共部门人员履行职能与职责所产生的结果及其社会影响。具体表现为完成工作的数量指标、质量指标、行政效率指标以及成本费用指标。

（2）行政能力。公共部门人员履职尽责的技能和能力，以及使用的方法和手段。包括进行信息沟通与交流的机制，管理自由裁量权的使用与限制，吸收公众参与管理和决策的过程，对公众需求的回应力，与社会进行物质与能量交换的过程等方面。

（3）工作态度。工作态度包括公共部门人员进行本职工作及公共管理活动的态度和行政理念，对公众提出的要求和抱怨是否及时予以回答、解释、处理与解决，处理与解决的程度等方面。

绩效指标的设计依据包括岗位职能、公共部门的服务承诺、管理绩效、公众的满意度等方面，按照综合性、全面性、可操作性、独立性和差距性等原则来设计。绩效指标体系设计流程如图6-3所示。

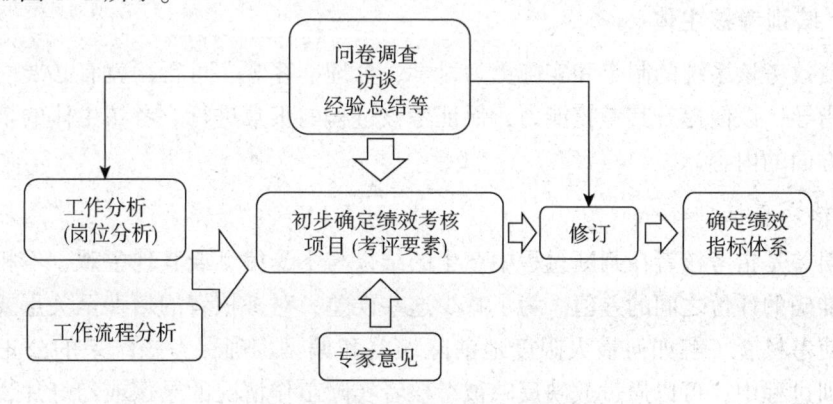

图 6-3 绩效指标体系设计流程

（二）确立绩效标准

绩效标准是绩效考核中不可或缺的一部分，它指明了员工在各个绩效指标上应达到的具体水平，解决了在工作中应该如何表现和完成任务的问题。绩效标准的作用在于将绩效划分为不同的等级，为绩效管理提供了量化的评价依据。绩效管理的核心在于将绩效目标与实际成果进行比较，并将结果分为不同的绩效等级。

有效的绩效标准能够激发员工的工作积极性，调整其工作动机，有助于提升员工的政治和业务素质，从而提高公共部门的整体工作效率。一套有效的绩效标准应具备以下特征。

1. 以工作为导向

绩效标准应当基于工作内容而非个人特征来设定，以全面反映员工的工作表现。不同岗位和级别的员工，由于工作内容、职责和要求的差异，其绩效标准应当有所不同。

2. 具体且易于实施

绩效标准应当明确、具体，对于工作的数量、质量、态度和成果等指标应尽可能具体化和量化。对于难以量化或具体化的部分，应明确任务完成流程和期限。

3. 员工参与制定

最大限度地让被考核者积极参与制定绩效标准过程，充分发挥其主观能动性，以获取其最大的支持和理解。

4. 灵活性

绩效标准不应过于固定，应定期（如每年）根据组织的战略、工作任务和外部环境等因素进行审查和调整。当影响员工工作的因素发生变化时，绩效标准也应相应调整。

5. 与员工实际能力相匹配

绩效标准不应定得过高或过低，以多数公职人员都能达到的水平为评估的合格分较为恰当，而评估中的优秀分则应是通过一定的努力才可以达到的，从而对公职人员产生激励作用。

（三）培训考核主体

要使绩效考核系统的制定和实施更为科学、合理、客观、可行，就有必要对考核者进行培训和指导，以便提升其考核能力，保证考核过程的正常进行。考核主体的培训一般包括以下五方面的内容。

1. 考核误差培训

考核误差是指考核者在判断过程中产生的结果与不受偏见或其他主观、不相关因素影响的客观准确的评价之间的差值。为了减少这些误差，对考核者的培训至关重要。培训的目的在于使考核者了解如何最大限度地消除误差和偏见，确保考核结果的公正性和准确性。在培训过程中，可以通过放映反映被考核者实际工作情况的录像或幻灯片，让考核者进行考核。随后，将每位考核者的考核结果展示出来，并详细解释绩效考核中可能出现的各种误差，如趋中倾向、晕轮效应等。这种培训方式有助于考核者更深入地理解各种考核误区,并有效避免这些问题的发生。

2. 收集绩效信息方法培训

为了使考核结果具有说服力,并为绩效反馈提供充足的信息,考核者在考核期间需要收集与公务员绩效表现相关的各种信息。这方面培训的形式既可以是讲座,也可以通过生动的录像来进行现场的演示或练习。由于不同岗位的工作性质不同,获取绩效信息的渠道也会有所不同。因此,培训者应根据不同情况有针对性地进行培训。

3. 绩效考核指标培训

对考核主体进行绩效考核指标的培训,主要是为了使其熟悉在考核过程中使用的各个绩效指标,了解其真正含义。只有在考核主体正确理解各个绩效维度,才能保证绩效考核有效地进行。

4. 考核方法培训

绩效考核方法众多,每种方法都有其独特的优点和局限性,具体选用哪种考核方法,应当根据考核目的和考核对象来确定。通过有针对性的培训,考核者可以充分掌握各种不同的考核方法,发挥其优势,并使考核主体对考核方法产生认同和信任感。

5. 绩效反馈培训

绩效反馈关系到绩效管理能否达到预期的目标。通过对绩效反馈培训,考核者应该能有效掌握绩效反馈面谈中的各种技巧。

(四)收集绩效信息

在准备考核资料时,需要全面搜集和整理与被考核者相关的各种信息和资料。这些信息和资料涵盖公共部门的服务承诺、工作计划与方案、工作报表、回复公众咨询或投诉的信件和电话记录、解决实际问题的数量、实现的服务成果和社会效果、会议记录、资源投入与消耗、成果鉴定结果、管理方法的改进与调整等多个方面。

及时、准确、全面地收集绩效信息对于有效开展绩效考核至关重要。绩效信息的收集不仅为绩效考核和绩效改进提供了可靠的依据,还能帮助发现绩效问题及其成因,甚至在出现争议时为组织的决策提供支持。然而,由于收集信息需要投入大量的人力、物力和财力,并非所有的信息都需要收集,也不是信息收集得越多越好,因此,信息收集应当具有选择性,重点应放在与绩效核心相关的信息上,以确保绩效考核的效率和有效性。

1. 收集绩效信息的内容

绩效信息主要包括以下内容。

(1)工作目标或任务完成情况的信息。

(2)来自公众的积极的和消极的信息。

(3)工作绩效突出的行为表现。

(4)绩效有问题的行为表现。

2. 收集绩效信息的方法

绩效信息一般可以通过以下三种方法来收集。

(1)观察法。主管直接观察公职人员在工作中的表现,并对公职人员的表现进行记录。

(2)工作记录法。通过工作记录的方式将公职人员的工作表现和工作结果记录下来。

(3) 他人反馈法。主管人员通过其他公职人员的汇报、反映来了解某些公职人员的工作绩效情况。

> **专栏 6-5**
>
> **公共部门绩效考核需要注意的几个方面**
>
> 公共部门绩效考核需要注意如下几个方面。
> (1) 详细的岗位职责描述及对职工业务的合理培训。
> (2) 尽量将工作量化。
> (3) 人员岗位的合理安排。
> (4) 考核内容的分类。
> (5) 部门文化的建立。
> (6) 明确工作目标。
> (7) 明确工作职责。
> (8) 从工作的态度（主动性、合作、团队、敬业等）、工作成果、工作效率等方面进行评价。
> (9) 给每项内容细化出一些具体的档次，每个档次对应一个分数，每个档次要给予文字的描述以统一标准。
> (10) 给员工申诉的机会。

（五）实施绩效考核

绩效考核的结果常常与员工的各种物质和非物质利益紧密相关，如薪酬、晋升、奖励等。如果绩效考核执行不当，可能会引发利益冲突、内部矛盾，甚至降低公共部门的工作效率。因此，如何正确实施绩效考核，避免绩效考核流于形式，充分发挥其正面影响，成为不容忽视的问题。

在绩效考核的实际操作中，各种人为因素不可避免地存在，这可能会对考核的公正性和客观性造成一定的影响。因此，管理层必须采取措施，尽可能地减少绩效考核过程中可能出现的偏差和错误。

1. 绩效考核中常见的人为误差

（1）标准理解误差。公职人员的绩效考核应基于统一的标准，但不同主管对"优""良""中""及格""差"等评价等级的理解可能存在差异。对于某项相同的工作，甲主管可能会选"良"，乙主管可能仅选"及格"，从而导致考核结果出现不公平。

（2）晕轮效应。在绩效评估时，考核者可能会过分关注绩效的某一方面，甚至是与工作绩效无关的方面，从而影响整体评估的准确性。这种效应可能导致员工被过高或过低地评价。

（3）首因效应。考核者的第一印象可能会影响其后续评价，导致评价偏离被考核者的真实情况。如果考核者对被考核者的第一印象不佳或良好，可能会在后续的评估中产生偏见。

（4）定式效应。考核者可能会根据过去的经验和习惯性思维对被考核者进行评价，这可能导致错误的评价。例如，考核者可能会基于学科背景对员工的沟通能力进行假设，从而影响评价的准确性。

(5) 近因效应。考核者可能会因为对近期事件记忆犹新而忽视远期表现，导致对被考核者的新近表现给予过高的权重。这种偏差可能会忽视员工在整个考核周期的整体表现。

(6) 从众心理。在绩效考核中，从众心理可能导致考核者随大流，而不是根据被考核者的实际表现给出评价。这种心理可能会使个人评价受到群体意见的影响。

(7) 趋中倾向。考核者可能由于对被考核者不了解或出于不愿引起冲突的心理，倾向于给所有被考核者给予中等水平的评价，这会导致绩效考核失去区分度，无法准确反映员工的真实表现。

为了减少这些误差，管理层应采取一系列措施，如提供明确的绩效考核标准，对考核者进行培训以提高评估的准确性，鼓励员工参与反馈，以及建立一个透明的绩效反馈机制。这些措施可以提高绩效考核的公正性和有效性，确保考核结果真实反映员工的工作表现。

2. 避免误差的措施

(1) 建立明确的绩效考核标准和流程，确保所有员工都清楚期望目标和评估方法。

(2) 对考核者进行培训，提高其对绩效考核标准的理解和应用能力，避免考核误差。

(3) 实施多维度和多角度的考核，以综合考虑员工的工作表现和贡献。

(4) 鼓励员工参与绩效考核过程，提供反馈和建议，增强考核的透明度和公正性。

(5) 定期审查和更新绩效考核体系，确保其与组织目标和战略保持一致。

(6) 对于考核结果，应有一个清晰的反馈机制，使员工能够了解自己的表现，并有机会进行改进。

这些措施可以提高绩效考核的有效性，确保其公正、客观，并促进组织内部的和谐与效率。

> **专栏 6-6**

绩效考核不能沦为任性管理的工具

绩效考核是一把双刃剑。用得好，有助于充分挖掘职工潜能，为识别优秀人才、组织培训等提供依据，助力用人单位实现发展目标；用不好，则可能给职工带来压力和负面情绪，导致降低工作效率，影响职工队伍的稳定性，不利于对经营发展。

绩效评分"看领导喜好""拼关系"；随意扩大考核对象范围，"不该考的被考"；任意设置考核标准，"重量不重质"；以绩效不达标为由，随意降薪、调岗甚至末位淘汰……

为了激发职工干事创业的潜能，越来越多的用人单位采用绩效考核进行人力资源管理，通过设定工作目标、考核标准、奖罚机制，评定职工的工作任务完成情况及个人发展情况，推动实现用人单位发展与职工成长成才的双向奔赴。

绩效考核的初衷和目的是通过科学、客观、公正的考评体系激励职工，提高其工作表现和职业能力，进而为用人单位创造更多效益。然而，近年来一些用人单位把"好经"念歪，出现考核制度制定随意、工作目标设定不合理、考核对象错位、绩效评分过于主观、考评结果任性处理等现象。

（资料来源：《工人日报》）

四、公共部门人员绩效考核的方法

(一) 平衡计分卡

1. 平衡计分卡概述

1990年,哈佛大学会计学教授罗伯特·卡普兰和波士顿公司的管理咨询师戴维·诺顿两人共同对12家公司进行了一项研究,以寻求新的绩效评价方法。这项研究的起因是人们越来越相信绩效评价的财务指标对现代企业组织而言是无效的。卡普兰和诺顿经过多次研究讨论,开发了这种囊括整个组织各方面活动的绩效评价系统,即平衡计分卡(The Balanced Score Card, BSC)。

平衡计分卡由四个维度的指标构成:财务维度、顾客维度、内部业务流程维度,学习和成长维度。

(1) 财务维度。由营业收入成长与组合、成本下降与生产力提高、资产利用投资策略等指标构成。

(2) 顾客维度。由市场占有率、顾客延续率、顾客争取率、顾客满意度及顾客获利率等指标构成。

(3) 企业内部流程维度。可以分解为创新、营运、售后服务三大流程。企业通过界定一个完整的内部流程以发展新的解决方案,满足顾客与股东的需求。

(4) 学习与成长维度。包括企业通过增强员工潜力、信息处理能力、明确权责和目标来提升员工满意度、员工留职率及员工生产力。

平衡计分卡的框架如图6-4所示。

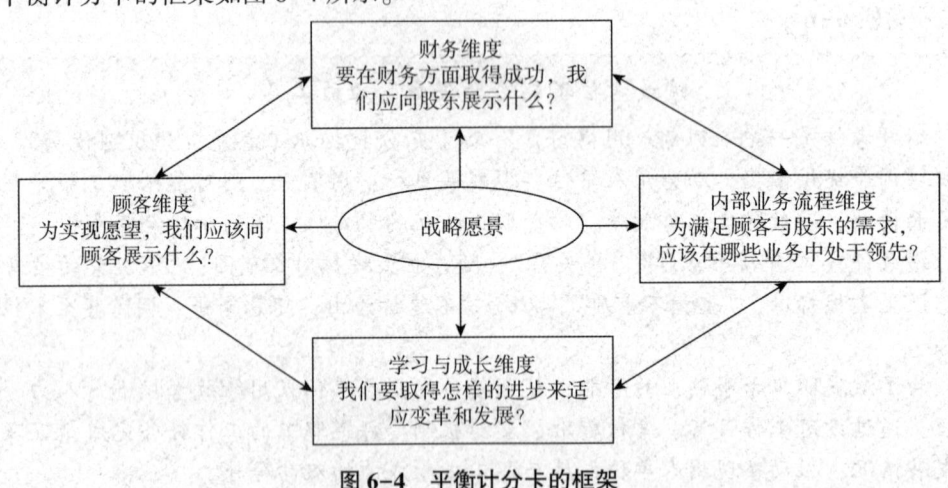

图6-4 平衡计分卡的框架

平衡计分卡由于具有强有力的理论基础和便于操作的特点,一经提出,便迅速被美国等发达国家的企业所采用。虽然平衡计分卡最初的焦点和运用是改善私营企业的管理,但是平衡计分卡在改善公共部门绩效上也能取得很好的效果。

2. 平衡计分卡的特点

平衡计分卡的特点是指标之间的平衡。

(1) 财务指标与非财务指标的平衡。财务指标如营业收入、利润等,非财务指标如客户保持率、雇员满意度等。

（2）长期指标与短期指标的平衡。长期发展指标如客户满意度、雇员满意度、雇员培训次数等，短期增长指标如成本、利润等。

（3）外部群体与内部群体的平衡。外部群体包括股东、客户等，内部群体包括内部业务流程、员工的学习与成长等。

（4）客观指标与主观判断指标的平衡。客观指标如财务与内部层面的收入、利润等，主观判断指标如客户与人力资源的满意度、准备度等。

（5）前置指标与滞后指标的平衡。财务和顾客维度描述了组织预期达成的绩效结果，为滞后指标；内部业务流程和学习与成长维度描述了组织达成战略的驱动因素，为前置指标。依据动态管理的原则，对工作过程或阶段性成果进行衡量的指标为前置指标；对工作的最终结果进行衡量的指标为滞后指标。

3. 公共部门平衡计分卡的特点

（1）公共部门的平衡计分卡以维护社会稳定、实现社会公正、提供公共服务为最高宗旨和改善绩效的最终目的。

（2）公共部门平衡计分卡实施的核心是战略，应围绕绩效管理和公共部门管理的战略实施平衡计分卡。

（3）公共部门平衡计分卡提升了顾客维度，充分体现了公共部门服务行政的特点，为公共部门绩效管理效率、服务理念的推广奠定了基础。

（4）财务维度居于弱势。公共部门产出的多是社会性产品，很难计量成本和收益，也就无法用财务维度来衡量其管理的有效性。

（5）公共部门绩效评估的有效进行高度依赖于公务员的技能、奉献精神、合作态度和服务观念。

4. 公共部门平衡计分卡的实施步骤

（1）计划阶段。

在计划阶段，公共部门应：为运用平衡计分卡寻找理由；确定资源的需求与可用性；决定从何处着手构建第一个平衡计分卡；赢得高层领导的支持和保证；组建平衡计分卡团队；为团队成员和其他关键利益相关者提供培训；为平衡计分卡的实施制订沟通计划。

（2）准备阶段。

在准备阶段，公共部门应：确定组织使命、价值观、远景与战略；在绩效管理框架中明确平衡计分卡的角色；选择平衡计分卡的维度；讨论相关的背景材料；召开高层会谈；创建战略地图。

（3）实施阶段。

在实施阶段，公共部门应：收集反馈信息；设计绩效评价指标；制订未来实施计划。

（二）图尺度考核法

图尺度考核法（Graphic Rating Scale，GRS）一般采用图尺度表填写打分的形式进行。它列举出一些组织所期望的绩效构成要素（质量、数量或个人特征等），还列举出跨越范围很宽的工作绩效登记（从"不令人满意"到"非常优异"）。在评价时，首先针对每个员工对每个要素打分，然后将所有分值相加，得到最终的评价结果。许多组织并不仅仅停留在一般性的工作绩效因素上，还将工作职责进一步分解，形成更详细和有针对性的工作绩效评价表。

（三）交替排序法

交替排序法（Alternative Ranking Method，ARM）是一种较为常用的排序考核法。其操作方法是分别挑选和排列出"最好的"与"最差的"，然后挑选出"第二好的"与"第二差的"，这样依次进行，直到将所有的被考核人员排完为止，从而将绩效排序作为绩效考核的结果。交替排序法在操作时也可以使用绩效排序表。

（四）配对比较法

配对比较法（Paired Comparison Method，PCM）是一种更为细致的通过排序来考核绩效水平的方法，它的特点是每一个考核要素都要进行人员间的两两比较和排序，使得在每一个考核要素下，每一个人都和其他人进行了比较，所有被考核者在每一个要素下都获得了充分的排序。

（五）强制分布法

强制分布法（Forced Distribution Method，FDM）是在考核进行之前就设定好绩效水平的分布比例，然后将员工的考核结果安排到分布结构里去。图尺度评价法可能将每个员工的评分都打得很高，不能体现差异性，使用强制分布法是为了在员工中形成更大的绩效差别，挖掘出特别优秀的人。

（六）关键事件法

1. 关键事件法的内涵

关键事件法（Critical Incident Method，CIM）是一种通过员工的关键行为和行为结果来对其绩效水平进行绩效考核的方法，一般由主管人员将其下属员工在工作中表现出来的非常优秀的行为事件或者非常糟糕的行为事件记录下来，然后在考核时点上（每季度或每半年）与该员工进行一次面谈，根据记录共同讨论来对其绩效水平进行考核。

2. 关键事件法的优点

（1）为绩效评估提供了一些确切的事实证据。

（2）确保绩效考察是针对员工整个年度的，而不是某个时期的。

（3）从整个发展趋势上和员工分析绩效变化的状况，有助于员工明确目标，更好地完成工作。

（七）行为锚定等级考核法

1. 行为锚定等级考核法的内涵

行为锚定等级考核法（Behaviorally Anchored Rating Scale，BARS）是一种将同一职务工作可能发生的各种典型行为进行评分度量，建立一个锚定评分表，以此为依据，对员工在工作中的实际行为进行测评记分的考评办法。行为锚定等级考核法实质上是把关键事件法与评级量表法结合起来，兼具两者之长。行为锚定等级考核法是对关键事件法的进一步拓展和应用，将关键事件和等级评价有效地结合在一起，通过行为等级评价表发现在同一个绩效维度中存在的一系列行为,每种行为分别表示这一维度中的一种特定绩效水平,可以将绩效水平按等级量化。

2. 行为锚定等级考核法的优点

(1) 对工作绩效的计量更为精确。评价表中涵盖该工作的具体行为表现、职责和义务。

(2) 工作绩效考核标准更为明确。等级尺度上的关键事件使评价者能清楚地理解"非常好"和"比较好"之间的区别。

(3) 具有良好的反馈功能。关键事件可以使考核者更有效地向被考核者进行反馈。

(4) 各种工作绩效考核要素之间有较强的独立性。将所搜集的关键事件分入各个绩效要素中。

(5) 具有较好的评分者信度。

专栏6-7

行为锚定等级考核法运用举例:对海军招募人员的绩效评估

绩效评估步骤如下。

(1) 获取大量海军招募人员工作的关键事件。

(2) 将所有关键事件归纳出若干种评价要素:判断能力;说服能力;观察能力;沟通能力;等等。

(3) 对绩效要素的内容加以明确界定。

(4) 对每个要素中的关键事件进行评定(从特别优秀到特别劣等的,通常有7~9级)。

(5) 建立评价体系。

例:说服能力。

当与一位高年级的高中生交谈时,招募人员会提起出自同一学校的已经加入海军的其他高年级学生的名字来。

如果一位候选人只适合海军的一种工作,那么招募人员将极力向候选人传达这样一种信息,这种工作是极为有意义的。

当一位候选人正在犹豫应当加入哪一军种时,招募人员应当尽力描绘海军在海上的生活以及在港口的意义。

在面谈中,招募人员对一位候选人说:我将尽力将你送入你想要去的学校,但是坦率地说,至少在今后的三个月之内,它还不会开学,因此你为什么不作出第二次选择并且马上就走呢?

虽然候选人一再强调他已经决定参加海军,但是招募人员还坚持向他提供一些小册子和电影资料。

当一位候选人陈述了反对加入海军的意见时,招募人员就终止了谈话,因为他认为此人肯定对加入海军不感兴趣。

（八）目标管理法

目标管理法（Management by Objectives，MBO）是给每个员工都确定若干具体的指标，这些指标是其工作成功开展的关键目标，并将指标的完成情况作为评价员工的依据。

（九）360度考核法

1. 360度考核法的内涵

360度考核法将原本由上到下的评定，转变为全方位360度交叉形式的绩效考核，是指在考核时，通过同事评价、上级评价、下级评价、客户评价以及个人评价来评定被考核者绩效水平的方法。

2. 360度考核法实施步骤

（1）组建360度反馈考核队伍。对于考核者的选择，无论是由被考核人自己选择还是由上级指定，都应该得到被考核者的同意，保证被考核者对结果的认同和接受。

（2）对考核者的训练和指导。对被选拔的考核者进行如何向他人提供反馈，以及关于考核方法的训练和指导。

（3）实施360度反馈评价。在这个阶段需要对具体实测过程加强监控和质量管理。

（4）统计评分数据并报告结果。有专门的360度反馈评价软件用于对统计评分和报告结果的支持。

（5）让被考核者认识到360度反馈评价的目的。可以采用讲座和个别辅导的方法，让被考核者认同考核目的和方法的可靠性。让被考核者体会到，反馈评价结果主要用于为管理者、员工改进工作和未来发展提供咨询建议。

（6）针对反馈问题制订计划。管理部门针对反馈的问题制订行动计划，也可以由咨询公司协助实施。人力资源管理部门应在考核实施中起主导作用，结合多方面的专家，评价效果会更好。

专栏 6-8

山东巨野积极探索综合绩效考核新模式

综合绩效考核是对工作开展的方向指引，也是对工作落实情况的全面检验。随着考核工作的不断实践，2022年以来，山东省菏泽市巨野县积极探索实践综合绩效考核新模式，取得了一定的工作成效。

完善考核体系，充分发挥考核"指挥棒"的作用。2022年以来，巨野县打破常规，提前着手制定考核办法。制定了《镇（街道）自设指标考核办法》和《县重点工作领导小组考核办法》，结合全年目标任务和自身短板弱项，设计考核指标体系，指导各单位推动重点工作开展。省、市考核办法下发后，又结合上级工作要求对相关考核办法进行了充实和完善。同时，制定《县直单位服务高质量发展绩效考核办法》和《驻巨单位融合地方发展考评办法》进一步扩大考评覆盖面，完善考核体系，明确工作重点，增强工作的指导性和针对性。

创新考核机制，充分发挥考核"助推器"的作用。优化考核方式，注重平时考核，将年终考核改进为季度考核与年终考核相结合的方式，积极探索解决由考核结果公布滞后导致的对工作推进激励性不足的问题。每季度对镇街和重点工作领导小组进行考核，通报考核排名，鼓励先进，鞭策后进，让各单位切实感受到考核的紧迫感和压力感。截至2022年8月份，已完成一、二季度考核工作，县直各单位、各镇街争先进、唯旗是夺的意识明显增强。

加强结果运用，充分发挥考核"风向标"的作用。坚持考用结合，把考核结果运用到干部选拔任用、职级晋升、教育培养、管理监督、关爱激励等工作中，作为评价领导班子和领导干部政绩的主要依据，将考核结果直接与干部使用和职级晋升挂钩，详细规定了考核位次对应的职级晋升比例等内容。截至目前，根据考核结果对全县400余名干部进行了职级晋升，切实解决干与不干、干多干少、干好干坏一个样的问题，充分调动和保护好各区域、各层级干部的积极性。

（资料来源：山东灯塔党建在线）

第四节 公共部门人员绩效反馈

一、公共部门人员绩效反馈概述

（一）公共部门人员绩效反馈的内涵

公共部门绩效反馈是人员绩效管理中的重要环节，它通过考核者与被考核者之间的沟通，对考核周期内的绩效表现进行深入的讨论和总结。在这个过程中，不仅要及时认可和宣扬员工取得的成就，还要识别存在的问题和不足，以便采取相应的改进措施。公共部门的管理者通过编制详细的绩效报告，公开绩效评估的结果，客观地再现整个绩效管理过程、再现员工绩效等级，根据绩效管理的任务与要求得出结论，进而改进公共部门绩效。

绩效反馈的主要目的是确保员工对自己的绩效表现有清晰的认识，了解自己是否实现了既定的目标，工作态度和行为是否符合要求。公共部门的管理者还需要向员工清晰传达组织的期望和目标，并与员工一起讨论绩效周期的目标，以确保双方对期望成果有共同的理解。通过这种互动，形成绩效合约，为员工指明发展方向，并激发他们的工作动力和潜能，从而推动公共部门的整体绩效提升。

（二）公共部门人员绩效反馈的重要性

1. 绩效反馈是确保考核公正性的关键

绩效考核的结果直接影响到被考核者的奖励、晋升、培训等方面，因此公正性是至关重要的。然而，考核过程是考核者履行职责的能动行为，考核者不可避免地会掺杂自己的主观意志，导致这种公正性不能完全依靠制度的改善来实现。绩效反馈机制的引入，让被考核者积极参与到考核过程中，并拥有表达自己观点的权利。通过绩效反馈，被考核者不仅能够了解自己的绩效表现，还可以对考核结果提出异议，通过绩效申诉流程来维护自己的权益。这种机制有助于在被考核者与考核者之间建立沟通的桥梁，找到公正与个体的平衡点，从而提升整个绩效管理体系的公正性和有效性。

2. 绩效反馈是强化组织竞争力的策略

组织中存在两个目标，即组织目标和个体目标，组织目标占主导地位，个体目标居于服从的地位。当个体的目标与组织的目标一致时，就可以有效推动组织的发展；反之，则可能对组织产生负面影响。绩效反馈通过促进个体与组织目标的协调，帮助员工理解自己的工作如何与组织的整体战略相结合。这种沟通和理解不仅增强了员工的工作动力，还提升了组织的竞争力，确保了组织能够在激烈的市场竞争中保持优势。

3. 绩效反馈是促进绩效提升的重要途径

绩效考核结束后被考核者对考核结果的理解和接受程度，对于后续的绩效提升至关重要。绩效反馈提供了一个平台，让考核者可以详细解释考核的依据和过程，指出被考核者的长处和短处，并提供针对性的改进建议。这种反馈不仅帮助被考核者理解自己的绩效表现，还为他们提供了改进的方向和动力，从而有助于提高整体的工作绩效。

二、公共部门人员绩效反馈的原则

1. 经常性原则

公共部门的绩效反馈应当是一个持续的过程。一旦考核者发现员工在绩效上存在问题，就应当及时反馈并进行指导。此外，为了确保绩效反馈的有效性，员工需要对考核结果有基本的认同。因此，考核者应当向员工提供经常性的绩效反馈，使员工在正式的考核过程结束之前就基本知道自己的绩效考核结果。

2. 制度化原则

公共部门的绩效反馈需要建立一套完善的制度，以确保其能够持续有效地进行。只有将绩效反馈制度化，才能确保它在组织中持久地发挥作用，从而提高公共部门的工作效率和绩效水平。

3. 正面引导原则

无论员工的绩效考核结果如何，考核者都应当给予员工积极的鼓励。这样做可以让员工感受到，即使绩效考核结果不理想，他们也获得了一个客观认识自己的机会，找到了改进的方向，并且在努力的过程中会得到管理者的支持。考核应当帮助员工保持积极的工作态度，并将这种态度带入日常工作中。

4. 对事不对人原则

在公共部门的绩效反馈中，双方应当专注于工作行为和绩效，而非个人的性格特点。员工的个性特征不应当作为评价绩效的依据。然而，在讨论员工的优点和不足时，可以提及与工作绩效相关的个性特征。例如，如果员工呈现了不愿意与人沟通的特征个性，这影响了其工作绩效，那么这个影响绩效的个性特征应当被指出。

5. 面向未来的原则

虽然公共部门的绩效反馈中包含对过去工作绩效的回顾，但这并不意味着反馈应该只关注过去。讨论过去的目的是从中吸取经验，为未来的发展制订计划。因此，对过去的绩效讨论应当以未来为导向，核心目的是制订未来发展的计划。

三、公共部门人员绩效反馈沟通和面谈

（一）绩效面谈的流程

绩效反馈沟通是帮助员工自我驱动提升的有效方式。在公共部门中，绩效管理者在回顾上一阶段的绩效管理时，应扮演好教练的角色，提供适时的指导和支持，对员工在执行过程中遇到的问题进行及时的、建设性的反馈。这种方法能够激发员工的内在动力，促使他们主动寻找解决问题的方法，从而提升自身的绩效水平。

通过有效的绩效反馈沟通。公共部门的绩效管理者能够清晰地传达期望和目标，使管理者与基层员工沟通更加顺畅，关系更加融洽。这种良好的沟通环境不仅有助于员工绩效的稳步提升，还能够促进整个组织的绩效进步，进而带动部门业绩的增长。

通常采取绩效面谈的方式进行绩效反馈沟通。绩效面谈中的沟通非常重要，包括面谈准备、面谈过程和确定绩效改进计划三部分。绩效面谈流程如图6-5所示。

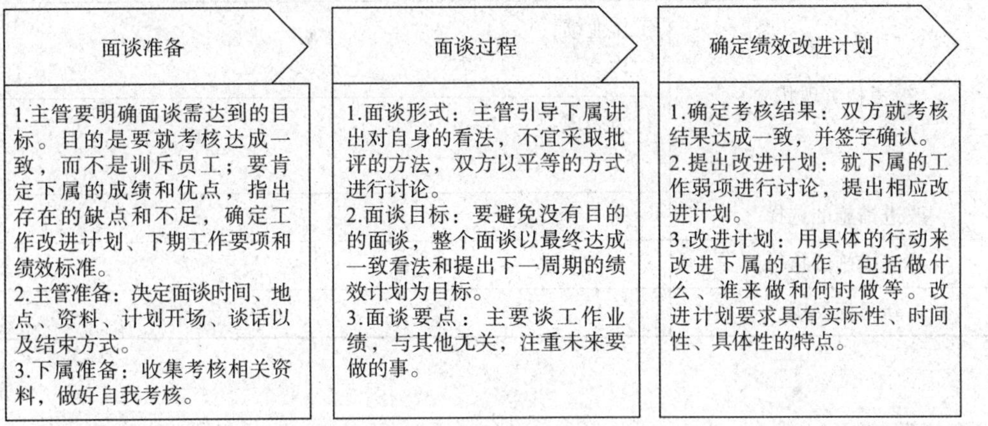

面谈准备	面谈过程	确定绩效改进计划
1.主管要明确面谈需达到的目标。目的是要就考核达成一致，而不是训斥员工；要肯定下属的成绩和优点，指出存在的缺点和不足，确定工作改进计划、下期工作要项和绩效标准。 2.主管准备：决定面谈时间、地点、资料、计划开场、谈话以及结束方式。 3.下属准备：收集考核相关资料，做好自我考核。	1.面谈形式：主管引导下属讲出对自身的看法，不宜采取批评的方法，双方以平等的方式进行讨论。 2.面谈目标：要避免没有目的的面谈，整个面谈以最终达成一致看法和提出下一周期的绩效计划为目标。 3.面谈要点：主要谈工作业绩，与其他无关，注重未来要做的事。	1.确定考核结果：双方就考核结果达成一致，并签字确认。 2.提出改进计划：就下属的工作弱项进行讨论，提出相应改进计划。 3.改进计划：用具体的行动来改进下属的工作，包括做什么、谁来做和何时做等。改进计划要求具有实际性、时间性、具体性的特点。

图 6-5　绩效面谈流程

（二）绩效面谈的注意事项

1. 具体直接的谈话

在进行绩效面谈时，谈话应当基于具体的工作表现和可量化的数据，避免主观猜测或表面的印象。管理者应当提供详尽的工作绩效评估报告，包括缺勤记录、迟到记录、质检结果、工作进度、客户投诉、安全事故报告等，以确保谈话的内容有事实依据。

2. 避免直接指责员工

在反馈中，管理者应避免直接指责员工，例如避免说"你的报告提交得太慢""你完成项目的质量不好"。相反，应当将员工的工作实际情况与绩效标准或既定的目标进行比较，让员工自己意识到差距，并鼓励他们思考改进的方法。

3. 鼓励员工多发言

每种绩效评估方法都可能有其局限性，同时员工的绩效也可能受到外部因素的影响，如家庭状况、个人能力、社会环境等。因此，在绩效反馈中，管理者应鼓励员工更多地参与讨论，分析自己的工作表现，明确这些外部因素如何影响他们的绩效。

4. 制订具体的行动计划

绩效面谈不应被视为一个结束,而是一个新的开始。在面谈的最后,管理者和员工应共同制订具体的行动计划,明确未来的改进措施和目标。这个行动计划应当包括具体的步骤、时间表和期望的结果,以确保员工知道下一步应当如何行动,以及如何衡量进步。

通过绩效反馈过程,公共部门的管理者能够帮助员工清晰地认识到自己的工作表现,同时激发员工的积极性和主动性,共同推动组织目标的实现。

绩效面谈记录样表如表 6-2 所示。

表 6-2 绩效面谈记录样表

部门/处室		时间:	
被考核者	姓名:	岗位:	
考核者	姓名:	岗位:	
面谈预期成果			
被考核者现状	工作业绩:		
	行为表现:		
改进措施的选择			
改进措施的执行			
新目标展望			

本章小结

公共部门人员绩效管理,是指以公共部门人员为主要分析对象,以其个体绩效和群体绩效为研究范围,通过管理者与员工的充分沟通,使个体和群体与组织的目标和发展方向在战略上保持一致,进而形成良好的绩效体系,以促进整体绩效提高的一套系统的管理活动和过程。公共部门人员绩效管理是一个系统过程,包括绩效计划、绩效监控、绩效考核和绩效反馈等环节。核心是通过管理者与员工之间的深入交流,确保个人的和团队的目标与组织的长远战略相吻合,从而在整体上提升组织的效能和效率。同时要了解组织成员的能力和工作适应性等方面的情况,并作为奖惩、培训、辞退、职务任用与升降等的基础与依据。

核心概念和知识点

公共部门绩效;绩效管理;绩效计划;绩效监控;绩效考核;绩效反馈;平衡计分卡

课后习题

1. 什么是绩效？个人绩效与组织绩效是什么关系？
2. 简述公共部门人员绩效管理的过程。
3. 简述公共部门人员绩效计划的制订流程。
4. 简述公共部门人员绩效考核的主体。
5. 简述公共部门人员绩效考核的流程。
6. 公共部门人员绩效考核的主要方法有哪些？
7. 简述平衡计分卡的内容。
8. 简述公共部门人员绩效反馈的意义。

本章案例研究

冠县"五抓五强化"推进公务员平时考核

冠县深入贯彻落实习近平总书记关于"考察识别干部，功夫要下在平时"的指示要求，多措并举推进公务员平时考核落地见效，确保考准考实公务员德才表现和工作实绩，激励广大公务员履职尽责、担当作为。

一、主要做法

1. 抓氛围，强化宣传引导。制定《冠县公务员平时考核实施办法（试行）》，对公务员平时考核的范围、重点、程序、方法等作出明确规定，使平时考核有章可循。召开公务员平时考核工作部署会，加强宣传，精心组织，有力有序推进公务员平时考核工作。制作公务员平时考核图解，组织各单位政工人力资源和公务员学习了解考核内容和相关要求，确保平时考核工作顺利推进。

2. 抓落实，强化主体责任。县委组织部负责公务员平时考核工作的业务指导、综合管理和监督检查；各单位成立考核委员会（领导小组）具体负责本单位平时考核工作的组织实施，形成上下联动、分工负责、全面覆盖的管理监督体系。县委组织部不定期开展抽查，对发现未按要求开展平时考核或考核工作开展不力的单位，予以通报批评、限期改正，坚决杜绝走形式、走过场。

3. 抓精准，强化指标科学。在考核指标的体系设计上，赋予单位更多的自主权。各单位结合各自工作职能、工作任务、岗位职责等，确定科学合理、可量化比较的考核指标，使考核更加科学精准，更加符合单位实际。县审计局立足审计工作职能，围绕德、能、勤、绩、廉五个方面建立考核指标体系，同时将信息宣传、奖惩情况等作为加减分项目，使考核更加客观、立体。

4. 抓监督，强化程序规范。把公务员平时考核作为加强公务员日常监督管理的重要抓手，坚持"看一时"和"看一贯"相结合，"领导评"和"群众评"相结合。平时考核以季度为周期，采取被考核人每周工作纪实、主管领导每月工作点评、考核委员会（领导小组）结果审定的方式进行。平时考核结果"好"等次人员要在机关内部公示，公示无异议的报县委组织部备案，确保考核工作公平公正、公开透明。

5. 抓实效，强化结果运用。将平时考核结果与选拔任用、职级晋升、评先树优、教育培训、监督管理等有效衔接，切实发挥考核指挥棒作用，解决"干与不干一个样、干多干少一个样、干好干坏一个样"的问题。2021年年度考核时，148名平时考核结果好等次较多的公务员被确定为优秀等次；一批表现优秀、实绩突出的公务员被提拔或晋升职级，有效激发了干部干事创业、担当作为的热情。

二、案例启示

1. 积极的宣传引导是开展平时考核工作的前提。通过积极宣传引导，强调平时考核是新形势下加强公务员队伍建设的重要手段，是提升公务员个人能力素质的有效途径，有效解决了部分单位或个人思想认识不到位的问题，促进了平时考核工作的顺利开展。

2. 明确的主体责任是开展平时考核工作的保障。通过明确主体责任，组织部门及各单位考核委员会（领导小组）等各司其职、各负其责，形成上下联动的责任体系，为开展平时考核提供了坚实的组织保障。

3. 精准的考核指标是开展平时考核工作的关键。各单位根据工作职能、岗位职责等，细化量化考核指标，推行差异化考核，变"笼统考"为"精准考"，是平时考核结果客观、公正、准确的关键。

4. 规范的考核程序是开展平时考核工作的基础。通过规范考核程序，有效破解了"怎么考"的难题，提高了平时考核的民主性，维护了平时考核的严肃性，为开展平时考核奠定了坚实基础。

5. 强化结果运用是开展平时考核工作的根本。通过结果运用，切实发挥平时考核"指挥棒"作用，有利于激发公务员队伍活力、促进公务员队伍建设。

案例来源：《聊城市公务员平时考核案例选编》154-156页，中共聊城市委组织部，2022年7月

思考与探讨

1. 提升公务员平时考核制度化、科学化、规范化水平的意义有哪些？
2. 冠县绩效考核有哪些创新之处？
3. 冠县平时考核的做法是否具有可复制、可推广的价值？有哪些方面可以借鉴？
4. 请根据材料并结合实际，谈一谈如何合理运用绩效评估的结果，促使个人成长。

第七章 公共部门人员薪酬管理

引导案例

通过改革让医生获得体面的收入和应有的价值认可

4月13日，福建省医保局首任局长、三明市人大常委会原主任詹积富等在《三明日报》撰文，公布了三明医改的最新改革成效。文章提到，福建省三明市的医院工资总额由改革前2011年的3.82亿元，增加到2022年的20.44亿元。在岗职工平均年薪由2011年的4.22万元提高到2022年的20.11万元；2022年，该市医生最高年薪达58.28万元。

"三明医改中，医务人员的薪酬改革是他们最看重的部分。如果医务人员的利益得不到保护，薪酬得不到提高，医改也无从谈起。"陕西省山阳县卫生健康局原副局长徐毓才告诉《中国新闻周刊》。2010年，国家公立医院改革试点全面启动，三明医改被视为国家医改的样板。今年2月，国家卫健委召开的一场新闻发布会上，国家卫健委体改司副司长庄宁表示，将以地市为单位深入推广三明医改经验。

一直以来，医护人员薪酬改革，都是医改中的重中之重。华中科技大学同济医学院医院管理与发展研究中心主任陶红兵告诉《中国新闻周刊》，全国范围内，医改是分阶段进行的，前一阶段以控制医疗费用不合理增长为主，现阶段主要通过"三医"协同治理，让医疗进一步回归到医疗机构设置的初心上，让医生获得体面的收入和应有的价值认可。

三明医改于2012年启动，是以公立医院综合改革为切入点而进行的"三医"（即医疗、医保、医药）联动综合改革。

2021年7月，由人社部等五部门联合制定的《关于公立医院薪酬制度改革的指导意见》，对2006年确立的岗位绩效工资制度下薪酬构成及经费来源，进行了精细化调整。依据该意见，在薪酬总量上，可以突破现行事业单位工资调控水平，根据当年医疗服务收入收益合理增加薪酬总量；薪酬来源上，逐步提高医疗服务收入在医疗收入中的比例，将医保结余留用资金主要用于人员绩效等方面。

国务院参事、北京协和医学院卫生健康管理政策学院教授刘远立对《中国新闻周刊》

表示，实行药品零加成政策后，公立医院的业务收入来源主要包括医保和患者付费。尽管政府对公立医院的拨款有限，但对其收入和分配的管制却很多。比如，政府医保部门报销目录和付费政策变化，直接影响医院医疗收入。公立医院是事业单位，其人事薪酬制度受制于政府人社部门对医院工资总额和分配结构的规定。此外，政府物价部门又通过对患者收费项目和价格的管制，影响公立医院收入渠道的宽窄。刘远立认为，薪酬制度改革的核心不在医院内部，而是政府对公立医院治理政策和体系的改革。

不过，三明医改模式在全国推广仍面临很多挑战。三明市卫健委2020年曾发文称，三明医改最重要的成果是"三医"联动改革，"三医"联动是一种医改顶层设计，涉及部门利益太多，协调难度过大，导致"三明模式"难以复制。正因为三明医改的成功具有极大偶然性，并不是每个地方都具有这样天时、地利、人和的条件，所以三明医改模式要想全面推广，需要国家层面的医疗体制变革来保证。

在刘远立看来，关于医生的薪酬改革，涉及医院总收入这一"蛋糕"的大小和医院内部如何分"蛋糕"两个层面。在他看来，内地公立医院薪酬制度改革包括两方面：一是扩大医院内部分配自主权；二是改革限制公立医院蛋糕合理做大的政策和制度性障碍。

来源：牛荷. 医生最高年薪58万，这地医改成为国家样板 [N]. 中国新闻周刊，2024-04-29.

本章学习目标

1. 理解薪酬的内涵和形式
2. 理解公共部门人员薪酬管理的原则和影响因素
3. 掌握公共部门人员薪酬管理的内容和特点
4. 掌握职位评价的方法
5. 掌握公共部门人员薪酬设计程序
6. 掌握公共部门人员福利管理

本章重点问题

1. 薪酬的内涵及其结构
2. 公共部门人员薪酬水平
3. 要素计点法和要素比较法
4. 公共部门人员薪酬设计的程序
5. 公共部门人员福利的作用及形式
6. 公共部门人员社会保险的构成

本章思维导图

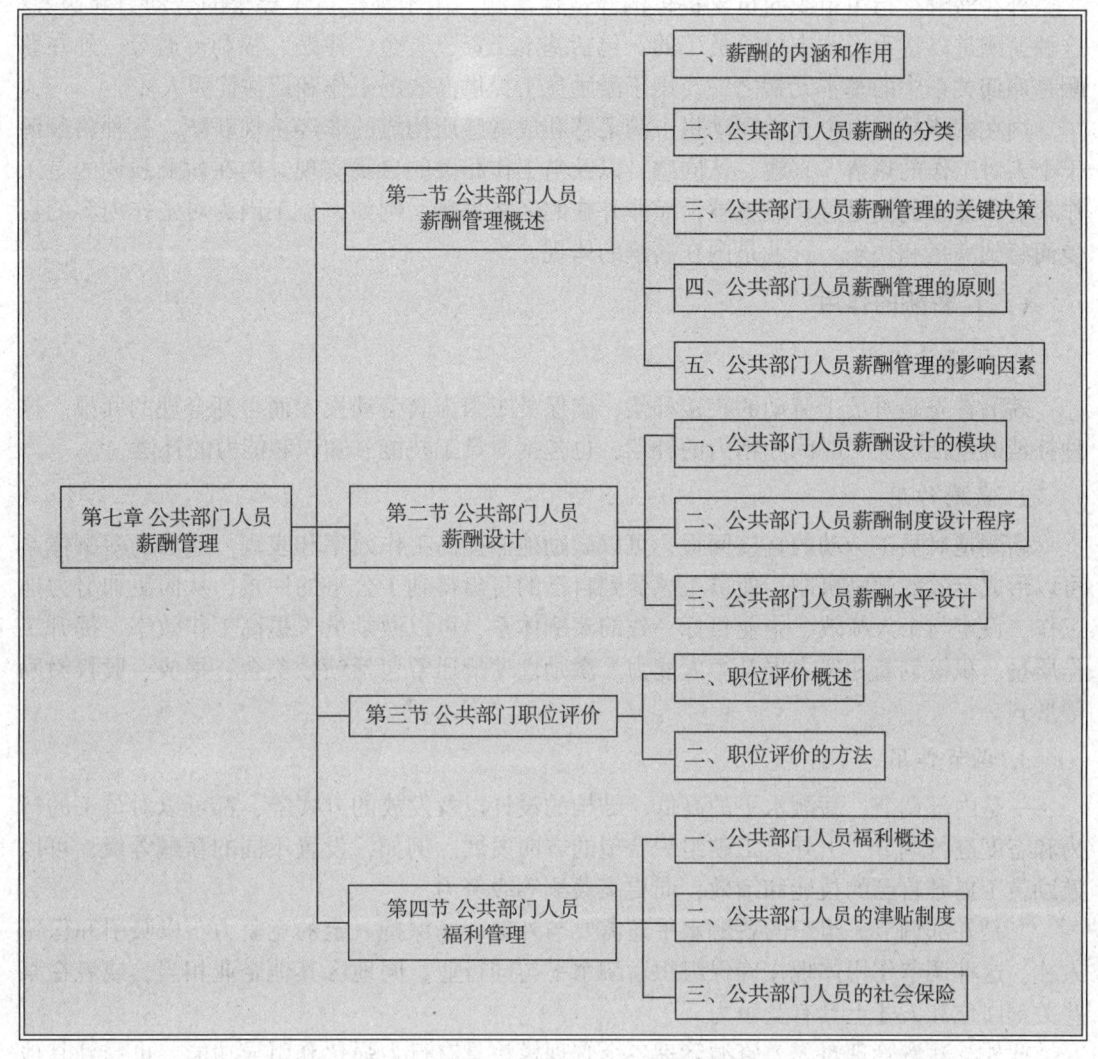

- 第七章 公共部门人员薪酬管理
  - 第一节 公共部门人员薪酬管理概述
    - 一、薪酬的内涵和作用
    - 二、公共部门人员薪酬的分类
    - 三、公共部门人员薪酬管理的关键决策
    - 四、公共部门人员薪酬管理的原则
    - 五、公共部门人员薪酬管理的影响因素
  - 第二节 公共部门人员薪酬设计
    - 一、公共部门人员薪酬设计的模块
    - 二、公共部门人员薪酬制度设计程序
    - 三、公共部门人员薪酬水平设计
  - 第三节 公共部门职位评价
    - 一、职位评价概述
    - 二、职位评价的方法
  - 第四节 公共部门人员福利管理
    - 一、公共部门人员福利概述
    - 二、公共部门人员的津贴制度
    - 三、公共部门人员的社会保险

第一节 公共部门人员薪酬管理概述

一、薪酬的内涵和作用

（一）薪酬的内涵

薪酬通常指员工因已完成或将要完成的工作或服务而从组织中得到的各种货币或非货币形式的回报的总和。在营利性的企业部门中，薪酬通常受市场供需、企业绩效和员工贡献的影响，以竞争和利润为导向，强调绩效激励和个人成长。而在公共部门中，薪酬受政府预算、公共利益和行政规范约束，注重公平性和社会责任，强调公共服务的价值与社会影响。广义上讲，薪酬可分为外在薪酬和内在薪酬两种。

外在薪酬是指由组织向员工提供的经济性薪酬，用于补偿员工提供的劳动力和服务。这种薪酬是以货币形式支付给员工的，包括基本工资、奖金、津贴、福利待遇等。外在薪酬是雇佣关系中的基本元素之一，用于激励员工提供高效的工作和留住优秀人才。

内在薪酬是指由个人内在动机、满足感和成就感所构成的非经济性薪酬。这种薪酬源于个人对工作的热情、兴趣、认同感，以及与工作相关的自我实现。内在薪酬强调的是工作本身所带来的满足感和成就感，而非外在的经济报酬。例如，员工因为对工作内容的喜爱而感到满足和快乐，这就是内在薪酬的体现。

（二）薪酬的作用

1. 补偿作用

薪酬首先是对员工劳动的直接补偿，确保员工因为其劳动投入而得到合理的回报。这种补偿既包括对员工时间和精力的补偿，也包括对员工技能、知识和能力的补偿。

2. 激励作用

薪酬是对员工劳动的直接回报，可以激励他们提高工作效率和表现。适当的薪酬体系可以形成有效的激励机制，使员工感受到自己的付出得到了公平的回报，从而更加努力地工作。设定与个人绩效、企业目标一致的薪酬体系，可以激励员工提高工作效率、提升工作质量、积极创新和努力提升个人能力。激励性薪酬通常包括绩效奖金、提成、股权激励等形式。

3. 调节作用

一是内部调节。薪酬水平的高低、结构的设计以及发放的方式等，都可以对员工的行为和态度进行调节，引导员工朝组织希望的方向发展。例如，设置不同的薪酬等级，可以鼓励员工提升自己的技能和绩效，向更高薪酬等级努力。

二是外部调节。组织的薪酬水平还需要与外部市场保持一定的竞争力，以吸引和保留人才。这种调节作用体现在确保组织薪酬水平与同行业、同地区其他企业相当，或者在某些关键岗位和人才上具有竞争力。

此外，薪酬管理对人力资源管理各个管理模块具有行为强化和引导功能，也受到其他职能管理环节的影响。职位体系设计、素质测评及绩效考核等任何环节存在问题，都会影响薪酬管理效果。

二、公共部门人员薪酬的分类

按照不同的分类标准可以把薪酬分成不同的类型，实际上每种分类都说明了薪酬的构成形式。

（一）经济性薪酬与非经济性薪酬

按照薪酬的表现形式来划分，可将薪酬分为经济性薪酬与非经济性薪酬。经济性薪酬和非经济性薪酬在组织管理中都具有重要作用。经济性薪酬可以直接激励员工的绩效和努力程度，而非经济性薪酬更多地关注员工的整体工作体验和满意度，促进员工的成长和发展。

经济性薪酬主要指直接以货币形式支付给员工的薪酬，包括工资、奖金、津贴等。非经济性薪酬是指除了直接金钱报酬外，通过其他形式提供给员工的激励和回报。公共部门员工可能会更看重非经济性薪酬，如得到社会的认同或尊重、获得较高的社会地位等。

（二）外在薪酬与内在薪酬

按照薪酬的发生机制来划分，可以把薪酬分为外在薪酬与内在薪酬两类，这在薪酬的内涵部分已经讨论过。这种分类以薪酬本身对工作者所产生的激励是一种外部强化，还是一种来自内部的心理强化为划分依据。外在薪酬是指组织针对员工所付出的劳动和所做的贡献而支付给员工的各种形式的有形收入。内在薪酬是指员工从工作本身获得的非货币性回报，这种回报通常与工作内容、工作环境、工作挑战、职业成长、个人价值观和兴趣等相关。内在薪酬的价值在于它能够满足员工的心理和情感需求，提升员工的工作满意度和投入感，从而提高员工的工作绩效和创新能力。

（三）直接薪酬与间接薪酬

按照薪酬取得的方式来划分，可将薪酬分为直接薪酬与间接薪酬。间接薪酬支付的依据是劳动者是否具有本单位雇员的身份，而直接薪酬是以劳动者向用人单位直接提供劳动为依据来支付薪酬的。其中，直接薪酬又包括基本薪酬和可变薪酬等；间接薪酬包括组织为员工提供的各种福利保障，如社会保险、医疗保险、退休金计划等。

1. 基本薪酬

基本薪酬也称基础工资或固定工资，是员工从雇主那里获得的，根据其职位、工作性质和劳动市场标准预先确定的报酬。它是员工劳动力的基本价格，通常不包含任何变量或奖金，除非有特殊的绩效激励计划。基本薪酬是劳动者从用人单位那里获得的较为稳定的经济性报酬，一般只有在物价指数上调，劳动力市场上同类职位工资水平上升，或者员工个人的技能、知识发生变化时才进行调整。

需要注意的是，公共部门基本薪酬通常不包括额外的津贴、奖金、绩效激励等非固定性收入，这些额外的薪酬组成部分可能根据具体情况和政策规定进行发放。公共部门基本薪酬的设定应当遵循法律法规和相关政策的规定，同时也要考虑到员工的工作贡献、市场薪酬水平以及组织的财务状况等因素。

2. 可变薪酬

可变薪酬是指在公共部门从事工作的员工除基本固定薪酬外，根据一定的条件和表现而可能获得的额外收入或奖励，以激励劳动者的工作表现、保持组织期望的某种行为和达成组织的绩效目标。相对于基本薪酬而言，可变薪酬具有形式多样、数额不固定、支付时间随机的特点。

可变薪酬内容的主要组成部分有奖励条件、奖励指标、奖励计划、奖励范围和周期、计奖单位、奖金兑现的流程与规章等。可变薪酬在形式上包括短期奖金、红利、佣金、股票期权、利润分享计划等。公共部门中的政府机关单位的可变薪酬主要包括年终奖和特殊情况下的奖励，一般没有佣金、红利、股票、期权等长期奖金形式。

3. 间接薪酬

间接薪酬主要包括社会保险、福利和各种服务。它是针对组织内劳动者提供的一系列有关安全健康、生活保障，以及退休养老等方面的保障。间接薪酬对组织内的成员而言，通常所得到的并不一定是金钱，带薪休假、退休保障、各种保险、员工旅游以及为员工提供的各种服务等都是间接薪酬常见的形式。一般情况下，间接薪酬的费用是由用人单位全部支付的，但是有时也要求劳动者承担其中一部分。

三、公共部门人员薪酬管理的关键决策

公共部门薪酬管理是指政府等公共机构根据国家政策和法律法规，结合社会经济发展水平、财政状况及公众需求，对公共部门员工的薪酬进行合理确定和调整的一系列活动。这一管理过程对于确保公共部门工作人员的积极性和工作效率，以及维护社会公平和稳定具有重要意义。其主要包括薪酬构成、薪酬体系、薪酬水平、薪酬等级结构、薪酬管理政策等内容。

1. 薪酬构成

薪酬构成指的是公共部门员工收入的所有组成部分。这通常包括基本工资（或本薪）以及可能的额外补贴和奖金。例如，政府官员可能会收到住房补贴、交通补贴或绩效奖金。

2. 薪酬体系

薪酬体系是企业用于激励和留住员工的一种制度，它涉及员工工资、奖金、福利等各种形式的报酬。薪酬体系可以分为广义和狭义两种概念。广义的薪酬体系包括员工所有的经济收入和福利。这不仅仅包括基本工资和奖金，还包括各种社会保险、企业年金、股权激励、员工持股计划、额外福利等。狭义的薪酬体系主要关注员工的基本工资和奖金部分，它更多地体现在短期内如何通过薪酬来激励员工提高工作效率和绩效。狭义的薪酬体系相对简单，主要关注薪酬的结构和水平。

3. 薪酬水平

薪酬水平是指公共部门员工工资的绝对或相对高度。它通常由政府根据经济状况、生活成本和劳动力市场条件等因素来设定。

4. 薪酬等级结构

薪酬等级结构指的是同一组织内部的薪酬等级数量以及不同薪酬等级之间的薪酬差距大小。薪酬等级结构包括针对每一职位或者职位等级的薪酬范围，包括最高工资、最低工资、中位工资和工资范围系数。组织据此建立起对薪酬进行管理的结构，为不同职级、不同职位以及同一职位上不同能力及工作表现的员工提供差异化的薪酬，从而保证组织中薪酬的内部公平性。

5. 薪酬管理政策

薪酬管理政策指公共部门制定的一系列关于确定、分配和调整员工薪酬的规定。通常包括薪酬调整机制、晋升政策和绩效考核标准等。

四、公共部门人员薪酬管理的原则

（一）公平性

公共部门的薪酬体系应当确保公平，这意味着相同职位应获得相同的报酬，不论个人背景、性别、种族等因素。此外，薪酬水平还应反映市场标准，确保公务员与私营部门相

似职位的薪酬相当，以吸引和保留优秀人才。表现公平的形式有以下几种。

1. 外部公平

外部公平涉及公共部门员工薪酬与私营部门相似职位的薪酬水平的比较。为了确保外部公平，公共部门需要进行市场薪酬调研，以了解其他组织中相似职位的薪酬情况。如果公共部门的薪酬低于市场水平，可能会面临招聘和留才的困难。

2. 内部公平

内部公平涉及公共部门内部不同职位之间薪酬的比较。为了实现内部公平，组织需要建立一套科学合理的岗位价值评估体系，通过考量岗位的责任、复杂性、所需技能等因素来确定不同岗位的薪酬水平。岗位价值评估的结果可作为设立薪酬等级和确定薪酬差异的依据。

3. 员工个人公平

员工个人公平关注的是员工对其个人薪酬与工作绩效之间关系的感知。这涉及绩效管理系统的设计，确保员工的薪酬增长和奖励与其个人贡献和绩效挂钩。员工个人公平还意味着在相同岗位上，相同绩效的员工应获得相同的薪酬和认可。

4. 薪酬管理过程公平

薪酬管理过程公平是指在薪酬决策过程中所有员工都能公平参与并受到尊重。这要求公共部门在制定薪酬政策和进行薪酬调整时，过程应透明和公正，并充分听取员工的意见和建议。

（二）竞争性

竞争性是指在社会上和人才市场上，组织的薪酬标准要有吸引力，公共部门薪酬应当具有竞争力，以吸引和激励顶尖人才加入公务员队伍。特别是在某些专业领域，如信息技术、金融等，竞争性薪酬对于吸引专业人才至关重要。

（三）激励性

薪酬体系应通过绩效奖励和其他激励措施，鼓励公务员提高工作效率和质量。这包括提供晋升机会、额外奖金、长期服务奖励等，以激发公务员的工作热情和创新精神。

（四）经济性

公共部门薪酬应考虑国家的经济承受能力，确保政府在财政上的可持续性。这意味着在保证公平和竞争力的同时，也要避免造成财政负担过重。

（五）合法性

薪酬体系的建立和调整应严格遵守国家法律法规，确保其合法性。这包括遵守劳动法、工资支付规定等，以及通过适当的立法程序进行薪酬调整。

（六）透明性

公共部门薪酬体系应具有透明性，公务员的薪酬标准、调整机制和支付情况应向社会公开，接受公众监督。这有助于增加公众对政府信任，并防止腐败和滥用职权。

（七）一致性

薪酬体系内部应保持一致性，不同级别和职能的公务员薪酬应与其工作性质、责任大小和贡献程度相匹配。此外，薪酬体系还应与国家的经济社会发展水平相适应，以保持长期的一致性。

（八）可持续性

公共部门薪酬体系应具有可持续性，能够适应未来社会经济变化的需要。这包括建立灵活的薪酬调整机制，以及定期评估和优化薪酬结构，确保其长期有效。

五、公共部门人员薪酬管理的影响因素

公共部门薪酬管理是一项复杂的工作，涉及多个因素，这些因素对公共部门薪酬管理有重要影响。决定薪酬水平的因素可以分为外在因素和内在因素两大类。

（一）外在因素

1. 经济环境

经济环境是影响公共部门薪酬管理的重要因素。经济发展水平、通货膨胀率、经济增长速度等都会对薪酬管理产生影响。例如，在经济增长迅速的时期，公共部门的薪酬水平需要相应提高，以吸引和留住人才。

2. 社会环境

社会环境包括社会价值观、社会风气、公众对薪酬公平的关注度等。这些因素会影响公共部门薪酬管理的政策制定和执行。例如，公众对公务员薪酬的关注度较高，公共部门在制定薪酬政策时需要考虑社会的接受程度。

3. 法律法规

法律法规对公共部门薪酬管理具有约束力。国家制定的有关公务员薪酬的法律、法规和政策，公共部门必须严格遵守。例如，我国《公务员法》对公务员的薪酬水平、薪酬构成、薪酬调整等方面进行了明确规定。

4. 劳动力市场状况

劳动力市场状况也会影响公共部门薪酬管理。如果外部劳动力市场薪酬水平普遍较高，公共部门的薪酬水平也需要相应调整，以保持竞争力。同时，劳动力市场的供需关系也会影响公共部门薪酬水平。

5. 地区差异

不同地区的经济发展水平、生活成本、消费水平等因素存在较大差异，这要求公共部门在薪酬管理时考虑地区差异，实行地区差异化的薪酬政策。

（二）内在因素

1. 组织的业务性质

在知识和技能水平要求不高的组织中，员工主要从事简单的体力劳动，劳动成本在总成本中占比高；在知识和技能要求比较高的组织中，知识型员工是主体，从事科技含量高的脑力劳动，劳动力成本在总成本中比重不大。

2. 组织的财务状况

财务状况好的组织通常薪酬水平比较高。同一个组织在不同发展时期，也会根据财务

状况的不同而实行不同的薪酬政策。

3. 员工的劳动量

员工的劳动能力有大有小,同等条件下,不同员工所提供的现实劳动量也有差别。劳动量的差异是导致员工薪酬水平不一的基本原因。

4. 工作本身的差别

员工从事的工作存在责任、劳动强度、技能水平和复杂程度等方面的差别,为其支付的薪酬也会存在差别。

5. 年龄和工龄

为补偿员工过去的投资,保持平衡的年龄收入曲线,年龄和工龄也成为影响薪酬的因素。

6. 工作的时间和危险性

从事季节性或临时性工作的劳动者,一般比正常受雇员工的工资高;具有危险性工作的员工,比在舒适、安全的工作环境中工作的员工的工资高,这是为了补偿员工的体能消耗和冒险活动,也是一种鼓励和安慰。

第二节　公共部门人员薪酬设计

一、公共部门人员薪酬设计的模块

公共部门薪酬设计是指对公共部门员工工资和福利进行科学合理的设计和调整,以吸引、激励和留住优秀人才,提高公共部门的工作效率和服务质量。公共部门薪酬设计的合理性和平衡性对员工的积极性和工作热情有着直接的影响。公共部门薪酬设计是一项复杂的系统工程,需要充分考虑多种因素,实现薪酬的内部公平、外部竞争力和激励性。通过合理的薪酬设计,公共部门可以吸引和留住优秀人才,提高工作效率和服务质量,从而更好地履行公共职能和服务社会公众。

(一)薪酬体系管理模块

1. 薪酬体系管理模块的基本内容

公共部门薪酬体系管理模块主要包括薪酬政策制定、薪酬水平确定、薪酬结构设计、绩效薪酬管理等环节。其中,薪酬政策制定是依据国家法律法规、政策规定和公共部门实际情况,明确薪酬管理的基本原则、目标和范围。薪酬水平确定需要参考市场薪酬水平、物价水平、经济发展水平等因素,确保公共部门薪酬具有竞争力和吸引力。薪酬结构设计则是根据不同职位的工作性质、难易程度、责任大小等因素,合理设置基本工资、岗位工资、绩效工资等薪酬项目。绩效薪酬管理则是将员工的工作绩效与薪酬挂钩,激励员工提高工作效率和质量。

2. 公共部门薪酬体系管理的特点

公共部门大都以"职位"因素作为基本薪酬的支付依据,这是因为公共部门的工作绩效主要取决于岗位职责的履行情况而非个人能力的创造性发挥，因此薪酬设计的基本导向是鼓励员工做好岗位基本职责，根据岗位的贡献大小来确定薪酬标准。但是一些技术类岗位例外，这类职位相对而言更关注个人所掌握的技能、知识和能力，因此往往采用技术工资制。

公共部门主要采用短期的以固定薪酬为主、可变薪酬为辅的薪酬模式，更强调薪酬的稳定性，保障员工的安全感。很多公共部门以职位薪酬为主，工作的稳定性和一致性相对较高，加之公共部门中的工作绩效不易衡量，难以为绩效薪酬设计提供科学依据，因而可变薪酬在薪酬构成中的占比相对较低。

（二）薪酬水平管理模块

1. 薪酬水平管理模块的基本内容

薪酬水平管理模块主要涉及公共部门薪酬的对外竞争力和对内公平性。对外竞争力方面，公共部门需要参照市场薪酬水平，确保薪酬标准具有吸引力，以吸引和留住优秀人才。对内公平性方面，公共部门需要遵循同工同酬原则，确保相同工作性质和相同工作量的员工获得相对公平的薪酬。此外，还需要定期调整薪酬水平，以适应物价上涨、经济发展等因素的变化。

2. 公共部门薪酬水平管理的特点

尽管对于公共部门而言，也会考虑薪酬水平在市场中的竞争力，但很难采取领先型的薪酬水平。由于公共部门的薪酬支付来源主要是财政资金，薪酬水平的确定和调整受法规的约束，同时接受社会的监督，不能像私营部门那样自主、灵活。同时，公共部门特别是政府部门要强调部门间薪酬的一致性，因此"同行业"之间也很少存在竞争性的问题。

（三）薪酬结构管理模块

1. 薪酬结构管理模块的基本内容

薪酬结构管理模块主要包括基本工资、岗位工资、绩效工资等薪酬项目的设置和调整。基本工资是根据员工的工作年限、学历、职级等因素确定的固定薪酬。岗位工资是根据不同岗位的工作性质、难易程度、责任大小等因素设定的薪酬。绩效工资是根据员工的工作绩效给予的奖励。在薪酬结构设计中，还需要考虑员工福利、补贴、奖金等其他薪酬组成部分。

2. 公共部门薪酬水平管理的特点

公共部门职位等级之间的薪酬差距较小，薪酬级别多、幅度小。这种薪酬设计与公共部门的组织架构相关，与很多私营部门采用扁平化组织结构不同，在薪酬以岗位为主要依据的前提下，公共部门的薪级要与职级有一定的对应关系，由此薪酬的级别会比较多，薪级差距也不宜拉得过大。

（四）绩效薪酬管理模块

1. 绩效薪酬管理模块的基本内容

绩效薪酬管理模块主要通过设定绩效考核指标和考核体系，将员工的工作绩效与薪酬挂钩，激发员工的工作积极性和创造性。绩效考核指标应具有客观性、公正性和可操作性，包括工作质量、工作效率、工作态度等方面。根据绩效考核结果，对表现优秀的员工给予一定的薪酬奖励，对表现不佳的员工采取相应的薪酬惩罚或培训措施。

2. 公共部门绩效薪酬管理的特点

公共部门在规范津贴补贴的同时实施绩效工资，逐步形成合理的绩效工资水平决定机制、完善的分配激励机制和健全的分配宏观调控机制，对于调动公共部门工作人员积极性、促进社会事业发展、提高公益服务水平，具有重要意义。

（1）公共部门中绩效薪酬的具体数额根据职工的职务、职称、技能等级等因素有所不同。例如，管理岗、专业技术岗和工勤岗都有各自的等级和标准，这些等级和标准决定了基础性绩效薪酬的数额。

（2）绩效薪酬的具体发放标准和方式可能会因地区和单位的不同而有所差异。例如，有些地方可能机关单位有绩效考核奖，但事业单位没有，或者发放政策有所不同。公共部门实施绩效工资所需经费，按单位类型不同，分别由财政和事业单位负担。

（3）事业单位绩效薪酬改革的原则主要包括公平公正、透明公开、激励导向、灵活多样、可持续发展和客观科学。这些原则旨在确保薪酬分配与员工绩效和贡献相匹配，避免任人唯亲或特权现象，建立公开透明的评价机制，激发员工工作积极性，满足不同岗位需求，与组织发展战略相结合，并基于客观科学的评估标准确定绩效薪酬。

（五）薪酬管理政策模块

由于公共部门薪酬政策是以法律或者法规等形式固定下来的，不会轻易发生变化，所以公共部门薪酬管理比较固定。薪酬管理政策模块主要包括薪酬政策制定、薪酬水平确定、薪酬结构设计、绩效薪酬管理等环节的政策规定和实施措施。公共部门需要遵循国家法律法规、政策规定，制定适合自身发展的薪酬管理政策。同时，还需要根据实际情况，不断完善薪酬管理政策，确保薪酬管理的公平性、竞争力和有效性。此外，公共部门还需加强对薪酬管理政策的宣传和解读，提高员工对薪酬管理的认识和理解。随着"新公共管理运动"的推进，越来越多的政府组织积极学习和应用企业薪酬管理的优秀经验，包括推行绩效薪酬制度、应用宽带薪酬结构，以及提高可变薪酬比重等，以优化自身薪酬管理体系，提升组织绩效水平。

二、公共部门人员薪酬制度设计程序

确立合理的薪酬制度是公共部门薪酬管理的核心，而薪酬制度的设计和维持又是复杂的。公共组织薪酬制度设计应理顺收入分配关系，构建科学合理公平公正的薪酬分配体系，以吸引新员工，留住在职员工。优秀的薪酬体系既能吸引和留住人才，又能促进员工积极性和提升员工工作效率，同时保持财政可负担性。

（一）薪酬原则与策略的确定

拟定组织文化及策略等文件，对薪酬制度设计的各个环节起到指导作用，包括对员工特征的认识、对员工总体价值的评价、对管理人员及高级人才所起作用的估计等核心内容。要形成真正按贡献大小决定收入分配的共识，并在它的指导下制定薪酬分配的政策与策略，如薪酬等级之间的差距，工资、奖金和福利费用的构成比例等。

（二）职位设计与工作分析

对现有职位进行梳理，明确职位职责和要求。开展职位评价，对职位的复杂程度进行评估。建立职位分类体系，将相似职位归为一类，形成工作说明书，以便于管理。

（三）职位评价

为了确保组织内部的公平性，确定薪酬支付的关键要素和选择合适的评价方式是至关重要的。评价过程需要具有高度的精确性，并用具体的数值来量化组织内各职务的相对价值，这反映了组织对各职务人员的期望和要求。通常，这些代表职位相对价值的数值，并不代表每位员工的实际薪资水平。

（四）薪酬率设计

薪酬率是在职位评价的基础上建立起来的一种定量描述企业薪酬水平与员工努力程度之间数量关系的数学模型。要将理论上的价值转换成实际的薪酬，需要进行薪酬率的设计。薪酬率是薪酬管理的重要组成部分。薪酬率描述的是一个组织内不同职位的相对价值与其对应的实际薪酬之间的关系。这种关系是基于特定的原则形成的，通常被称为"薪酬曲线"，这种描述方式更为明确、直观，并且更容易被理解和控制。

（五）外部薪酬状况调查及数据收集

外部薪酬状况调查主要是对本地区、本行业，尤其是主要竞争对手的薪酬的调查。首先，调查所使用的数据主要源于公开发布的各种资料，例如由国家和地区的统计部门、劳动人事部门、工会等公开发布的信息，以及各地区统计年鉴等参考工具书，还有高等教育机构、研究单位等的研究成果。这些资料不仅能够提供外部薪酬信息，而且具有权威性和可靠性。其次，可以通过抽样调查的方式获取一手资料。最后，还可以在招聘过程中获取关于外部薪资情况的相关数据。

（六）薪酬分级与定薪

组织根据职务评价确定薪酬曲线，组织可以将所有职位按照其评价结果或薪酬水平排序，从而绘制出一条薪酬曲线。这条曲线通常显示了企业内部不同职位之间的相对薪酬水平。

（七）薪酬制度的执行、控制与调整

薪酬制度建立后，把它付诸实施并根据管理内外环境的变化进行适当的调整是一项漫长且复杂的工作。应当建立薪酬管理制度，确保薪酬制度的顺利实施。

三、公共部门人员薪酬水平设计

（一）薪酬调查

1. 薪酬调查的内涵

薪酬调查是一种通过对市场上不同职位的薪酬进行收集、整理和分析的活动，其目的是掌握和理解特定职位在特定地区的市场薪酬水平。通过薪酬调查，组织能够确保其支付的薪酬对外具有竞争力，能够吸引和留住人才；同时，也保证内部薪酬的公平性，确保相同或相似职位的薪酬水平是合理的。

我国《公务员法》规定："公务员的工资水平应当与国民经济发展相协调、与社会进步相适应。国家实行工资调查制度，定期进行公务员和企业相当人员工资水平的调查比较，并将工资调查比较结果作为调整公务员工资水平的依据。"实行薪酬调查制度，就是

加强公务员工资待遇水平的外部比较，来增强公务员薪酬的外部竞争性。

2. 薪酬调查的步骤

薪酬调查主要按以下步骤进行。

（1）确定薪酬调查的职位。

此环节最重要的任务在于确定基准职位，即选择那些具有代表性的职位进行调查。

（2）确定薪酬调查的对象及范围。

公共部门薪酬调查的对象及范围应涵盖所有在职员工，包括不同级别、职位和部门的员工。调查范围应覆盖所有分支机构和服务场所，以确保调查结果的全面性和准确性。同时，调查内容应包括员工的基本薪酬、福利待遇、奖金和其他相关补贴，以及不同职位和级别的薪酬差异。此外，还应考虑地区差异、行业标准和市场薪酬水平等因素，遵循可比性原则，以便进行客观、公正的薪酬分析和比较。

（3）确定薪酬调查的渠道和方式。

薪酬调查的渠道通常有：参加行业会议、论坛、沙龙等活动，专业薪酬调查机构，政府部门发布的统计数据等。普遍采用的具体调查方式是问卷法和座谈法，此外还可使用网络调查等作为补充手段。

（4）设计薪酬调查表并开展实际调查。

无论采取何种薪酬调查方式，都需要采用一个薪酬调查表记录所获取的信息。薪酬调查表应包括以下内容。

一是个人信息。包括员工姓名、部门、职位、工作职责等基本信息，确保能够对员工进行准确的身份识别和归类。

二是薪酬信息。列出员工的基本工资、津贴、奖金、加班费等各种形式的薪酬组成部分，以及这些薪酬的具体数额。

三是绩效评估。记录员工的绩效评估结果，包括考核等级、评定标准、绩效得分等，这些信息对于确定员工的绩效奖金或晋升提升具有重要参考价值。

四是福利待遇。除了直接的薪酬外，还应包括员工享受的福利待遇，如健康保险、退休金、带薪休假等，这些待遇也是员工对工作价值的重要考量因素。

五是工作满意度。通过薪酬调查表，公共部门还可以收集员工对薪酬待遇的满意度反馈，了解员工对目前薪酬制度的认可度和期望，有助于优化薪酬管理策略。

六是行业比较。最后，还可以对公司内部的薪酬情况与同行业其他企业进行比较分析，了解公司在薪酬竞争力方面的优势和劣势，为薪酬制定提供参考依据。

（5）分析薪酬调查结果。

在结束薪酬调查之后，需要分析薪酬调查的结果，形成薪酬调查报告。分析薪酬调查的结果主要是针对薪酬的统计数据进行分析，一般包括频度分析、居中趋势分析、离散趋势分析及回归分析等。

（二）薪酬比较

公共部门薪酬水平比较是指对公共部门中不同职位、不同地区或不同级别员工的薪酬进行分析和比较的过程。每年对企业各类人力资源的薪酬状况进行抽查，并与公共部门工作人员的薪酬水平进行比较，找出两者的差距，从而提出修订公共部门工作人员薪酬的建议。公共部门薪酬水平比较的目的是确保薪酬体系既能吸引和留住人才，又能反映员工的贡献和绩效，同时保持与市场的竞争力。这种比较有助于发现和解决薪酬不平等和人力资本错配的问题，以促进公共部门内部的人力资源优化和提高整体工作效率。

在进行公共部门工作人员和企业人员薪酬调查后，取得了相应的数据，同时考虑物价指数，这时将调查结果进行比较，提出合适的公共部门工作人员薪酬调整幅度。这一调整幅度要广泛征求社会各界的意见，公共部门工作人员的薪酬来自纳税人，其薪酬水平的调整属于公共行为，应充分征求各利益相关群体对于公共部门工作人员薪酬水平调整的意见。

（三）薪酬调整

根据薪酬调查结果，可以对员工的工资进行有计划的调整。从具体内容来看，薪酬调整又可以分为以下五类。

1. 定级性调整

这种调整是基于公务员或事业单位员工的职务级别进行的。当员工晋升或降低职务时，其薪酬也会相应调整。根据公务员职务与级别管理规定，公务员职务晋升后，原级别低于新任职务对应最低级别的，晋升到新任职务对应的最低级别；原级别已在新任职务对应范围内，在原级别的基础上晋升一个级别。

2. 物价性调整

这种调整是为了弥补物价上涨对员工实际购买力的影响。通过给员工增加工资，以保持其工资的购买力。这种调整通常是为了应对通货膨胀等因素。

3. 工龄性调整

这种调整是基于员工的工龄进行的。员工的工龄越长，其薪酬也会相应增加。这种调整可以激励员工长期服务于公共部门。

4. 考核性调整

这种调整是基于员工的绩效考核结果进行的。员工的绩效考核结果优秀，可以获得薪酬上的奖励；绩效考核结果不佳，则可能面临薪酬上的惩罚。

5. 奖励性调整

这种调整是基于员工的特殊贡献或成就进行的。例如，员工在工作中取得显著成绩，或者获得某种荣誉，可能会获得额外的奖金或调薪。

这些调整方式可以单独使用，也可以组合使用，以实现公共部门薪酬的公平、合理和激励作用。

第三节 公共部门职位评价

一、职位评价概述

（一）职位评价的内涵

公共部门职位评价是一种系统性的分析和评价方法，用于确定公共部门中各个职位的重要性和价值。通过对职位的职责、要求、工作环境等方面进行综合评估，以确定每个职位在组织中的相对重要性。公共部门职位评价的目的是建立一个公平、合理的薪酬结构和晋升体系，确保员工在工作中所展现的能力和绩效得到相应的回报。同时，职位评价也有助于明确职位间的等级关系，为员工提供职业发展和晋升的参照系。通过职位评价，公共部门可以更加科学地管理人力资源，提高组织效率和员工满意度。

职位评价的最终结果是工资等级或薪酬等级，它是薪酬设计和薪酬管理的基础。职位评价以事或职位为中心，而不是以担任该职位的人员为中心。

（二）职位评价的作用

1. 职位评价是确定公共部门职位等级的手段

在公共部门中，职位评价是确定职位等级的关键步骤，其核心在于对职位的相对价值进行分析和排序，确定公共部门职位等级。此过程涉及对职位职责、要求的知识和技能，以及所需的能力进行深入的考察。

2. 职位评价是明确薪酬分配的基础

职位评价是明确薪酬分配的基础，这是因为职位评价能够对公共部门的每个职位进行正式和系统的比较，以确定其相对价值。通过职位评价，公共部门可以区分和判断哪些职位在任职资格、承担责任以及应对工作复杂程度方面有更高要求。只有通过对员工岗位进行评价，才能获得对其工作情况的了解和认识。薪酬管理则是通过有效的薪酬体系评定、修订、调整等方式，实现对员工在特定岗位上工作的约束和激励。只有岗位评价具体全面，才利于完善薪酬管理。

3. 职位评价指明了职业发展和职务晋升通道

公共部门职位评价是一个系统性的过程，它通过对职位的工作内容、工作难度、责任程度、任职资格等因素进行综合评估，以确定职位在组织中的相对价值和任职者在职业发展中的地位。这一评价不仅有助于提高职位管理的科学性和规范性，同时也为公共部门员工的职业发展和职务晋升指明了方向和通道。公共部门应重视职位评价工作，不断完善评价体系，为员工的职业发展提供更加清晰和公平的通道。

（三）职位评价的程序

职位评价的程序主要如下。

（1）按工作性质将组织的全部职位分类、职位类别层次的多少视组织的具体情况而定。

（2）收集有关职位的各种信息。

（3）建立专门的组织机构，根据确定的标准和收集的信息，评价者进行评估。培训专门的评价团队，确保他们全面理解职位评估的核心理念和实际操作方法。

（4）制订具体工作计划，确定详细实施方案。

（5）在收集资料的基础上，找出与职位直接相关的主要因素。

（6）制定统一的评价标准，设计相关问卷和表格。

（7）对几个关键职位进行试验性的评估，汇总经验、识别存在的问题、制订解决方案并及时进行修正。

（8）执行职位评估的所有具体步骤。

（9）编写关于各个职务的评价报告书。

（10）对职位的评估工作进行梳理和总结。

二、职位评价的方法

职位评价的方法大致可以分为两大类：非量化评价法和量化评价法。非量化评价法通常不涉及具体的数值，而是依赖于更为主观的评估方法，包括排序法和分类法。量化评价法是通过使用具体的数值或标准来评估职位的方法，包括要素计点法和要素比较法。

（一）排序法

1. 排序法的内涵和程序

排序法是由职位评价人员凭自己的判断，将组织内所有职位按其相对价值排序的评价方法。它是最简单的职位评价方法，可分为直接排序法、交替排序法和配对比较排序法。

（1）直接排序法。直接排序法要求对一组不同的职位进行直接比较和排序。在这种方法中，评价者需要将各个职位按照其重要性或价值进行直接排序，通常是通过将职位与其他职位进行逐一比较，确定其在整体序列中的位置。这种方法相对简单直观，但也可能存在主观性和偏好性的影响。直接排序法通常用于较小规模的组织或少量职位的评价。

（2）交替排序法。交替排序法是一种评估岗位价值的方法，它将岗位按照其相对价值进行排序，但与直接排序法不同的是，它采用交替的方式进行比较。这种方法在评估过程中采用交替比较的方式，有助于减少评估过程中的主观偏见。

（3）配对比较排序法。配对比较排序法是将所有岗位两两配对比较，根据比较结果排出岗位的顺序这种方法较为复杂，但可以更精确地评估每个岗位的价值，因为它涉及的比较更为全面。

2. 排序法的优缺点

排序法的优点是操作流程简洁，不需要复杂的计算和评分系统，易于理解和实施。由于实施过程简单，因此这种方法的费用较低，不需要太多的专业培训和复杂的软件支持。排序法的结果容易向员工解释，有助于提高员工对公共部门决策的理解和信任。

其缺点也非常明显，由于排序法主要依赖评价者的主观判断，因此可能会导致评价结果的不客观和不一致。排序法仅仅能确定职位的序列，但无法准确反映不同职位之间的具体价值差异。这种方法适用于规模较小、结构简单、职位类型较少的公共部门，对于规模大、职位类型多的公共部门可能不太适用。

排序法作为一种基础的职位评价工具，其在操作上的简便性和成本效益方面有明显优势，但同时也存在着主观性强和评价结果精细化程度不足等问题。因此，企业在选择职位评价方法时，需要根据自身的实际情况和管理需求来决定是否采用排序法。

（二）分类法

1. 分类法的内涵和程序

分类法是一种对职位进行系统化分类的方法，其核心思想是根据职位的工作性质、责任轻重、难易程度和所需资格条件等因素，将职位划分为不同的类别和等级。这种方法的目的是实现人事管理的科学化，提高组织的效率和竞争力。该法最初由美国政府使用，其主要特征是能够快速对大量职位进行评价。

分类法的程序主要是：
（1）确定分类标准：明确分类的基本原则和标准，如生物分类依据的是物种的生理特征、遗传关系等。
（2）建立分类体系：根据分类标准，建立一个从高到低的分类体系。
（3）分类单元的划分：依据所定的分类标准，将对象划分为不同的分类单元。
（4）编码与标识：为了便于计算机处理和人工检索，每个分类单元通常会被赋予一个编码或标识。
（5）分类操作：按照分类体系，对具体对象进行分类。
（6）分类结果的应用：将分类结果应用于信息检索、知识组织、决策支持等方面。
（7）调整与优化：根据实际需要和新的研究结果，对分类体系和分类标准进行调整和优化。

2. 分类法的优缺点

分类法实际上是排序法的改进，具有以下几点优点。
（1）科学性和客观性。分类法依据明确的工作职责和资格要求，力求以客观的标准评价不同职位，从而提高人事管理的科学性和合理性。
（2）标准化和规范化。通过分类建立一套标准化的职位体系，有助于规范员工的工作内容和职责，提高工作效率。
（3）公平的薪酬体系。分类法有助于建立一个基于工作价值和责任感的公平薪酬体系，确保相同级别的职位享有相似的薪酬和待遇。
（4）人才发展和流动。分类法可以为员工提供清晰的职业发展路径，促进内部流动和晋升，激发员工的积极性和职业发展动力。
（5）管理效率。通过对职位的明确分类，可以更好地进行人员配置和管理工作，减少职责不清和重复劳动的情况，提高组织效率。

缺点主要在于这是一种主观性较强的方法，具体包括以下几个。
（1）适用范围有限。分类法可能更适合专业性较强和稳定性的工作，对于高级行政职位、机密性职位、临时性职位或通用性较强的职位可能不太适用。
（2）程序复杂。实施职位分类需要投入大量的人力和物力，并且需要专家参与，否则可能难以达到科学和准确的要求。
（3）忽视个体差异。分类法强调的是职位面前人人平等，可能会忽视个体差异，对于那些具有特殊才能或贡献的员工，这种方法可能不够灵活。
（4）晋升路径固定。分类法可能会限制员工的晋升调转途径，使个人发展和职业晋升变得较为固定和僵化。
（5）考核过于量化。在考核过程中，分类法可能会过分依赖公开化和量化指标，这可能导致忽视工作的质的方面，使员工感到过于烦琐和死板。

分类法较适用于工作内容变化不大的组织，在公共部门中较为适用。

（三）要素计点法

1. 要素计点法的内涵和程序

要素计点法是一种常用的职位评价方法，其基本原理是将一个职位的各项工作要素

(如技能、责任、劳动条件等)分解为若干具体要素，并为每个要素设定一定的计点标准，根据这些标准对每个要素进行评分，最后将各个要素的得分加总，得出该职位的总评分。要素计点法的程序如下。

(1) 确定报酬要素。从实践看，美国劳工部确定知识、工作控制和复杂性、工作接触和物理环境四个报酬要素；合益职位评价法认为所有工作都可以用三类要素进行评价，即技能水平、解决问题的能力和职位责任，并细分为8个二级报酬要素。

提取报酬要素的一般原则主要包括公平性、合理性、竞争性和激励性。公平性要求确保报酬体系对所有员工公正，不偏袒任何个体；合理性要求报酬与工作内容、工作难度、工作环境等因素相匹配；竞争性要求企业的报酬水平具有市场竞争力，以吸引和留住人才；激励性要求通过报酬体系激发员工的工作积极性和创造性，促进企业发展。

(2) 成立岗位评价委员会。组建一个由相关部门和人员组成的岗位评价委员会，负责指导和管理岗位评价工作。

(3) 选定岗位评价主要因素。根据企业战略目标和岗位特点，确定影响岗位价值的关键因素，如岗位责任、知识技能、岗位性质和工作环境等。

(4) 确定岗位评价项目。将选定的因素细分为具体的项目，以便于对岗位进行评价。

(5) 确定评价等级。根据各因素项目的不同水平，设定相应的评价等级。

(6) 设定各等级的点数。为每个评价等级赋予一定的分值，即点数。

(7) 给定权重系数。根据各项目在总体中的重要性，分别为各项目分配权重系数。

(8) 岗位评价模拟：选定有代表性的岗位，对以上步骤进行模拟，检验评价结果是否准确、合理。如有差错，重新调整有关评价要素、评价项目、点数值和权重系数。

(9) 对各岗位进行评价。根据岗位的实际表现，对各岗位进行评价，计算各岗位的总点数。

(10) 确定职位等级结构。根据每个职位的职位说明书确定各个职位在每个报酬要素上的等级，将等级对应的点数相加，即为该职位的评价点数，最后将所有职位按点数多少排列，就形成了一个职位等级结构。若需要制定薪酬等级，用货币数值直接代替点数，就可以形成薪酬的等级系列。

表 7-1 为美国劳工部职位评价方案的职位等级划分。

表 7-1　美国劳工部职位评价方案的职位等级划分

物理环境	工作控制和复杂性	工作接触	知识
10	100	30	750
25	300	75	950
40	475	110	1 250
70	625	180	1 550
100	850	280	
	1 175		
	1 450		

(11) 形成岗位价值模型。将岗位评价结果整理成一张分数表，以便于对岗位进行排序和价值评估。

（12）应用岗位价值模型。根据岗位价值模型对各个岗位进行价值评估，确定岗位的价值和相对重要程度。

通过以上步骤，公共部门可以建立一套科学、合理的岗位评价体系，为薪酬管理、员工激励和人才培养提供依据。

2. 要素计点法的优缺点

要素计点法是一种广泛应用于职位评价的方法，它通过将职位分解为若干报酬要素，并为每个要素分配点值，来量化职位的价值。

要素计点法的优点在于其评价结果的准确性和可比性。通过将职位分解为可量化的报酬要素，职位之间的比较更为科学合理，员工也更容易接受评价结果。此外，这种方法允许对职位之间的微小差异进行调整，可以应用于不同类型的职位。更重要的是，要素计点法能够反映出一个组织的文化和战略需求，强调组织认为重要的价值要素。

然而，要素计点法也有其局限性。首先，设计和实施这一系统需要花费大量时间，要求组织首先进行详尽的职位分析，有时还需要利用职位调查问卷等工具。在实施过程中，对于报酬要素的界定、等级的定义以及点值的权重分配都可能存在主观性，特别是在多人参与的情况下，意见不一致可能会增加系统的复杂性和难度。另外，由于操作过程较为复杂，需要专家的参与，因此成本相对较高。

综上所述，要素计点法在提供精确和可比职位评价的同时，也需要组织付出更多的时间和成本，并且在实施过程中存在一定的主观性。因此，在考虑采用要素计点法时，组织需要权衡其优缺点，确保投入的资源能够得到有效的回报，特别是在工作岗位稳定、清晰且完整，且工资决策需要明确无误的情况下，要素计点法才能发挥更大的作用。

（四）要素比较法

1. 要素比较法的内涵

要素比较法是一种岗位评价方法，它通过选择多种报酬因素，如工作责任、工作强度、任职要求、工作环境等，并按照这些因素分别进行排序，以实现对岗位的量化评价。这种方法相较于岗位排序法，更能全面、细致地评估岗位的价值和特点。

2. 要素比较法的程序

要素比较法的程序如下。

（1）确定典型职位。在选择典型的职位时，必须确保其薪资水平是基本合适的；工作的具体内容被广大人群所熟知，并且相对稳定；能体现组织的发展战略和战略目标。有资格代表被评估的职务；工资水平通常是由劳动力市场来设定的。通常，我们需要确定15~25个核心职位，并努力覆盖组织内的各种薪资层次。

（2）选定报酬要素。通常，我们会选择3~5个薪酬因素，其中常见的包括体力需求、智力需求、技能标准、职责以及工作环境等。这些因素应当具备可对比性，以便更有效地对各种不同的职位进行评估。

（3）对典型的职位进行比较和排序。报酬要素有多少，就进行多少次排序。

（4）确定每个典型职位各报酬要素的工资率或薪酬比例，然后又对这些典型职位进行排序。工资率应通过市场调查确定。

（5）通过对比两次排序的结果，删除存在争议的职位。两次排序的结果应当是一致的。如果存在不一致的情况，可以进行适当的调整以使其一致，或者通过调整不同因素的工资率来消除这些不一致；如果存在差异，就需要对这些差异进行合理解释，并根据分析给出相应对策。如果实在无法进行调整或修正，那么应当删除这个职位，并重新挑选一个具有代表性的岗位。

（6）形成评价工具表或比较尺度表。将各个评价要素及其评价标准整理成表格形式，形成评价工具表。要素比较等级表实例如表7-2所示。

表7-2 要素比较等级表实例

工资率	体力要求	脑力要求	技能要求	工作条件	职责
0.5			职位2		
1.0	职位2			职位1	职位2
1.5		职位1			
2.0		职位2			职位3
2.5	职位1		职位3	职位3	

应将等级表中的典型职位进行比较，如果某个非典型职位的某一要素与某一个典型职位的某一要素相似，那么就可以根据该相似要素的薪资金额来确定，然后将其累计加总。

3. 要素比较法的优缺点

要素比较法的优点为：一是要素比较法是一种比较精确、系统和量化的职位评价方法，通过把职位特征具体细化到每一报酬要素，对操作步骤进行详细说明，有助于评价人员正确判断，得到员工认可。二是评价结果是职位的薪酬水平，体现了市场价值。三是报酬要素较少，避免了重复，扩大了适用范围。四是要素比较法先确定了典型职位的系列等级，以此为基础将其余各职位同典型职位相比较，所以简便易行。

要素比较法的缺点为：一是所选报酬要素不一定对组织中所有的职位都适用。二是各报酬要素的相对价值在总价值中所占的权重由评价人员确定，在一定程度上影响评价的精确度。三是操作复杂，成本较高。四是将典型职位作为对比基础，其薪酬水平是过去或现行的标准，随着社会生产的发展、劳动生产率的提高、物价的上涨，组织如要增加员工薪酬，只能选择给所有的职位增加相同的百分比。

第四节 公共部门人员福利管理

一、公共部门人员福利概述

公共部门人员福利是指政府或公共机构为了吸引、激励和留住优秀人才，提高员工的工作积极性和生活质量，所提供的一系列福利项目和补贴。这些福利可以包括薪资、社会保险、医疗保健、退休金计划、住房补贴、教育培训、假期安排、工作环境改善等各个方面。

公共部门人员福利的主要目的是通过提供这些额外的福利，来弥补公共部门员工在薪资上可能与私营部门存在的差距，确保员工的工作与生活平衡，同时提升政府机构的工作效率和公众服务质量。福利措施能够增强员工的归属感和忠诚度，降低员工流失率，对于建立一个稳定的公共部门劳动力队伍至关重要。

公共部门在提供福利时，通常会考虑到员工的普遍性和共同性需求，通过举办集体福利设施、发放各种补贴等方式来满足这些需求。这些福利往往以低成本或免费的形式提供，以体现政府对员工的关怀和支持。

随着社会的发展和进步，公共部门人员福利也在不断地改进和完善。政府机构会根据员工的反馈、社会变化以及财政状况，适时调整福利政策，确保其既具有吸引力，又能在财政上保持可持续。总的来说，公共部门人员福利是政府人力资源管理的重要组成部分，对于构建高效、廉洁的公共部门具有重要意义。

（一）工时制度

工时制度是指国家对劳动者工作时间进行规范的法律制度。在我国，主要有三种工时制度，分别是标准工时制、综合工时制和不定时工时制。标准工时制是目前我国普遍实行的，要求劳动者每日工作 8 小时，每周工作 40 小时。综合工时制是以周、月、季、年等为周期，根据工作性质和需要进行综合计算的工作时间制度。不定时工时制则没有固定的工作时间，劳动者的工作时间根据工作任务和个人安排来灵活安排。这些工时制度的设立，旨在保障劳动者的合法权益，同时满足不同行业和岗位的工作需求。

（二）福利费制度

福利费制度是我国公务员现行福利制度的重要组成部分之一。这项制度主要是为了保障公务员的基本生活需要，提高他们的生活水平，从而更好地激发他们的工作积极性和提高他们的工作效率。在福利费制度中，公务员可以根据个人的实际需求，选择适合自己的福利项目。这些福利项目包括住房补贴、医疗补助、子女教育补助等，涵盖了公务员生活的各个方面。通过这种方式，公务员可以得到更加全面和细致的关怀，从而提高他们的工作满意度和忠诚度。

（三）节假日制度

节假日制度是指国家对法定节假日休息天数以及与之相关的工资支付所作的规定。根据我国相关法律法规，用人单位在法定节假日应当支付员工工资，通常是按照平日工资的 300% 支付。具体来说，法定节假日包括元旦、春节、清明节、劳动节、端午节、中秋节、国庆节，每个节日的具体放假天数和调休安排由国务院提前发布。在实际操作中，用人单位需要按照国家的规定来执行节假日工资支付，确保员工的合法权益得到保障。同时，用人单位还需关注和遵守国家关于加班工资支付的相关规定，合理安排员工的节假日工作和休息，确保员工在工作和生活中能够享受到法定的福利待遇。

（四）探亲制度

探亲制度是我国一项关怀职工家庭生活的福利制度，主要针对在国家机关、人民团体和全民所有制企业、事业单位工作的职工。根据规定，职工必须工作满一年才能享受此待遇。探亲假分为探望配偶和探望父母两种情况。若职工与配偶不住在一起，又不能在公休假日团聚的，可以享受探望配偶的待遇；若职工与父亲、母亲都不住在一起，又不能在公休假日团聚的，可以享受探望父母的待遇。但有一些特殊情况需要注意，如职工与父亲或母亲一方能够在公休假日团聚的，不能享受探望父母的待遇。此外，职工探望配偶的假期为 30 天，未婚职工探望父母的假期为 20 天，已婚职工探望父母的假期为 4 年一次，假期为 20 天。在规定的探亲假期和路程假期内，职工的工资按照本人的标准工资发放，并且往返路费由所在单位负担。

（五）带薪年休假制度

带薪年休假制度是国家为保护劳动者身体健康、每年安排劳动者集中一段时间进行轮休的一种福利制度，包括休假天数和休假方式等内容。员工在一定工作年限后，按照规定的标准和天数，享受带薪休息的福利，旨在保障员工的休息权，提高工作效率，有利于员工的身心健康。《职工带薪年休假条例》明确规定：机关、团体、企业、事业单位、民办非企业单位、有雇工的个体工商户等单位的职工连续工作 1 年以上的，享受带薪年休假。带薪年休假的天数和工资待遇，应根据国家规定和企业的具体制度执行。

二、公共部门人员的津贴制度

（一）津贴的内涵和特点

1. 津贴的内涵

津贴是指为了补偿工作人员在特定工作环境、岗位或者任务中产生的额外支出，或者为了激励工作人员更好地完成工作任务而给予的一种额外补贴。在我国，津贴的形式多种多样，如国务院政府特殊津贴、岗位津贴、绩效津贴等。

2. 津贴的特点

津贴是一种补充形式的工资，它主要是为了补偿员工在特殊条件下工作所增加的消耗和支出。与基本工资和奖金相比，津贴具有以下几个显著特点。

（1）补偿性。津贴通常是基于员工在工作过程中遇到的一些特殊条件，如额外的劳动消耗、特殊工作环境或特殊的工作要求。例如，对于从事有害健康工作的员工，可能会发放医疗卫生津贴作为补偿。

（2）附加性。津贴附加于基本工资之上，它不单独构成基本工资的一部分，而是对基本工资的补充。这意味着，津贴不会因为员工的基本工资水平不同而有所差异，它是根据员工所处的工作环境和条件来确定的。

（3）灵活性。组织可以根据实际情况自主决定是否提供津贴以及津贴的种类和标准，这使津贴比基本工资和奖金灵活。组织可以根据自身的战略目标和员工的需求，适时调整津贴政策。

（4）特定性。津贴通常针对特定的职位、特定的工作任务或特定的员工群体。比如，对于夜班工作的员工，组织可能会提供夜班津贴；对于需要在海外工作的员工，企业可能会提供海外工作津贴。

（5）不以绩效为唯一依据。尽管员工的个人绩效可能会影响津贴的获取，但津贴的发放不完全取决于员工的绩效表现。它更多的是与员工的工作性质和条件相关。

（6）稳定性。津贴通常在一定时期内是相对稳定的，不像奖金那样波动大。

（7）法定性。在某些情况下，津贴的设置和发放还受到国家相关法律法规的约束，比如国家可能会规定某些必需的津贴以保障员工的基本权益。

(二) 津贴的形式

津贴作为合理调节薪酬关系的补充措施，形式多种多样。目前国家机关工作人员的津贴主要有以下几种。

1. 地区附加津贴

这是根据公务员所在地区的经济发展水平、生活成本等因素制定的，旨在弥补不同地区间因生活成本差异造成的工资水平差异。地区附加津贴按照公务员所在地的艰苦边远程度和物价水平等因素进行调整，以保障公务员在不同地区的基本生活需要。

2. 艰苦边远地区津贴

这项津贴是对在艰苦边远地区工作的公务员因为特殊的工作环境和条件所付出的额外劳动消耗及特殊生活费支出的适当补偿。艰苦边远地区津贴根据地区的自然环境、气候条件、海拔高度和当地物价等因素确定，分为不同的类别，每一类都设定了相应的津贴标准。这样的制度既体现了对在这些地区工作的公务员的关心和激励，也鼓励了优秀人才到艰苦边远地区工作，保持了公务员队伍的稳定。

3. 特殊岗位津贴

这是针对某些特殊岗位或工作性质而设置的津贴。例如，对于从事特殊任务、特殊工作环境或者需要特殊技能的公务员，可以给予额外的津贴，以体现劳动差异和技能要求。

三、公共部门人员的社会保险

(一) 社会保险制度的内涵

公共部门社会保险制度是国家为了保障职工在特定情况下能够得到必要的经济补偿和帮助，从而维护社会稳定和谐的重要社会保障体系。它涵盖了一系列的法律法规和政策措施，旨在通过对职工在遭遇疾病、工伤、失业、养老等社会风险时提供一定的经济保障，确保其基本生活水平的稳定。这一制度不仅仅是一项经济制度，更是一项社会政策，体现了国家对社会成员特别是劳动者的关怀与保护。在公共部门社会保险制度中，养老保险是保障职工在退休后能够享有稳定生活来源的关键组成部分；医疗保险确保职工在面临疾病时能够得到必要的医疗救治，减轻其经济负担；失业保险在职工失业时提供一定的经济援助，促使其尽快重新就业；工伤保险为在工作中受伤的职工提供必要的医疗和经济补偿；生育保险则是为了保障女性职工在生育期间的基本生活和身体健康。

公共部门社会保险制度的建立和实施，遵循公平、普遍覆盖、可持续发展的原则，力求在全社会范围内形成一个无歧视、互助共济的社会保障体系。它对于促进社会公正、缓解社会矛盾、维护社会稳定具有不可替代的作用。同时，这一制度的完善和发展，也是国家根据经济社会发展水平和人民群众需求不断调整和优化的过程，反映了国家对社会主义核心价值观的坚持和推进。

(二) 社会保险制度的原则

公共部门的社会保险制度，在建立与完善过程中要遵循以下原则。

(1) 公平原则。社会保险制度要求所有参保人员按照统一的标准缴纳保险费，享受相应的保险待遇，确保不同群体之间、地区之间的保险待遇均衡。

（2）公正原则。公共部门社会保险制度要求所有参与者遵守国家法律法规，确保保险权益的公正实现，任何单位和个人不得非法干预保险事务。

（3）普遍覆盖原则。所有在公共部门的从业人员都应参加社会保险，确保他们在遇到相关风险时能够得到必要的经济保障。

（4）可持续原则。社会保险制度的运行应考虑长期可持续性，合理规划保险费率和待遇水平，确保保险基金稳定，避免出现财务赤字。

（5）互助共济原则。社会保险是一种集体性质的保障，所有参保人员共同缴纳保险费，形成基金，当有成员需要时，可以从中获得帮助，实现互助共济。

本章小结

薪酬管理的模块包括薪酬体系管理模块、薪酬水平管理模块、薪酬结构管理模块、绩效薪酬管理模块和薪酬政策管理模块等。公共部门人员福利制度主要包括津贴制度和各种社会保险等。

核心概念和知识点

薪酬；薪酬管理；内在薪酬；外在薪酬；薪酬制度；薪酬水平；职位评价；福利；津贴；社会保险。

课后习题

1. 薪酬的作用有哪些？
2. 简要说明薪酬管理的内容。
3. 公共部门人员薪酬管理的基本原则是什么？
4. 简述公共部门人员薪酬管理的影响因素。
5. 职位评价的作用是什么？
6. 职位评价的方法有哪些？各有哪些优缺点？
7. 公共部门人员薪酬设计过程一般包括哪些步骤？
8. 公共部门人员福利主要有哪些形式？

本章案例研究

国企改革背景下的国网产业单位薪酬绩效管理升级

国有企业工资决定机制改革是完善国有企业现代企业制度的重要内容，是深化收入分配制度改革的重要任务。为此，国家和各级国有企业不断强化顶层设计，指导国有企业工资决定机制改革。国网人资部在2022年工作要点中提出，按照"一岗多级、绩效联动"的原则，研究构建"基准岗级+发展岗级"的宽带岗级体系，以此作为完善省管产业单位人员管理规范的重要任务之一。

⋯⋯

二、为了什么升级

（一）岗位相对价值差异未通过薪酬体现，"大锅饭"现象严重

国网系统内，各省公司、主业单位及省管产业单位现行的薪酬绩效管理的核心依据是《国家电网公司岗位绩效工资制度实施总体方案》（国家电网人资〔2015〕125号）文件，但已无法做到在满足薪酬管理的现状的同时，提供薪酬动态管理的空间。以某省产业管理公司为例，在岗级薪级方面，公司专责岗位的岗级跨度设置为13~15岗级，部分15岗级的岗位尽管岗位价值存在差异，但由于无法突破现有的岗级跨度，因此两者之间的薪酬关系并不能反映两岗位的真实价值。在具体薪酬数据方面，正科级之间薪酬差距最大为0.18%，副科级之间薪酬差距最大为5%，专责之间薪酬差距最大为2.4%，层级内薪酬"一碗水端平"；正科与副科薪酬差距为15.7%，副科与专责薪酬差距为4.3%，层级之间薪酬差异不明显。

（二）职工劳动贡献差异未通过薪酬体现，劳动积极性受到影响

部分产业单位在内部管理中，有鼓励员工多岗位就业的倾向，此举不仅能达到锤炼员工综合素质的目的，也能暂时解决部分缺编问题。因此部分职工除本职工作外，还额外承担了其他岗位职责，但大部分产业单位普遍缺失与兼岗状态相匹配的激励性措施，导致"干多干少一个样"，职工工作积极性受挫，不利于组织整体效率提升。

（三）薪酬上升通道未打通，职工个人发展受限

在国网系统内现行的薪酬调整规定中，按照《薪档动态调整积分管理实施细则》中的描述，积分满足一定条件或年度考核满足一定条件，薪档可上调一级，达到岗级最高薪档则不再调整。根据调查显示，产业单位内的部分职工基于积分累计或年度绩效表现，已达到岗级最高薪档，但由于没有最新的文件支撑，该部分员工薪酬无法再做调整，已严重制约了职工向上发展的动力。

国网下发的新版岗位绩效工资制度，一是将每一层级的岗位带宽进行了拓宽，二是提高了单一岗级的薪档区间，三是提供了岗级调整（向上向下）的政策支持，为职工发展空间进行了扩容。此次调整对于产业单位现阶段员工薪酬管理不仅具有相当程度的积极意义，对于产业单位未来发展更上一层楼也奠定了管理基础。

薪酬管理升级的主要难点在于国企薪酬总额管控下的薪酬优化再分配，绩效管理升级的主要难点在于激励与约束效能双提升。

来源：摘自公众号浩睿咨询《实操动态：国企改革背景下的国网产业单位薪酬绩效管理升级》

思考与探讨：国网是如何进行薪酬绩效管理升级的？主要问题是什么？

第八章 公共部门人事关系管理

引导案例

陕西旬阳市人民医院"到期不续聘"

2023年9月,陕西旬阳市人民医院"到龄不续聘"冲上热搜,引发全网关注。该院《聘用人员管理办法》规定,已取得中级职称的执业医师、特殊紧缺岗位的聘用人员,男性满60周岁、女性满50周岁不再续聘;其他各岗位聘用人员男性满55周岁、女性满44周岁,不再续聘。依据该规定,该院解聘了四名人员。

医院依据《聘用人员管理办法》对四名人员作出到龄不再续聘的决定,似乎这四名人员是事业单位的聘用人员,但从旬阳市调查组的处理来看,调查组责令对旬阳市人民医院违法解聘支付经济补偿标准的二倍赔偿金,实际对医院聘用人员按照劳动关系进行处理。那么医院聘用人员与医院到底是聘任关系,还是劳动关系?

事业单位的人员类型比较复杂,所以对事业单位不同类型的人员实行两元化管理,编制内的按人事规则处理,编制外的按劳动规则处理。很明显,不同类型的人员适用不同的法律,会产生不同的法律后果。再仔细看一下旬阳市人民医院发布的解聘文件,虽然文件名称仍采用聘用关系,但实际上这些人员和医院签订的是劳动合同,而不是事业单位的聘用合同,这是概念的误用,产生性质的误解。即使名义上在事业单位的聘用人员,但实际上医院和聘用人员建立劳动关系,受劳动法约束。

在劳动合同到期不续签问题上地方司法实践差异巨大。在北京,第一次订立的劳动合同到期可以不续签,但公司应该提前30天通知并支付经济补偿。第二次订立的劳动合同到期公司无权单方终止。但在上海,无论是第几次签订的劳动合同,都需要公司和员工协商一致,任何一方不同意续签,都无法续签成功。

在聘用合同终止后是否续签由双方协商。但在聘用合同期满时,因事业单位未能办理终止,导致聘用人员与单位存在事实聘用关系的,这种情况下必须续订聘用合同。

事业单位同时存在人事关系与劳动关系,需要理清事业单位人员的用工关系,做好事业单位二元化管理,避免对不该适用劳动法的人员错误适用劳动法,对应该适用劳动法的人员按人事管理。

来源:公众号白话劳动法,事业单位人事管理专栏(第10期)《事业单位错用人事政策,被判高额赔偿》

本章学习目标

1. 了解公共部门聘用制度及聘用合同和劳动合同的区别
2. 掌握公共部门人员的退出制度
3. 掌握公共部门人员的回避和交流制度
4. 掌握公共部门的申诉制度
5. 了解公共部门的工会工作

本章重点问题

1. 公共部门人事关系管理的基本内容
2. 公共部门人员辞职、辞退和退休制度
3. 公共部门人员的回避和交流制度
4. 公共部门人员的申诉制度

本章思维导图

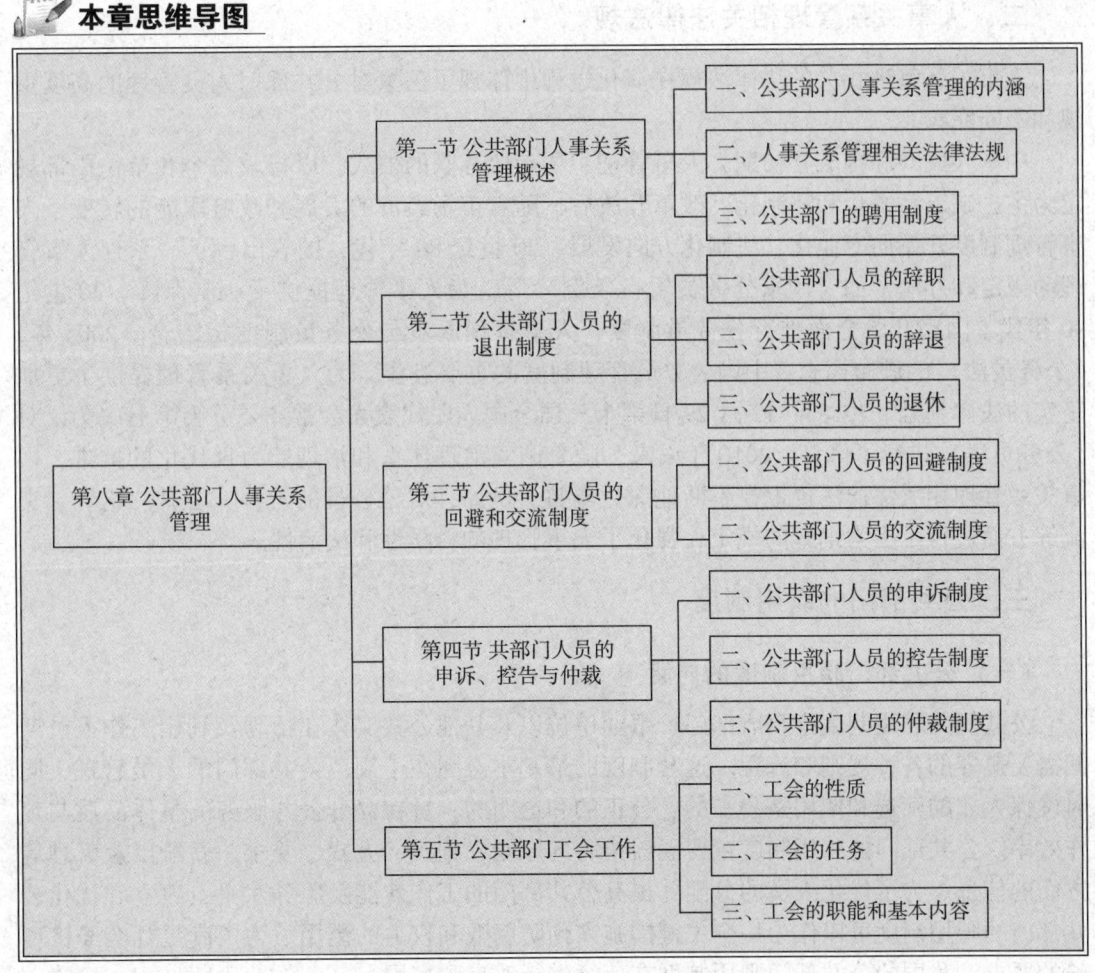

第八章 公共部门人事关系管理

- 第一节 公共部门人事关系管理概述
  - 一、公共部门人事关系管理的内涵
  - 二、人事关系管理相关法律法规
  - 三、公共部门的聘用制度
- 第二节 公共部门人员的退出制度
  - 一、公共部门人员的辞职
  - 二、公共部门人员的辞退
  - 三、公共部门人员的退休
- 第三节 公共部门人员的回避和交流制度
  - 一、公共部门人员的回避制度
  - 二、公共部门人员的交流制度
- 第四节 共部门人员的申诉、控告与仲裁
  - 一、公共部门人员的申诉制度
  - 二、公共部门人员的控告制度
  - 三、公共部门人员的仲裁制度
- 第五节 公共部门工会工作
  - 一、工会的性质
  - 二、工会的任务
  - 三、工会的职能和基本内容

第一节 公共部门人事关系管理概述

一、公共部门人事关系管理的内涵

公共部门人事关系管理是指对公共部门（例如政府部门、国企和事业单位）员工进行的人事管理活动。这些建议的措施涵盖人员的招聘、录用、评估、提升、训练、分配、收入福利和退休的所有相关管理活动。人事关系管理的初衷是利用合理的人事管理策略，来更合理地分配人员，进而提升公共部门的工作表现和服务水平，同时确保最大化公共利益。

人事关系管理不仅要关注人事政策的建立和优化，这包括拟定人事管理的规章、政策和工作执行流程，还需对这些制度进行全面的执行和监管。另外，在公共部门的人事处理过程中，应重视对人员的培养和发展，通过系统的培训和进一步的教育活动，加强员工的专业素养和技能，确保他们能满足公共服务的各种要求。

二、人事关系管理相关法律法规

人事关系管理相关的法律法规在演化过程中体现了国家对公共部门人员管理的高度重视和不断完善。

中华人民共和国成立初期，人事管理主要参照苏联的模式，以行政命令和单位内部规定为主，缺乏系统化和法制化。改革开放后，随着市场经济的发展和政府职能的转变，人事管理制度开始向专业化、法制化方向发展。20世纪80年代，国家出台了一系列人事管理的规定和办法，如《国家公务员暂行条例》等，为人事管理提供了法制保障。20世纪90年代，国家开始全面推行公务员制度，人事管理逐步与公务员制度相结合。2005年，《公务员法》的颁布标志着中国公务员管理制度的重要进步，为人事关系管理提供了更加坚实的法律基础。2018年12月29日第十三届全国人民代表大会常务委员会第七次会议对《公务员法》进行了修订。2010年以来，随着国家治理体系和治理能力现代化的推进，人事关系管理相关法律法规也在不断地深化调整。例如，对公务员的考核、晋升、培训、交流等方面进行了更为细致的规定，强化了人事管理的科学性和法治性。

三、公共部门的聘用制度

（一）公共部门聘用制度的内涵

公共机关聘用制度指政府部门、事业单位以及其他公共实体在招聘及利用工作人员期间需要遵守的各种规则和流程。这套制度的最基本意图在于规范公共部门的人员管理，同时确保人才的筛选和使用是公平的、公正的和透明的，旨在提升公共服务的整体品质与工作效率。公共部门的聘用制度主要涵盖招聘的原则、程序、方式、要求、薪酬以及管理等方面的信息。为了优化人员的分配并提高公共部门的工作效能及服务水平，建立和优化公共部门的聘用制度可以作为一个关键措施来预防腐败和权力的滥用。为了满足社会经济增长的要求，我国的公共部门聘用制度在持续进行改良和拓展。

（二）聘用合同的内涵及特征

1. 聘用合同的内涵

聘用合同是企事业单位与员工之间确立劳动关系的法律文件，它明确了双方在劳动关系中的权利和义务。这种合同旨在规范企事业单位的人员管理，确保员工选拔、使用、管理和激励等方面的工作依法进行，从而提升组织效能和员工的工作满意度。聘用合同的内容通常包括员工的基本信息、合同期限、工作岗位、工作职责、工作时间、劳动报酬、福利保障、培训发展、劳动纪律、合同解除和终止条件、争议解决方式等关键条款。通过聘用合同，双方可以在平等、自愿、协商一致的基础上，建立起既具有法律效力又符合双方利益的关系。

在中国，聘用合同的管理和执行受到国家相关法律法规的约束，如《中华人民共和国劳动法》《中华人民共和国劳动合同法》等。这些法律法规为聘用合同提供了法律框架和基本原则。随着社会经济的不断发展，聘用合同的内涵和外延也在不断丰富和扩展，以适应新的管理需求和市场环境。

2. 聘用合同的典型特征

（1）特定性。聘用合同的特定性是指这种合同在主体、内容和目的上都有明确的规定和限制。具体来说，聘用合同通常由公共部门、事业单位或其他政府机关作为用人单位与特定的员工签订。这些员工通常是在这些机构中从事特定工作的人员，如公务员、教师、医生等。聘用合同的目的是规范劳动关系，明确双方在劳动关系中的权利和义务，确保劳动关系的稳定和和谐。它旨在通过签订合同来确立双方的身份、职责、报酬和其他相关事项，以提高工作效率和服务质量。

（2）弱法定性和强制性。聘用合同的弱法定性和强制性是指在聘用合同的签订和执行过程中，法律对其规定相对较少，且对于双方的权利和义务具有一定的强制力。相比于标准化的劳动合同，聘用合同的法定性相对较弱。这意味着聘用合同在内容上具有更大的灵活性，双方可以根据实际情况和需求自主约定合同条款。当然，这些条款仍需符合国家法律法规的基本要求，如劳动保护、工资待遇等。尽管聘用合同的法定性较弱，但是一旦签订了聘用合同，双方就必须遵守合同的约定。任何一方违反合约规定，对方有权要求承担违约责任。此外，聘用合同中的某些条款具有强制力，如工资待遇、工作时间、福利保障等，双方必须严格执行。

（3）有偿、诺成、双务合同。聘用合同是一种有偿、诺成、双务合同。这意味着在聘用合同中，双方都有权利和义务。雇主有权获得员工提供的劳动，而员工有权获得雇主支付的工资和其他福利。双方在合同中的承诺是以对方的承诺为前提的，即雇主承诺支付工资和提供工作条件，员工承诺提供劳动。聘用合同的成立不以实物的交付为条件，而是以双方意思表示的一致为依据。一旦双方达成一致并签署合同，合同即告成立。

（三）聘用合同与劳动合同的区别

聘用合同与劳动合同具有诸多相同或相似之处，无论签订聘用合同还是签订劳动合同，均标志着劳动者与用人单位建立了合法的人事和劳动关系。两者间的区别也较为明显，表现在以下四个方面。

1. 合同本身的法律性质不同

聘用合同和劳动合同有所不同。聘用合同是政府机关、事业单位、社会团体等公共部门与工作人员之间确立人事管理关系和工作人员行为规范的协议，属于公法调整范畴。劳动合同是企业、个体经济组织、民办非企业单位等组织与劳动者之间确立劳动关系、明确双方权利义务的协议，属于私法调整范畴。

2. 合同主体的权利义务不同

聘用合同调整的是政府机关、事业单位、社会团体等公共部门与工作人员之间的人事管理关系和工作人员行为规范，强调的是公共部门对工作人员的管理和规范。劳动合同规范的是企业、个体经济组织、民办非企业单位等组织与劳动者之间的劳动关系，强调的是双方作为平等主体的权利和义务。

3. 处理争议时审查的内容有所不同

在涉及人事争议时，聘用合同争议的处理往往涉及公法规定和人事管理关系，需要综合考虑政策、法规、规章制度等因素。劳动合同争议的处理主要依据劳动法律法规，以双方签订的劳动合同为主要依据。

4. 用人单位的主体权力不同

从用人单位的主体权力来看，聘用合同中的用人单位通常是政府机关、事业单位、社会团体等公共部门，它们在人事管理上享有一定的自主权。劳动合同中的用人单位则包括企业、个体经济组织、民办非企业单位等，它们在劳动力市场上具有更大的自主权，包括招聘、解雇、薪酬设定等方面的权力。

专栏 8-1

临时性公共部门人力资源与"鲶鱼效应"

公共部门的"鲶鱼效应"是指政府机构或公共部门中的高层管理人员频繁地调换岗位，导致下属员工也纷纷跟随调动，形成一种"鲶鱼效应"。

自从 2002 年吉林省率先开始实行政府雇员制以后，各个地方政府逐渐开始尝试这一制度。目前已初步形成"以行政管理为主"与"以人文本"并存的局面。从招聘员工的规模来看，各个地方政府都是基于自己的实际需求来雇佣不同数量的员工。吉林省政府作为首个实施政府雇员制的地方，首先招募了 3 名来自公安系统的政府员工，然后在 2003 年 7 月，武汉市向公众公开招募了 300 名政府雇员，随后又陆续有一些城市开始推行。从所招聘的政府员工所在的专业领域来看，大部分是信息技术、法律、经济等领域的专家，但也有一小部分是在商业管理、谈判、外语等领域工作的专家；观察各地政府雇员的薪酬标准，我们可以发现它们主要分为三个等级：年薪不超过 10 万元、年薪介于 10 万元与 20 万元之间，以及年薪介于 20 万元至 30 万元之间。例如，在深圳、珠海等地，政府雇员的收入大致与当地公务人员的一般收入相当，属于第一档次。而在吉林省等地，政府雇员的收入属于第二档次。辽宁省的政府雇员最高收入可以达到 30 万元，属于第三档次。考虑到政府雇员的来源，我国政府在招聘这些政府雇员时，显然已超越全国公务员的地理和身份上的限制。近年来，随着我国社会经济发展水平和政治体制改革进程的不断深化,政府雇员制度开始由最初的探索阶段进入一个新的时期,逐步向国内外扩展,例如在辽宁省的政府雇员招聘公告中,已经规定面向国内外公开招聘,同时所选的人员也打破了传统公务员招聘过程中的各种身份限制。

深入思考和探索:尽管新颁布的《公务员法》已经将政府的雇员制度纳入了其管理范围,但该法并没有提供与之相匹配的明确条款,也没有明确这类人员的"进口、在岗和出口"的具体管理细节,这导致了人员管理的混乱。那么,作为一种全新的公共人员管理模式——政府雇员制将如何运作?与传统的公共人员管理方法相比,政府雇员制这种短期的公共人员管理策略存在哪些不同之处?它能够对现有公共人员管理模式产生何种影响?这将对公共人员的管理方法产生何种影响?它能够对现行公共行政体制产生何种影响?是否能够产生被称为"鲶鱼效应"的效果?

第二节 公共部门人员的退出制度

一、公共部门人员的辞职

(一) 辞职的内涵

公共部门人员的辞职是指公职人员依照法律、法规规定,申请终止与公共部门的任职关系。公共部门人员辞职包括辞去公职和辞去领导职务。辞去公职即辞去现任职务,脱离原单位的工作关系,终止原有的义务、权利关系和享受的待遇。辞去领导职务即辞去现任领导职务,脱离自己所处的领导职位终止相应的义务、权利关系和享受的待遇。

辞职是区别于自动离职的,自动离职是公共部门人员非经法定程序,未经批准而私自脱离工作岗位,不履行其所在职位的职责,造成事实上的脱离单位。公共部门人员擅自离职超过一定期限,公共部门就可视为自动离职进行处理。辞职是公共部门人员本人的意思表示,法律予以保护的行为事实。辞职是公务员享有的一项权利,具有自主权;自动离职则是一种违纪行为,其导致的法律后果是法律所预先设定的。

(二) 辞职的程序

虽然公共部门人员并不只是公务员,但公务员是具有代表性的公共部门人员,是公共部门人员的主体,因此在讨论公共部门人员的退出、回避和交流,以及申述与控告的具体制度时,主要介绍公务员制度。

根据《公务员法》的规定,公务员辞去公职,应当向任免机关提出书面申请。任免机关应当自接到申请之日起三十日内予以审批,其中对领导成员辞去公职的申请,应当自接到申请之日起九十日内予以审批。

担任领导职务的公务员,因工作变动依照法律规定需要辞去现任职务的,应当履行辞职手续。担任领导职务的公务员,因个人或者其他原因,可以自愿提出辞去领导职务。领导成员因工作严重失误、失职造成重大损失或者恶劣社会影响的,或者对重大事故负有领导责任的，应当引咎辞去领导职务。领导成员因其他原因不再适合担任现任领导职务的，或者应当引咎辞职本人不提出辞职的，应当责令其辞去领导职务。

（三）辞职的限制

公务员有下列情形之一的，不得辞去公职：
（1）未满国家规定的最低服务年限的。
（2）在涉及国家秘密等特殊职位任职或者离开上述职位不满国家规定的脱密期限的。
（3）重要公务尚未处理完毕，且须由本人继续处理的。
（4）正在接受审计、纪律审查、监察调查，或者涉嫌犯罪，司法程序尚未终结的。
（5）法律、行政法规规定的其他不得辞去公职的情形。

二、公共部门人员的辞退

（一）辞退的内涵

公共部门人员的辞退是指公共部门依据法律、法规规定，解除其与所属人员的任用关系，其行为结果是终止公共部门人员与公共部门的工作关系。辞职和辞退制度赋予了人员和单位互相选择的权利，"双向选择"使双方都享有一定的主动权。

辞退制度具有以下特点。一是辞退公共部门人员是公共部门的法定权利。二是辞退公共部门人员应基于相应的法律事实。三是辞退公共部门人员必须遵循法定程序。四是被辞退的公共部门人员享有法定待遇。

辞退和开除是有区别的，开除是一种惩戒性处分，是最严重的行政处分，用于那些严重违法失职、严重侵犯人民群众利益、损害国家行政机关声誉的公共部门人员；辞退不是行政处分，是非处分性的行政措施。

（二）辞退的程序

以公务员制度来说明辞退制度。《公务员法》规定，辞退公务员，按照管理权限决定。辞退决定应当以书面形式通知被辞退的人员，并应当告知辞退依据和理由。被辞退的人员，可以领取辞退费或者根据国家有关规定享受失业保险。公务员辞职或者被辞退，离职前应当办理公务交接手续，必要时按照规定接受审计。

（三）辞退的条件

公务员有下列情形之一的，予以辞退：
（1）在年度考核中，连续两年被确定为不称职的。
（2）不胜任现职工作，又不接受其他安排的。
（3）因所在机关调整、撤销、合并或者缩减编制员额需要调整工作，本人拒绝合理安排的。
（4）不履行职责义务，不遵守法律和工作纪律，经教育仍无转变，不适合继续在机关工作，又不宜给予开除处分的。
（5）旷工或者因公外出、请假期满无正当理由逾期不归连续超过十五天，或者一年内累计超过三十天的。

（四）辞退的限制

对有下列情形之一的公务员，不得辞退：

(1) 因公致残，被确认丧失或者部分丧失工作能力的。
(2) 患病或者负伤，在规定的医疗期内的。
(3) 女性公务员在孕期、产假、哺乳期内的。
(4) 法律、行政法规规定的其他不得辞退的情形。

三、公共部门人员的退休

（一）公共部门人员退休的内涵

公共部门人员的退休是指达到一定年龄或完全丧失工作能力后，按照法定条件和程序离开工作岗位，并按规定领取退休金或养老金的行为。公共部门人员的退休制度是国家制定并颁布实行的关于退休方式、条件、待遇和安置管理等法律和政策的总称。公共部门人员的退休方式包括自愿退休和强制性退休两种。自愿退休是建立在自愿基础上的，而强制性退休是建立在公共部门人员履行法定退休义务基础上的。

（二）退休的条件

《公务员法》规定，公务员达到国家规定的退休年龄或者完全丧失工作能力的，应当退休。公务员退休后，享受国家规定的养老金和其他待遇，国家为其生活和健康提供必要的服务和帮助，鼓励发挥个人专长，参与社会发展。

公务员符合下列条件之一的，本人自愿提出申请，经任免机关批准，可以提前退休：
(1) 工作年限满三十年的。
(2) 距国家规定的退休年龄不足五年，且工作年限满二十年的。
(3) 符合国家规定的可以提前退休的其他情形的。

第三节　公共部门人员的回避和交流制度

一、公共部门人员的回避制度

（一）回避制度的内涵

公共部门人员的回避制度指为了保证公共部门人员不因亲属关系等，对公务活动产生不良影响，而在公共部门人员所任职务、任职地区和执行公务等方面作出的限制性规定。其目的是预防公职人员以权谋私，解除公共部门人员秉公办事的羁绊，为公共部门正常开展工作提供良好的行政环境。公共部门中人际关系较复杂，从调适公共部门人员人际关系及廉政建设的角度看，实行人事回避制度是必要的。

（二）建立回避制度的意义

1. 为公共部门创造廉政的法制环境

封建社会的非法制化观念和传统文化中的亲情化根基，在一定程度上影响着人们的思想和行为，渗透到公共部门中，干扰公共部门人员正常的管理和执法。要冲破宗族、家族观念的束缚，必须靠有效的制度，实行严格的回避制，从制度上使公共部门人员避开涉及本人及亲属利益的活动、减少利用职权为自己及亲属谋取利益的可能。

2. 为公共部门人员端正行政作风创造制度环境

现代公共部门追求良好的形象构建，建立回避制度有利于防止公共部门亲情关系网的形成，为杜绝不正之风提供法律保证，督促公务员秉公办事，塑造公共部门威信和良好形象，净化社会风气。

3. 为公共部门创造良好的人际关系环境

在亲属关系较多的单位，人际关系比较复杂，规章制度难以贯彻执行，会对正常组织活动产生一定的抵消和破坏作用。建立和实行回避制度，尽可能减少各种"关系网"，消除公共部门内部由于亲属关系而形成的非组织活动，便于公共部门管理。

（三）公共部门回避的类型

公共部门人员的回避有三种类型：职务回避、公务回避、地区回避。以公务员为例，根据《公务员法》，公务员有应当回避情形的，本人应当申请回避；利害关系人有权申请公务员回避。其他人员可以向机关提供公务员需要回避的情况。机关根据公务员本人或者利害关系人的申请，经审查后作出是否回避的决定，也可以不经申请直接作出回避决定。

1. 职务回避

公务员之间有夫妻关系、直系血亲关系、三代以内旁系血亲关系以及近姻亲关系的，不得在同一机关双方直接隶属于同一领导人员的职位或者有直接上下级领导关系的职位工作，也不得在其中一方担任领导职务的机关从事组织、人事、纪检、监察、审计和财务工作。公务员不得在其配偶、子女及其配偶经营的企业、营利性组织的行业监管或者主管部门担任领导成员。

2. 公务回避

公务员执行公务时，有下列情形之一的，应当回避：涉及本人利害关系的；涉及与本人有亲属关系人员的利害关系的；其他可能影响公正执行公务的。

3. 地区回避

公务员担任乡级机关、县级机关、设区的市级机关及其有关部门主要领导职务的，应当按照有关规定实行地域回避。

二、公共部门人员的交流制度

（一）交流的内涵

公共部门人员的交流制度是指公共部门人员根据工作需要或个人愿望，通过调任、转任、轮换、挂职锻炼等形式变换工作岗位，从而产生、变更或取消公共部门人员职务关系或工作关系的一种人事管理活动与过程。公务员的交流是国家行政机关依据有关法规，有计划地将国家行政机关以外的公职人员调入机关担任职务，或将公务员调出国家行政机关任职，以及在国家行政机关内部对公务员进行调动的制度。

交流制度是公共部门人力资源配置中重要的人事调整机制，是充实公共部门人员队伍、增长公共部门人员才干的重要的渠道。从党委、人大、群团组织以及国有企业、国有事业机构交流进来的人员是对公共部门人员队伍的充实和有益补充。公共部门人力资源的配置方式与其他社会组织不同,更强调计划性和法制性,通过特定的人员流动机制,实现人与事的最佳结合和相互协调。

(二) 交流的方式

以公务员为例。根据《公务员法》的相关规定,公务员可以在公务员和参照《公务员法》管理的工作人员队伍内部交流,也可以与国有企业和事业单位中从事公务的人员交流。交流的方式包括调任、转任。

国有企业、高等院校和科研院所以及其他不参照《公务员法》管理的事业单位中从事公务的人员,可以调入机关担任领导职务或者四级调研员以上及其他相当层次的职级。

(三) 交流的条件

调任人选应当具备《公务员法》规定的条件和拟任职位所要求的资格条件,并不得有不得录用为公务员规定的情形。调任机关应当根据上述规定,对调任人选进行严格考察,并按照管理权限审批,必要时可以对调任人选进行考试。

(四) 交流的管理要求

公务员在不同职位之间转任应当具备拟任职位所要求的资格条件,在规定的编制限额和职数内进行。对省部级正职以下的领导成员应当有计划、有重点地实行跨地区、跨部门转任。对担任机关内设机构领导职务和其他工作性质特殊的公务员,应当有计划地在本机关内转任。上级机关应当注重从基层机关公开遴选公务员。根据工作需要,机关可以采取挂职方式选派公务员承担重大工程、重大项目、重点任务或者其他专项工作。公务员在挂职期间,不改变与原机关的人事关系。公务员应当服从机关的交流决定。公务员本人申请交流的,按照管理权限审批。

第四节 公共部门人员的申诉、控告与仲裁

一、公共部门人员的申诉制度

(一) 申诉制度的内涵

公共部门人员申诉制度是公共部门人员享有的基本权利,是公共部门人员因对所在公共组织或国家行政机关作出的涉及本人权益的人事处理决定不服,而依法向原处理单位的主管部门或作出该人事处理的机关的上一级机关提出要求重新处理的请求。

(二) 公共部门人员申诉的特点

(1) 申诉主体是在公共部门的工作人员。
(2) 申诉客体是公共部门作出的被认为是侵害员工合法权益的决定和行为。
(3) 公共部门人员的申诉处理机关是法定的特定机关,申诉过程要遵循特定的法律程序,有准司法程序的特征。
(4) 申诉的目的是对公共部门作出的有损员工权益的处理决定和行为给予必要的修正,以保障公共部门人员的合法权益,树立公共部门的良好社会形象。

(三) 申诉的内容和范围

根据《公务员法》的相关规定，公务员对涉及本人的处分、辞退或者取消录用、降职、定期考核定为不称职、免职、申请辞职、提前退休未予批准、不按照规定确定或者扣减工资、福利、保险待遇，以及法律、法规规定可以申诉的其他情形等人事处理不服的，可以自知道该人事处理之日起三十日内向原处理机关申请复核；对复核结果不服的，可以自接到复核决定之日起十五日内，按照规定向同级主管部门或者作出该人事处理的机关的上一级机关提出申诉；也可以不经复核，自知道该人事处理之日起三十日内直接提出申诉。

对省级以下机关作出的申诉处理决定不服的，可以向作出处理决定的上一级机关提出再申诉。受理公务员申诉的机关应当组成公务员申诉公正委员会，负责受理和审理公务员的申诉案件。公务员对监察机关作出的涉及本人的处理决定不服向监察机关申请复审、复核的，按照有关规定办理。

(四) 申诉复核的规定

原处理机关应当自接到复核申请书后的三十日内作出复核决定，并以书面形式告知申请人。受理公务员申诉的机关应当自受理之日起六十日内作出处理决定；案情复杂的，可以适当延长，但是延长时间不得超过三十日。复核、申诉期间不停止人事处理的执行。公务员不因申请复核、提出申诉而被加重处理。公务员申诉的受理机关审查认定人事处理有错误的，原处理机关应当及时予以纠正。

二、公共部门人员的控告制度

(一) 控告制度的内涵

公共部门人员控告制度是指公共部门人员就所在组织、部门及其工作人员因违法违纪和失职而形成的对其合法权益存在侵害的行为，以书面或口头形式依法向有关部门进行揭发、举报以及提请法律援助和保护，并要求对违法乱纪者依法给予惩处的法律行为。

控告与申诉主要有以下区别。

一是目的不同。申诉的目的是使处理机关改变或撤销对自己的处理规定，以恢复自己的合法权益，并使已经受到的损失得到补偿；控告的目的不仅是使自己的合法权益得到恢复和补偿，还要求依法追究实施不法侵害的机关或人员的法律责任。

二是致因不同。引起申诉的原因是公共部门人员对已发生效力的处理决定不服，要求重新审查处理；引起控告的原因是公共部门人员的合法权益受到不法侵害，要求对责任人给予惩处。

三是功能不同。申诉的重点是为了保护公共部门人员的合法权益，及时纠正原处理单位作出的不当处理；控告的重点是公共部门人员对行政机关及其领导人的监督，以保证其执法和行政行为的准确、严肃。

(二) 控告的特点

公共部门人员控告有以下特点。

（1）控告的主体是受到侵害的公共部门人员本人。

（2）控告的客体是行政机关及其工作人员侵犯控告者合法权益的行为事实，属于行政机关内部的具体行政行为。

(3) 公共部门人员控告的目的不仅是要求恢复和补偿自己的合法权益，还要求有关部门制止这种违纪违法和失职行为，并对实施不法侵害的机关或个人追究法律责任。

(4) 公共部门人员的控告属行政程序上的控告，不属于司法控告，只能依照行政程序进行，不能提出行政诉讼。

（三）控告的规定

根据《公务员法》的相关规定，公务员认为机关及其领导人员侵犯其合法权益的，可以依法向上级机关或者监察机关提出控告。受理控告的机关应当按照规定及时处理。

公务员提出申诉、控告，应当尊重事实，不得捏造事实，诬告、陷害他人。对捏造事实，诬告、陷害他人的，依法追究法律责任。

三、公共部门人员的仲裁制度

（一）人事争议仲裁的内涵

人事争议是指人事关系主体间在人事管理过程中，因权利义务发生分歧而引起的争议。公共部门人事争议仲裁指对公共部门指定的第三者依照有关法律和政策规定，按照法定程序，对公共部门人事关系及与人事关系有关的争议所作出的裁决行为。人事争议仲裁属行政司法范畴，是一种行政仲裁，应遵循公正平等、及时合理、独立性等原则。

（二）公共部门人事争议仲裁的特征

公共部门人事争议仲裁不同于一般的民商仲裁，具有以下特征。

(1) 仲裁委员会与行政机关密不可分，一般由人力资源管理部门的代表来担任仲裁委员会主任。

(2) 实行地域管理和级别管理相结合的原则。

(3) 当事人一方可以请求仲裁，即不实行仲裁协议制度，发生纠纷，当事人一方请求仲裁，机构即应受理。

(4) 人事争议仲裁实行"一裁两审制"。

（三）提起人事争议仲裁时应注意的问题

(1) 申请者必须是与人事争议案件有直接利害关系的党政群机关、事业单位及其工作人员。

(2) 必须有明确的被申请人及具体的申诉请求和事实、理由。

(3) 必须是属于人事争议仲裁受案范围内的人事争议。

(4) 必须属于人事争议仲裁机构管辖，必须向有管辖权的仲裁机构提出。

(5) 申请者申请人事争议仲裁时，必须以书面方式向有管辖权的人事争议仲裁机构提交仲裁申请书。

专栏 8-2

仲裁申请书主要包括事项

仲裁申请书主要包括下列事项。

(1) 申请者的姓名、性别、年龄、职业、工作单位和住址、电话、邮编等。如果

> 申请人是单位，则应写明单位的名称、地址、法定代表人或者主要负责人的姓名、职务、电话。被申请者的名称，即单位的全称、地址，法定代表人的姓名、性别、年龄、职务、联系电话、邮编。如果被申请者是个人，则应写明其姓名、性别、年龄、职业、工作单位和住址、电话、邮编。
> （2）申请仲裁的具体请求和所依据的事实、理由。
> （3）受理仲裁的机构名称。
> （4）申请人签章，并注明申请提出的日期。
> （5）附注应写明申请书副本和有关证据材料的份数。
> （6）必须在规定时限内提出仲裁。当事人应当自知道或应当知道其权利被侵害之日起六十日内，以书面形式向有管辖权的仲裁委员会申请仲裁。

（四）公共部门人事争议仲裁机构

公共部门人事争议仲裁的受理机构是公共部门内部具有相对独立性的司法行政机关。我国国家公务员管理部门设立人事仲裁公正厅，处理国务院各部委、国务院直属事业单位以及各部委直属在京事业单位的人事争议，跨省（自治区、直辖市）的人事争议；省（自治区、直辖市）、副省级市、地（市）、县（市、区）设立人事争议仲裁委员会，分别负责处理管辖范围内的人事争议。

第五节　公共部门工会工作

一、工会的性质

公共部门工会是指在国家机关、事业单位和国有企业等公共部门中，职工根据自愿原则结合而成的群众组织。它是在中国共产党领导下，代表和维护公共部门职工合法权益、参与公共部门管理、协调劳动关系、促进职工福利和社会发展的社会组织。公共部门工会既是我国职工群众利益的代表，也是党联系职工群众的桥梁和纽带，还是国家政权的重要社会支柱。

二、工会的任务

中国工会维护工人阶级领导的、以工农联盟为基础的人民民主专政的社会主义国家政权，协助人民政府开展工作，在政府行使国家行政权力过程，发挥民主参与和社会监督作用。工会在国有企业、事业单位中，支持行政依法行使管理权力，组织职工参加民主管理和民主监督，与行政方面建立协商制度，保障职工的合法权益，调动职工的积极性，促进企业、事业的发展。工会在经济建设、参与监督、调节劳动关系、生活保障、思想宣传、职工文化、组织建设、对外联络、财务管理等业务方面发挥积极作用。

三、工会的职能和基本内容

（一）工会的职能

1. 维护职能

工会致力于维护职工的合法权益，包括经济利益和民主权益。工会通过与雇主协商，争取合理的劳动条件，如工资、工时、福利和安全等，确保职工的劳动和生活权益得到保障。

2. 建设职能

工会参与经济建设和社会改革，组织职工参与企业管理和决策过程，推动企业的发展和进步。工会还通过开展劳动竞赛和技术革新等活动，促进职工技能的提升和生产效率的提高。

3. 参与职能

工会代表职工参与国家和社会事务的管理，包括参与立法和政策制定，以及代表职工参与社会监督和公共事务。工会在维护职工权益和社会公正方面发挥积极的作用。

4. 教育职能

工会通过开展思想政治教育和文化教育活动，提高职工的思想政治觉悟和文化素质。工会还通过培训和教育活动，提升职工的职业技能和综合能力。

（二）公共部门工会工作的基本内容

（1）捍卫职工的权利与利益。这是工会所承担的主要任务。公共部门的工会通过与雇主进行深入对话，努力维权和保护员工的合法权益，包括但不仅限于薪资报酬、工作环境、休息与休假，以及工作环境与健康安全等各个方面。

（2）工会参与民主管理。通过参与职工代表大会和其他种类的民主管理体系，确保职工在本组织决策过程中有所参与，从而确保职工能够行使民主的监督。

（3）进行员工教育。工会承担着为员工提供思想政治教育、职业伦理教育，以及技能和业务培训的职责，致力于提升员工整体品质和专业操作技巧。

（4）组织活动。工会组织各类文化体育活动，以丰富员工的业余生活，强化他们的团队凝聚力和精神。

（5）服务职工生活。工会致力于关心和照顾职工们的生活，提供必要的帮助和支持，如开展困难职工帮扶等活动。

（6）管理的工会经费。工会主导工会资金的集资、管理及应用，保障资金得到恰当的运用与高效的管理。

（7）履行法律义务。工会根据法律规定，执行各种职责，包括帮助政府有效地进行各项工作以及参与社会事务的管理。

（8）加强自身建设。工会应动员和组织职工积极参加经济建设，完成生产任务和工作任务，协助所在单位办好职工集体福利事业，做好工资、劳动安全和社会保险工作。

公共部门工会工作的基本内容，旨在通过履行工会的各项职能，维护职工的合法权益，维持公共部门和谐稳定的劳动关系，促进社会和谐与进步。

本章小结

人事关系是劳动关系的一部分，作为公共机构的公共部门，其人事关系与非国有单位的人事、劳动关系相比，具有一些特殊性。公共部门的聘用制是一种人事管理制度，它通过与工作人员签署聘用合同来明确双方的聘用关系，并规定双方的责任、权利和义务。

核心概念和知识点

聘用制度；退出制度；回避制度；交流制度；申诉；工会。

课后习题

1. 聘用合同的特征有哪些？聘用合同与劳动合同有何区别？
2. 公共部门人员辞职的条件是什么？
3. 公共部门人员辞退有何条件？
4. 公共部门人员申诉的程序是怎样的？

本章案例研究

屈某诉某报社聘用合同纠纷案

屈某于1998年10月入职法制晚报社，2018年12月31日前担任行政管理中心副总监。2018年，屈某向报社提出续签无固定期限合同，报社同意，但2018年12月31日报社向屈某发出《聘用合同到期不续签通知书》。屈某认为报社违法解除合同。2019年1月1日起，屈某继续在报社进行留守工作，一直未与报社签订劳动合同。

2019年8月29日，屈某申请仲裁要求裁决：（1）法制晚报社支付违法解除劳动关系赔偿金320 278元；（2）支付2019年1月1日至2019年8月29日期间未签劳动合同双倍工资123 386.64元；（3）法制晚报社支付2017年1月1日至2019年6月30日期间未休年假工资报酬35 455.93元。

2020年3月25日，朝阳仲裁委作出裁决书，裁决：（1）法制晚报社支付屈某2018年1月1日至2019年6月30日期间的未休年休假工资24 110.03元；（2）驳回屈某的其他仲裁请求。屈某不服仲裁裁决，诉至法院。

屈某的诉讼请求为法制晚报社支付违法解除劳动关系的赔偿金以及未签订劳动合同双倍工资差额。由于事业单位既是人事聘用关系的适格主体，也是劳动法律关系的适格主体，因此司法实务中在人事关系的认定上，应结合事业单位与工作人员之间签订的合同、工作人员的人事档案、人事审批手续等判断工作人员是否有编制，从而对是否属于人事关系进行综合判断。

案例来源：公众号兰台劳动余燕古力克孜《事业单位用工专栏：人事关系如何认定？》

思考与探讨

1. 你认为法院会对屈某的起诉如何裁决？裁决的法律依据是什么？
2. 通过本案，谈一谈你对公共部门人事争议仲裁与企业劳动争议仲裁的区别和联系的认识。

第九章　公共部门人力资源纪律管理与保障管理

引导案例

教师请病假25年，想以教师身份退休

2020年，在退休前夕，原黑龙江佳木斯向阳区第十二中学教师姚志荣发现，自己的教师编制"消失"了。

事情是这样的，教师姚志荣因病请假后，长达25年没回学校，结果退休时发现自己编制没了，工资也没了。她气愤之下，要求恢复编制、补90万元工资，并按公办教师身份退休。按规定，病假最长也就2年左右，姚老师这25年的超长假期，显然超出了正常范畴。学校也说了，这么久没来上班，早跟她没关系了，至于编制，更是早就因为政策调整给取消了。

她向相关单位反映相关问题后，2022年1月，佳木斯市教育局在《关于对姚志荣同志信访问题的答复》一文中称，她的编制和工资已于2004年由向阳区移交到市教育局前被取消，无法满足其恢复编制和补发工资的诉求。《行政裁定书》显示，2022年8月29日，鹤岗市中级人民法院裁定，姚志荣的起诉不属于人民法院行政诉讼的受案范围，驳回起诉。姚志荣上诉。2023年4月24日下午，本案二审开庭，未当庭宣判。

网友的观点很直接：在任何一家单位25年没上班，要退休了再去要补偿，还想正常办理退休手续，这是不可能的事。如果说仅仅是因为她有"编制"就有所不同，这与"按劳分配"不是背道而驰了吗？值得一提的是，报道中称，她于1997年开始请病假，学校此后还给她发了5年的工资。据了解，姚志荣年龄到了，是能以社会人员身份办理退休手续的。现在，她想先找回编制，再以教师的身份退休，无非就是因为后者退休待遇高一些。

案例来源：极目新闻《黑龙江一教师请病假25年未返岗，退休前发现编制"消失"，索赔90万元，网友：请把25年没上的课补上》

本章学习目标

1. 掌握公共部门人力资源纪律管理的原则
2. 掌握公共部门人力资源纪律管理的程序
3. 掌握公共部门人力资源保障管理的基本制度

本章重点问题

1. 公共部门人力资源纪律管理的内涵、特征和作用
2. 公共部门人力资源纪律管理的法律依据
3. 公共部门人力资源的纪律约束和纪律处分
4. 公共部门人力资源保障管理的内涵与原则
5. 公务员社会保险制度和社会福利制度的内涵

本章思维导图

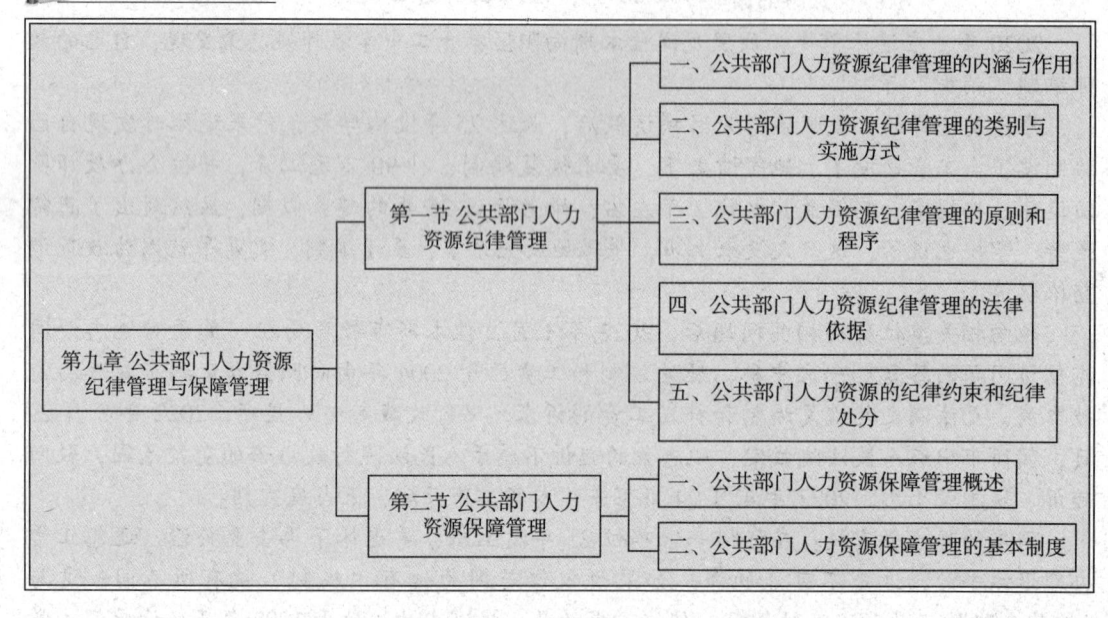

第九章 公共部门人力资源纪律管理与保障管理

- 第一节 公共部门人力资源纪律管理
  - 一、公共部门人力资源纪律管理的内涵与作用
  - 二、公共部门人力资源纪律管理的类别与实施方式
  - 三、公共部门人力资源纪律管理的原则和程序
  - 四、公共部门人力资源纪律管理的法律依据
  - 五、公共部门人力资源的纪律约束和纪律处分
- 第二节 公共部门人力资源保障管理
  - 一、公共部门人力资源保障管理概述
  - 二、公共部门人力资源保障管理的基本制度

第一节 公共部门人力资源纪律管理

一、公共部门人力资源纪律管理的内涵与作用

(一) 公共部门人力资源纪律的内涵

纪律是指一套明确的规则、标准和行为准则，用以规范、约束个人和群体的行为，以

维持组织的秩序、效率和稳定。纪律通过外部的监督和内部的自律，使成员在行动和决策过程中遵守组织的期望和要求，从而实现组织目标。

公共部门人力资源纪律是指在公共部门中，为确保员工行为规范和高效工作所制定的一系列规章制度和行为准则。这些纪律旨在规范公共部门员工的言行举止，维护组织秩序，提高工作效率，并保障公共利益。它们涵盖诸如保密要求、公正性原则、避免歧视和骚扰、利益冲突管理、诚信行为及职业操守等多个方面。通过遵守这些纪律，公共部门能够确保其员工以高度的责任感和职业道德履行公务，从而赢得公众的信任和尊重。简言之，公共部门人力资源纪律是约束和规范公共部门员工行为的规则和道德标准。

（二）公共部门人力资源纪律管理的内涵与特征

1. 公共部门人力资源纪律管理的内涵

公共部门人力资源纪律管理是指通过制定、执行和监督一系列规章制度和行为准则，以确保公共部门员工在工作中遵守既定的行为标准，高效决策，维护公共利益，促进组织内部的秩序与和谐，同时防止和纠正任何违反纪律的行为，从而保障公共部门的服务质量和公信力。其基本目的主要包括规范员工行为、提高工作效率、维护公众利益，以及提升公共部门形象与公信力四个方面。

（1）规范员工行为。

公共部门人力资源纪律管理的核心目的是确保员工行为符合职业道德、法律规定和组织规范。通过明确的行为准则和纪律要求，引导员工在工作中保持诚信、正直和高效的工作态度，防止不当行为和违纪事件的发生。

（2）提高工作效率。

纪律管理能够确保公共部门的人员以高效、专业的态度提供服务，从而提升服务质量和效率。当公职人员明确知道自己的行为标准和责任界限时，他们更有可能在工作中保持高度的专注和敬业精神。

（3）维护公众利益。

公共部门作为服务公众的机构，其员工的言行举止直接关系到公众利益。纪律管理的目的之一是确保员工在履行职责时始终以公众利益为重，防止权力滥用和腐败行为，维护公众权益。严格的纪律管理，可以确保员工始终将公众利益放在首位，避免利益冲突和损害公众利益的行为。

（4）提升公共部门形象与公信力。

通过严格的纪律管理，公共部门可以塑造廉洁、高效、负责任的形象，增强公众对公共部门的信任和认可，从而有助于提升公共部门的声誉和影响力，为其赢得更多的支持与合作机会。

2. 公共部门人力资源纪律管理的特征

公共部门人力资源纪律管理的特征包括规范性、强制性、公正性、预防性、教育性和公开透明性。这些特征共同构成了公共部门人力资源纪律管理的基础框架，确保了公共部门的正常运转和高效服务。

（1）规范性。

纪律管理在公共部门中具有高度的规范性。这意味着所有员工都必须遵循一套明确、统一的行为准则和规章制度。这些规范不仅涵盖员工的工作行为，还包括他们的职业道德和操守。这种规范性确保了公共部门内部秩序的稳定和工作的有序进行。

（2）强制性。

纪律规定在公共部门中具有强制执行力。一旦员工违反了这些规定，将面临相应的处罚。这种强制性确保了纪律管理的权威性和有效性，使员工明确知道违规的后果，并起到警示和预防的作用。

（3）公正性。

纪律管理必须秉持公正原则。无论是在规则的制定还是在执行过程中，都应确保对所有员工一视同仁，不偏不倚。这种公正性有助于维护员工的权益，防止任意和不公的处罚，从而增强员工对组织的信任感和归属感。

（4）预防性。

纪律管理不仅是对违规行为的处罚手段，更重要的是它具有预防性。明确的规章制度和行为准则，让员工明确哪些行为是允许的、哪些是不被接受的，从而在事前就避免违规行为的发生。

（5）教育性。

纪律管理还承载着教育的功能。当员工违反纪律时，除了接受相应的处罚外，还应通过教育和引导使他们认识到自己的错误，并帮助他们改正。这种教育性有助于员工个人成长和职业素养的提升。

（6）公开透明性。

纪律管理的规定和执行是公开透明的。员工清楚了解所有规章制度的内容以及违规的后果。公开透明性有助于增强纪律管理的公信力和员工的认同感。

（三）公共部门人力资源纪律管理的作用

公共部门人力资源纪律管理在组织中的重要性不言而喻，它不仅能够保障组织的稳定运作、塑造积极的组织文化，还能规范员工行为、提升员工纪律性、促进员工职业发展，并最终提高公共部门的工作效率和效果。

1. 是公共部门保持稳定运行的基础条件

一方面，公共部门通过制定和执行一系列规章制度，确保组织内部各项工作的有序进行，防止因员工行为不规范而导致的混乱和冲突，维护了组织秩序。另一方面，严格的纪律管理有助于塑造良好的组织文化。通过明确的行为准则和价值观引导，纪律管理能够推动在组织内部形成积极向上、团结协作的工作氛围，进而提升组织的整体凝聚力和战斗力。

2. 是公职人员提高自身素质的有效手段

公共部门人力资源纪律管理能够明确界定员工的行为边界。通过具体的规章制度，员工可以清楚地知道哪些行为是允许的、哪些行为是禁止的，从而在工作中更加注重自己的职业形象和行为举止，努力提升自己的专业能力和道德素质。此外，纪律管理还能激发员工的积极性和创造力。在明确的行为准则和奖惩机制下，员工会更加努力地追求卓越、创新工作方式方法，以获得组织的认可和奖励。

3. 是保障法律合规性的重要环节

公共部门人力资源纪律管理建立了一套完整的管理体系，包括明确的规章制度、有效的培训机制、严格的监督措施和公正的问责制度。这些元素共同作用,形成了一个强大的保障网,确保公共部门在人力资源管理的每一个环节都严格遵守法律法规。

二、公共部门人力资源纪律管理的类别与实施方式

(一)公共部门人力资源纪律管理的类别

公共部门人力资源纪律管理的类别可以从多个维度进行划分,按照管理过程可以将其分为预防性纪律管理、监督性纪律管理和惩戒性纪律管理三类。

1. 预防性纪律管理

预防性纪律管理也叫事前管理,指通过事前的教育、培训和规则制定,来防止违纪行为的发生。它侧重于提高员工对纪律规定的认识和遵守意愿,以及通过培训提升员工的职业素养,比较适用于新员工入职、员工晋升或换岗、组织规章制度更新等时机,以及需要强化员工纪律意识的情况。比如,某公共部门在新员工入职时,除了进行常规的业务培训外,还可以开设纪律教育和职业道德课程,课程内容涵盖部门规章制度、职业操守、法律责任等,从一开始就为员工树立正确的职业观念和纪律意识。

2. 监督性纪律管理

监督性纪律管理也叫事中管理,指通过定期检查、审计和评估等手段,对员工的工作行为和绩效进行监督,以确保其符合既定的规章制度和职业道德标准。监督性纪律管理具有实时性、反馈性,适用于所有员工,特别是在关键岗位和容易出现违纪行为的领域。

3. 惩戒性纪律管理

惩戒性纪律管理也叫事后管理,指在员工违反纪律后,通过警告、罚款、降职、解雇等手段对其进行惩罚,以示警诫并防止类似行为的再次发生。惩戒性纪律管理平等对待每一位违反规章制度、职业道德或法律法规的员工,具有鲜明的警示性和惩罚性。

专栏9-1

中国共产党的纪律分类

《中国共产党章程》第四十条明确规定,党的纪律主要包括政治纪律、组织纪律、廉洁纪律、群众纪律、工作纪律、生活纪律。

(1)政治纪律:党的政治纪律是各级党组织和全体党员在政治方向、政治立场、政治言论、政治行为方面必须遵守的规矩,它是维护党的团结统一的根本保证。党的政治纪律主要内容有坚持党的基本理论、基本路线、基本方略、维护党中央权威和集中统一领导、遵守党的政治纪律和政治规矩、维护党的团结和统一、落实党内监督、遵守国家法律法规。

(2)组织纪律:党的组织和党员必须遵守和维护党在组织上团结统一的行为准则。组织纪律是处理党组织之间和党组织与党员之间关系的纪律,其核心是党的民主集中制原则。

（3）廉洁纪律：党组织和党员在从事公务活动或者其他与行使职权有关的活动中，应当遵守的廉洁用权的行为规则。这是实现干部清正、政府清廉、政治清明的重要保障。

（4）群众纪律：党组织在贯彻执行党的群众路线中必须遵循的行为规则，是处理党组织、党员与群众关系必须遵循的原则和要求。其总原则是党的各级组织和全体党员不允许以任何借口、手段侵犯和损害人民群众的正当权利和利益。

（5）工作纪律：党的各级组织和全体党员在党的各项具体工作中必须遵守的行为规则，它是党的各项工作正常开展的重要保证。工作纪律强调正确履职、担当尽责，并反映工作作风的要求。

（6）生活纪律：党员在日常生活和社会交往中应当遵守的行为规则，涉及党员个人品德、家庭美德、社会公德等各个方面，关系着党的形象。

（二）公共部门人力资源纪律管理的实施方式

公共部门人力资源纪律管理是一个系统而复杂的过程，它涉及规章制度的制定、员工行为的规范、工作效率的提升以及公共利益的维护等多个方面。有效的实施方式可以确保公共部门的正常运转和高效服务，同时赢得公众的信任和尊重。

1. 定期培训与教育

公共部门组织定期的职业道德和纪律教育培训，能够确保员工对部门规章制度有深入的理解和认识。需要注意的是，在确定培训内容时，应包括公共部门的行为准则、职业道德标准以及相关法律法规等。同时，可以通过多样化的互动教学模式如案例分析、角色扮演，增强员工对纪律重要性的认识和遵守纪律的自觉性。

2. 设立监督机构

成立专门的内部监督机构或小组专门负责监控员工的行为和工作态度是确保纪律规定贯彻执行的重要保障。监督机构应定期进行工作检查、审计，以及接受员工的举报和投诉。并对发现的违纪行为及时进行调查，根据调查结果提出针对性的处理建议。

3. 设立奖惩机制

奖励和惩罚有效地适用于公共部门。完善的奖惩机制应设立明确的奖励制度，对遵守纪律、表现优秀的员工给予物质或精神上的奖励，以资鼓励。同时，对违反纪律的员工实施相应的处罚，如警告、罚款、降职或解雇等，以示惩戒。当然，为确保所有员工都能明确了解并接受，公共部门的奖惩机制应公正。

4. 设立公开机制

纪律管理过程的公开机制能够展示公共部门的诚信和负责任态度，从而增强员工的信任感和归属感。纪律管理公开透明不仅要求定期向员工通报纪律管理的相关情况，如违纪案例的处理结果、奖励和惩罚的依据等，还要鼓励员工参与纪律管理制度的制定和修订过程，以体现民主管理和员工参与的原则。

公共部门奖惩机制的主要正式措施如表9-1所示。

表 9-1　公共部门奖惩机制的主要正式措施

措施	奖励	惩罚
	奖金	免职
	奖状、奖牌、奖章	停职
	加薪	减薪
	晋升	降级
	嘉奖、记功	申戒、记过
	深造	追究刑事责任

三、公共部门人力资源纪律管理的原则和程序

（一）公共部门人力资源纪律管理的原则

热炉法则（Hot Stove Rule）又叫"惩罚法则"，是由西方管理学家道格拉斯·麦格雷戈（Douglas McGregor）提出的。其表面含义即火炉烧得红红的，放在那里，本身不会主动烫人，但只要有人敢触摸，它就必烫无疑。将火炉比作规章制度，其核心思想是规章制度面前人人平等，谁摸烫谁。热炉法则常用来说明在组织管理特别是纪律管理中的原则，类似于人触碰热炉子时立即感觉到的结果，强调纪律管理的即时性、公正性、警示性。

1. 即时性

热炉法则的即时性是指当碰到热炉时，立即就会被灼伤。其适用到公共部门人力资源纪律管理的过程中，要求组织在发现违规行为后，应立即进行调查并加以处理，以体现纪律的严肃性和及时性。这种即时反馈机制有助于提高纪律管理的有效性。

2. 公正性

热炉法则强调一致性，即任何人触碰"热炉"都会受到相同的惩罚。这与公共部门人力资源纪律管理要求的公正原则一致。在公共部门中，无论是新员工还是老员工，无论是领导还是普通员工，都应平等地遵守规章制度，在处罚时，不考虑员工的背景、资历或关系等因素，只根据违规行为的性质和严重程度进行公正处理。

3. 警示性

热炉法则的警示性特点与公共部门人力资源纪律管理的预防教育原则相契合。公共部门通过明确规章制度，并像热炉一样展示其"炽热"和"危险"，使员工在行动前就预见违规的后果，从而起到预防违规行为发生的作用。

（二）公共部门人力资源纪律管理的程序

公共部门人力资源纪律管理的一般程序主要包括制定纪律规定、宣传和培训、监督与检查、违规行为调查、处理与处罚、申诉与复议、总结与改进七个方面。需要注意的是，公共部门人力资源纪律管理的程序可能因不同的组织、机构或部门而有所差异。

1. 制定纪律规定

制定纪律规定是公共部门人力资源纪律管理程序中的首要环节。公共部门，特别是政

府机构、公共事业单位等，为了保障工作的有序进行，提高工作效率，维护公共利益，需要制定明确的纪律规定。这些规定不仅为员工提供了行为准则，也为管理者提供了管理依据。在制定过程中，需要充分考虑组织的实际情况和需求，确保规定的合理性和可操作性。

2. 宣传和培训

宣传的目的在于让员工充分了解和认识纪律规定的重要性和必要性，明确知道哪些行为是符合规定的、哪些行为是违规的。通过宣传，员工可以形成自觉遵守规定的意识，并在实际工作中积极践行。培训是为了提升员工对纪律规定的理解和应用能力。在培训过程中，可以对规定进行详细的解读和说明，让员工深入理解规定的含义和适用范围。同时，可以通过案例分析、角色扮演等方式，让员工在实际操作中掌握如何正确应用规定，提高员工的纪律意识和执行能力。

3. 监督与检查

设立监督机构或人员的主要目的是对员工的行为进行监督和评估，确保他们始终遵守公共部门的纪律规定。这些监督机构或人员需要具备专业能力和公正性，以便准确判断员工的行为是否符合规定，并及时采取适当的纠正措施。同时，通过检查，可以及时发现员工可能存在的违规行为，并采取必要的措施进行纠正。这种检查可以是全面的，也可以是针对特定部门或岗位的。无论是哪种方式，都需要确保检查的公正性和有效性，以便真正达到监督员工行为的目的。此外，监督机构或人员还需要与员工保持良好的沟通，了解他们的需求和困难，并为他们提供必要的帮助和支持。这有助于营造积极的工作氛围，促进员工自觉遵守纪律规定，提高公共部门的工作效率和服务质量。

4. 违规行为调查

如果发现员工存在违规行为，应立即进行调查。调查应公正、客观，并收集充分的证据。在调查过程中，应保护员工的合法权益，避免冤枉和错怪。

5. 处理与处罚

在公共部门中，当员工被查实存在违规行为后，必须根据调查结果对其进行公正、合理的处理和处罚。处理措施的选择应基于违规行为的性质、严重程度以及员工的过往表现等多方面因素，确保处罚与违规行为的严重程度相匹配，可以包括口头警告、书面警告、罚款、降职、解雇等。处罚应公正、合理，并与违规行为的严重程度相匹配。

6. 申诉与复议

当员工对处理结果有异议时，有权提出申诉或复议，以确保公正和合理的处理。公共部门应当设立一套完善的申诉机制，以便员工在需要时能够正式表达他们的观点、提供额外证据或寻求更高级别的审查。

7. 总结与改进

在每次纪律管理事件结束后进行总结和反思是公共部门的一项至关重要的活动。通过这一过程，公共部门可以深入剖析事件发生的根本原因，找出存在的问题和不足，从而制订有效的改进措施，进一步完善纪律管理制度，提高整体管理水平。

四、公共部门人力资源纪律管理的法律依据

(一) 国家机关纪律管理的法律依据

1. 《中国共产党章程》

《中国共产党章程》是中国共产党为实现党的纲领、开展正规活动、规定党内事务所规定的根本法规，具有最高党法、根本大法的效力。它是党赖以建立和活动的法规体系的基础，也是公共部门纪律管理的重要法律依据。

一方面，《中国共产党章程》明确规定了党的性质和宗旨、路线和纲领、指导思想和奋斗目标、组织原则和组织机构、党员义务和权利，以及党的纪律等内容，为公共部门的纪律管理提供了明确的指导和规范。另一方面，《中国共产党章程》强调了党的各级组织和全体党员必须遵守的基本准则和规定，这同样适用于公共部门的所有成员，公职人员应当遵守党的章程和其他相关规定，维护党的团结统一和工作秩序。《中国共产党章程》为公共部门的纪律管理提供了全面的法律依据和指导，是保障党的各项工作正常进行、维护党的形象和利益的重要保障。

2. 《中华人民共和国公务员法》

2005年4月27日，《中华人民共和国公务员法》由第十届全国人民代表大会常务委员会第十五次会议通过，并决定自2006年1月1日起施行。这是我国第一部干部人事管理的综合性法律，具有里程碑意义。《中华人民共和国公务员法》是为了规范公务员的管理，保障公务员的合法权益，加强对公务员的监督，促进公务员正确履职尽责，建设信念坚定、为民服务、勤政务实、敢于担当、清正廉洁的高素质专业化公务员队伍，根据宪法制定的重要法律。这部法律文件明确规定了公务员的权利和义务，公务员的行为规范，以及违反规定的纪律处分等，为公共部门人力资源纪律管理提供了明确的法律依据。2018年12月29日，十三届全国人大常委会第七次会议表决通过了新修订的《中华人民共和国公务员法》。新修订的公务员法主要在激励、惩罚、考核等方面作出补充调整和完善。如第九章章名"惩戒"调整为"监督与惩戒"，增加了加强公务员监督和公务员应当遵守的纪律等规定，修改完善了回避情形、责令辞职、离职后从业限制等规定，增加了在录用、聘任等工作中违纪违法有关法律责任的规定。

3. 《行政机关公务员处分条例》

《行政机关公务员处分条例》明确了公务员应当遵守的纪律规范。条例中详细列出了公务员可能违反纪律的情形，如贪污腐败、滥用职权、玩忽职守等，为公务员的行为划定了明确的红线。这使公共部门在纪律管理方面有了清晰的标准和依据，可以依法对违反纪律的公务员进行惩处。此外，条例规定了具体的处分措施和程序。根据公务员违纪行为的性质和严重程度，条例设定了相应的处分种类，如警告、记过、降级、撤职、开除等。同时，条例还明确了处分的程序，包括调查、审查、决定、执行等环节，确保纪律处分的公正性和合法性。这些规定为公共部门在执行纪律管理时提供了明确的操作指南。

同时，《行政机关公务员处分条例》强调了纪律处分的严肃性和权威性。条例规定，

纪律处分决定一经作出，即具有法律效力，必须严格执行。公务员对处分决定不服的，可以依法申请复核或者申诉，但复核、申诉期间不停止处分的执行。这一规定维护了纪律处分的严肃性和权威性，确保了公共部门纪律管理的有效实施。《行政机关公务员处分条例》全文包括总则、处分的种类和适用、违法违纪行为及其适用的处分、处分的权限、处分的程序、不服处分的申诉、附则共七章五十五条。

4.《中国共产党纪律处分条例》

《中国共产党纪律处分条例》旨在严肃党的纪律，纯洁党的组织，保障党员民主权利，教育党员遵纪守法，维护党的团结统一，保证党的路线、方针、政策、决议和国家法律法规的贯彻执行。条例全面贯彻习近平新时代中国特色社会主义思想和党的二十大精神，从党章这个总源头出发，坚持严的基调，坚持问题导向和目标导向相结合，与时俱进完善纪律规范，进一步严明政治纪律和政治规矩，带动各项纪律全面从严。《中国共产党纪律处分条例》共三编一百五十八条，自 2024 年 1 月 1 日起施行。

5.《中国共产党廉洁自律准则》

《中国共产党廉洁自律准则》为公共部门纪律管理提供了重要的道德和纪律依据，在党的纪律建设和公共部门管理中具有指导性和规范性的地位。该准则强调了中国共产党全体党员和各级党员领导干部在廉洁自律方面的责任和义务，包括坚定共产主义理想和中国特色社会主义信念，坚持全心全意为人民服务根本宗旨，继承发扬党的优良传统和作风，自觉培养高尚道德情操，努力弘扬中华民族传统美德等。这些要求为公共部门的纪律管理提供了明确的道德指引。

同时，《中国共产党廉洁自律准则》还具体规定了党员廉洁自律规范和党员领导干部廉洁自律规范，涵盖公私分明、崇廉拒腐、尚俭戒奢、吃苦在前等方面的具体要求。这些规范为公共部门工作人员在履行职责过程中提供了具体的行为准则，有助于促进公共部门的廉洁自律和纪律建设。

（二）事业单位纪律管理的法律依据

2014 年 7 月日开始施行的《事业单位人事管理条例》是当前事业单位人力资源纪律管理的主要依据。该条例共分为十章内容，内容包括总则、岗位设置、公开招聘和竞聘上岗、聘用合同、考核和培训、奖励和处分、工资福利和社会保险、人事争议处理、法律责任、附则。该条例编写的目的是规范事业单位的人事管理，保障事业单位工作人员的合法权益，建设高素质的事业单位工作人员队伍，促进公共服务发展。该条例也从多角度、全方位对事业单位人力资源纪律管理实施过程中的问题提供了解决办法与依据，是事业单位纪律管理的主要法律依据。

《事业单位人事管理条例》的出台是运用法治手段推进事业单位人事制度改革的重大举措。事业单位工作人员是我国人力资源和人才队伍的重要组成部分，事业单位治理是国家治理能力现代化的重要方面。该条例的制定和实施，对于促进事业单位人事管理法制化建设，提高事业单位人力资源管理效能，聚集人才、用好人才，从而为广大人民群众提供更加优质高效的公共服务，具有重要意义。

专栏 9-2

北京大学叶静漪对《事业单位人事管理条例》实施过程中注意事项的解读

贯彻落实《事业单位人事管理条例》（以下简称《条例》）有三个需要注意的方面。

1. 应当从事业单位改革的高度把握《条例》的立法精神和目的

《条例》全面贯彻中央关于事业单位改革的各项部署，围绕用人机制转化，初步建立起事业单位人事管理的法规体系。中共中央、国务院《关于分类推进事业单位改革的指导意见》和中办、国办《关于进一步深化事业单位人事制度改革的意见》，对事业单位人事制度改革作出了全面部署，这是制定《条例》的主要依据。《条例》作为事业单位人事管理法规体系的龙头和核心，注重系统性，扫除制度盲点。为了转化用人机制，实现由固定用人向合同用人转变、由身份管理向岗位管理转变，《条例》完善了聘用制度，进一步将聘用制度确定为事业单位的基本用人制度；以专章规定事业单位的岗位设置，为事业单位以岗用人、以岗管人提供了依据；完善了公开招聘、竞聘上岗制度，健全了考核、培训、奖惩、工资福利和社会保险制度等，以法律形式为事业单位延揽人才、提高工作人员积极性建立了保障；加强了人事争议处理规定。《条例》的出台，对形成健全的管理体制、完善的用人机制和完备的政策法规体系，具有重要作用。

2. 应当从法律体系的视角把握《条例》与单行人事立法和《劳动合同法》的关系

在事业单位改革进程中，国务院有关部门相继出台了《事业单位工作人员考核暂行规定》（1995 年）、《关于在事业单位试行人员聘用制度的意见》（2002 年）、《事业单位试行人员聘用制度有关问题的解释》（2003 年）及《事业单位公开招聘人员暂行规定》（2005 年）、《事业单位岗位设置管理试行办法》及实施意见（2006 年）、《人事争议处理规定》（2007 年）和《事业单位工作人员处分暂行规定》（2012 年）等，各级地方事业单位人事综合管理部门也出台了大量相关细则。这些单行人事立法多数由人力资源和社会保障部（原劳动和社会保障部）制定，其效力低于《条例》。如果与《条例》规定发生抵触的，应当适用《条例》。同时，《条例》作为事业单位人事立法的核心，注重体系性、原则性，具体内容有赖单行人事立法填充。在与《条例》不发生抵触的情况下，已出台的单行人事立法继续有效。例如，对于聘用合同的期限，《条例》第十二条规定："事业单位与工作人员订立的聘用合同，期限一般不低于 3 年。"《关于在事业单位试行人员聘用制度的意见》规定："对流动性强、技术含量低的岗位一般签订 3 年以下的短期合同。"该规定与《条例》不抵触，继续有效。

从法理上讲，事业单位的聘用合同与劳动法上的劳动合同都属于有名合同，分别由《条例》和《劳动合同法》等调整，二者之间的区别是明显的。但是，聘用合同与劳动合同又存在立法上的密切关联。《劳动合同法》第九十六条规定："事业单位与实行聘用制的工作人员订立、履行、变更、解除或者终止劳动合同，法律、行政法规或者国务院另有规定的，依照其规定；未作规定的，依照本法有关规定执行。"这就是说，《条例》和《劳动合同法》构成特别法和一般法的关系，对于《条例》没有作出特殊规定的内容，应当适用《劳动合同法》。例如，《条例》规定了事业单位和工作人员单方解除聘用合同的制度，未规定、且未禁止双方协商解除聘用合同，此时应执行《劳动合同法》第三十六条："用人单位与劳动者协商一致，可以解除劳动合同。"又如，《条例》第十九条提及了聘用合同的依法终止，但并未就终止的情形作出规定，此时就应执行《劳动合同法》第四十四条。

3. 应当从发展完善的视角把握《条例》与事业单位法律改革的关系

（1）我国事业单位实行人事管理制度，其在用人机制、管理体制、激励机制等方面都具有特殊性。如何实现人事管理制度与劳动关系制度的有效衔接，是我国建设统一人力资源市场的紧迫课题，也得到了广大群众的高度关注。从法律角度攻克这一难题，一要注重公平，理顺工资和福利待遇、退休和养老待遇问题等；二要促进流动，实现不同用人机制下人才的多向交流，破除阻碍人员流动的体制性障碍。党的十八届三中全会通过的《中共中央关于全面深化改革若干重大问题的决定》，要求"改革机关事业单位工资和津贴补贴制度""推进机关事业单位养老保险制度改革"，并"完善党政机关、企事业单位、社会各方面人才顺畅流动的制度体系"。《条例》设专章规定了工资福利和社会保险事宜，规定"国家建立激励与约束相结合的事业单位工资制度"，并要求"事业单位工资分配应当结合不同行业事业单位特点，体现岗位职责、工作业绩、实际贡献等因素"；建立事业单位工作人员工资的正常增长机制；实施法定工时休假制度；实施法定退休和社会保险制度。这些规定为事业单位改革指明了方向，但有待相关部门制定操作性规范加以落实。

（2）《条例》在完善人事争议处理方面迈出了步伐，后续改革应当跟进。《条例》设专章规定了人事争议处理制度，完善了申诉、仲裁、诉讼相互联系的争议处理制度体系。今后可从两个方面跟进改革：一是推进人事争议调解的制度化、法治化。调解是解决人事争议最为快捷、成本最低的方式，一些地方已经出台规定，建立专门的人事争议调解组织，规范调解程序。应在国家层面适时对人事争议调解作出统一规定。二是加强对于人事争议审判的指导。最高人民法院于2003年出台了《关于人民法院审理事业单位人事争议案件若干问题的规定》，将事业单位与其工作人员之间因辞职、辞退及履行聘用合同所发生的争议纳入诉讼范围。《规定》仅有三条，各地法院虽然也出台了一些审判指导文件，但是对人事争议审判的指导意义有限。《条例》规定了人事争议"依照《中华人民共和国劳动争议调解仲裁法》等有关规定处理"，明确了事业单位人事争议处理要与《劳动争议调解仲裁法》对接。今后可根据《条例》要求，在总结审判实践经验的基础上，统筹劳动人事争议审判机制，完善我国人事争议诉讼制度。

五、公共部门人力资源的纪律约束和纪律处分

（一）公共部门人力资源的纪律约束

《公务员法》规定，公务员应当遵纪守法，不得有下列行为。

（1）散布有损宪法权威、中国共产党和国家声誉的言论，组织或者参加旨在反对宪法、中国共产党领导和国家的集会、游行、示威等活动。

（2）组织或者参加非法组织，组织或者参加罢工。

（3）挑拨、破坏民族关系，参加民族分裂活动或者组织、利用宗教活动破坏民族团结和社会稳定。

（4）不担当，不作为，玩忽职守，贻误工作。

（5）拒绝执行上级依法作出的决定和命令。

（6）对批评、申诉、控告、检举进行压制或者打击报复。

（7）弄虚作假，误导、欺骗领导和公众。

（8）贪污贿赂，利用职务之便为自己或者他人谋取私利。

（9）违反财经纪律，浪费国家资财。

（10）滥用职权，侵害公民、法人或者其他组织的合法权益。

（11）泄露国家秘密或者工作秘密。

（12）在对外交往中损害国家荣誉和利益。

（13）参与或者支持色情、吸毒、赌博、迷信等活动。

（14）违反职业道德、社会公德和家庭美德。

（15）违反有关规定参与禁止的网络传播行为或者网络活动。

（16）违反有关规定从事或者参与营利性活动，在企业或者其他营利性组织中兼任职务。

（17）旷工或者因公外出、请假期满无正当理由逾期不归。

（18）违纪违法的其他行为。

（二）纪律处分

1. 纪律处分的种类

根据《行政机关公务员处分条例》的相关规定，行政机关公务员处分的种类为警告、记过、记大过、降级、撤职和开除。受处分的期间为：警告，6个月；记过，12个月；记大过，18个月；降级、撤职，24个月。

行政机关公务员在受处分期间不得晋升职务和级别，其中，受记过、记大过、降级、撤职处分的，不得晋升工资档次；受撤职处分的，应当按照规定降低级别。

2. 纪律处分的解除

行政机关公务员受开除处分的，自处分决定生效之日起，解除其与单位的人事关系，不得再担任公务员职务。行政机关公务员受开除以外的处分，在受处分期间有悔改表现，并且没有再发生违法违纪行为的，处分期满后，应当解除处分。解除处分后，晋升工资档次、级别和职务不再受原处分的影响。但是，解除降级、撤职处分的，不视为恢复原级别、原职务。行政机关公务员同时有两种以上需要给予处分的行为的，应当分别确定其处分。应当给予的处分种类不同的，执行其中最重的处分。

> **专栏 9-3**
>
> **党的纪律处分工作遵循的原则**
>
> （1）坚持党要管党、全面从严治党。把严的基调、严的措施、严的氛围长期坚持下去，加强对党的各级组织和全体党员的教育、管理和监督，把纪律挺在前面，抓早抓小、防微杜渐。
>
> （2）党纪面前一律平等。对违犯党纪的党组织和党员必须严肃、公正执行纪律，党内不允许有任何不受纪律约束的党组织和党员。
>
> （3）实事求是。对党组织和党员违犯党纪的行为，应当以事实为依据，以党章、其他党内法规和国家法律法规为准绳，执纪执法贯通，准确认定行为性质，区别不同情况，恰当予以处理。
>
> （4）民主集中制。实施党纪处分，应当按照规定程序经党组织集体讨论决定，不允许任何个人或者少数人擅自决定和批准。上级党组织对违犯党纪的党组织和党员作出的处理决定，下级党组织必须执行。
>
> （5）惩前毖后、治病救人。处理违犯党纪的党组织和党员，应当惩戒与教育相结合，做到宽严相济。

第二节 公共部门人力资源保障管理

一、公共部门人力资源保障管理概述

（一）公共部门人力资源保障管理的界定

公共部门人力资源保障管理是指公共部门为确保其员工（包括公务员和其他公共服务人员）的基本权益和福利，依照相关法律法规而开展的各项保障活动的总和。公共部门人力资源保障管理覆盖了人力资源计划、招聘与选拔、培训、薪酬管理等多个方面，而社会保障制度是其完成一系列管理活动的重要支撑。

社会保障制度是在政府的管理之下，以国家为主体，依据一定的法律和规定，通过国民收入的再分配，以社会保障基金为依托，对公民在暂时或者永久性失去劳动能力以及由于各种原因生活发生困难时给予物质帮助，用以保障居民最基本的生活需要。这一制度在公共部门保障管理中起到了至关重要的作用。

（二）公共部门人力资源保障管理的主要内容

1. 职业培训

职业培训是公共部门人力资源保障管理的基础内容之一，是确保公共部门员工具备必要技能和知识，以高效履行其职责并适应不断变化的工作环境的关键环节。公共部门公职人员的职业培训主要包括业务知识培训、技术能力培训、沟通能力培训、领导力培训四个方面。其中，技术能力培训是员工更好地应对数字时代技术挑战的重要前提。公共部门应

该高度重视职业培训，制订科学合理的培训计划，确保员工能够接受必要的培训和支持。同时，公共部门还应该关注培训的效果和反馈，及时调整培训计划，以满足员工的实际需求和发展方向。

2. 福利管理

福利管理是公共部门人力资源保障管理中最基本和最核心的内容之一。通过构建科学合理的福利管理体系，公共部门能够为员工提供优质的福利待遇，满足员工的生活和工作需求，进而增强员工的工作积极性和满意度。

3. 社会保险

社会保险是公共部门人员保障管理的重要组成部分，对于确保员工的权益、提高员工的工作积极性和稳定性具有重要意义。通过缴纳社会保险费用，员工可以在面临养老、医疗、失业、工伤、生育等风险时获得相应的保障和补偿。这种保障机制不仅有助于减轻员工和家庭的经济负担，还能够提高员工的生活质量和幸福感，从而增强员工对公共部门的归属感和忠诚度。当然，社会保险的完善程度和管理水平直接影响到公共部门人员保障管理的效果。一个健全的社会保险体系能够为公共部门员工提供更加全面、可靠的保障，有助于提升员工的工作满意度和积极性。同时，社会保险的管理需要公共部门加强监管和审核，确保社会保险资金的安全和有效使用，避免出现滥用、挪用等不当行为。

4. 劳动安全卫生保护

劳动安全卫生保护是指为了防止劳动过程中发生人身伤亡事故，保护劳动者身体健康而制定的有关规定和标准。劳动安全卫生保护是公共部门人力资源保障管理的重要组成部分。没有良好的劳动安全卫生环境，员工的身体健康和生命安全就无法得到保障，保障管理也就失去了基础。建立健全的劳动安全卫生制度、提供必要的劳动保护设施和用品、加强员工的安全卫生教育等措施，可以降低员工在工作中受到伤害的风险，提高员工的工作满意度和幸福感，促进公共部门人力资源保障管理体系的完善。

（三）公共部门人力资源保障管理的目标

公共部门人员保障管理的目标是通过采取有效措施，确保员工的权益和福利得到保障，满足员工的物质生活需要和精神生活需要。具体而言，其目标包括以下四个方面。

1. 保障员工基本权益

公共部门人员基本权益保障即确保员工能够获得最低限度的工资、保险、医疗、住房等基本权益，从而保证其基本生活需求，提升其工作积极性和稳定性。

2. 保障员工基础生活

员工的基本生活需求得到满足是其能够安心工作、提高工作积极性和效率的前提。公共部门作为服务于社会和公众的机构，应该重视员工的基本生活需求，确保员工在工作中得到充分的支持和保障，确保员工在其家庭成员遇到困难时能够得到及时帮助，使其家庭能够维持正常的生活水平。

3. 保障员工职业发展

保障员工职业发展是基于公共部门对员工个人成长和发展的重视。员工的职业发展不仅关乎员工个人的职业生涯规划和满意度，也直接影响公共部门的整体效能和服务质量。

通过提供培训和发展机会、建立公正的晋升体系、鼓励跨部门合作与交流、制定个性化职业规划等具体保障措施，公共部门能够激发员工的工作积极性和创造力，提高员工的工作满意度和忠诚度，进而提升公共部门的整体效能和服务质量。同时，这也有助于公共部门吸引和留住优秀人才，为组织的可持续发展提供有力保障。

4. 保障员工精神需求和心理健康需求

随着对公共部门人力资源管理的深入理解，越来越多的组织开始认识到员工的精神和心理健康对于其整体福祉和工作表现的重要性。在公共部门中，员工可能面临各种压力和挑战，包括工作压力、人际关系压力、工作与生活平衡问题等。这些问题如果不得到妥善处理，可能会对员工的精神和心理健康产生负面影响，进而影响到他们的工作表现和职业发展。因此，公共部门在人力资源保障管理中应该关注并保障员工的精神需求和心理健康需求。

（四）公共部门人力资源保障管理的原则

公共部门人力资源保障管理是为了保证公共部门人员的合法权益和福利，其最终目标是在满足员工需求的基础上，提高员工工作效率，从而更好地实现公共部门目标。因此，在公共部门人力资源保障管理中，应当遵循以下原则。

1. 平等原则

平等原则不仅体现了社会公正和公平，也是保障员工权益、促进组织和谐稳定的基础。在公共部门人力资源保障管理过程中，对所有人员都应当以相同的标准提供保障，主要包括机会平等、权益保障平等和待遇平等。此外，公共部门应特别关注弱势群体的权益保障。对于残疾人、少数民族、女性等群体，应制定具体的保障措施，确保他们享有与其他员工同等的权利和机会。

2. 及时和适度原则

及时是指能够满足员工需要和需求的时间要尽可能短；适度是指以成本最小化为标准对员工需求进行满足，不能因为员工需求超出了成本而不予以满足。

及时原则强调了在保障管理过程中，对问题和需求的响应要及时迅速。这意味着当员工面临困难、问题或需求时，公共部门应尽快采取措施，给予必要的支持和帮助。及时的响应能够减少员工的不安和不满，提高员工的满意度和忠诚度。同时，及时解决问题也有助于防止问题扩大化，减少组织损失。

适度原则要求公共部门在保障管理过程中，要根据实际情况和员工需求，采取合适的措施和力度。这意味着在保障员工权益时，要充分考虑员工的实际情况和需求，避免过度保障或保障不足。适度的保障能够满足员工的基本需求，也不会给组织带来过大的负担。此外，适度原则还要求公共部门在保障管理过程中，要根据组织的实际情况和目标，合理分配资源，确保资源的有效利用。

二、公共部门人力资源保障管理的基本制度

公共部门人力资源保障管理的制度涵盖法律救济、社会保障、安全生产管理、薪酬政策、培训政策、考核政策以及法律法规等多个方面。其中，法律救济制度、社会保障制度和安全生产管理制度是公共部门人力资源保障管理的基本制度。这些制度的建立和实施，

有助于保障员工的合法权益，提高员工的工作积极性和满意度，促进组织的稳定和发展。

（一）法律救济制度

1. 法律救济制度的内涵

法律救济制度是指公民、法人或其他组织在认为其人身权、财产权等合法权益受到侵害时，依照法律规定向有权受理的国家机关申请解决纠纷、获得赔偿或补偿的一种法律制度。它旨在保护公民、法人和其他组织的合法权益，维护社会公正和法治秩序。

2. 法律救济制度的特征

法律救济制度具有以下特征：一是受理机关法定，只能由法律授权的国家行政机关和人民法院受理并作出裁决。二是受理范围和审理程序严格，行政复议法、行政诉讼法、民事诉讼法和国家赔偿法分别作了明确规定，超出受理范围有关机关将不予受理，违反法定程序则承担法律责任。三是申请、起诉期限明确，如申请行政复议的期限为自知道或应当知道该行政行为之日起 60 日；提出行政诉讼的期限为知道具体行政行为之日起 6 个月，或者自收到行政复议决定书之日起 15 日。四是审理方式明确，行政复议原则上采取书面审理，特定情况下也采取调查取证、听取意见等方式审理。行政诉讼、民事诉讼一审采取开庭审理，二审视情况采取开庭审理或者书面审理。五是法律效力，作出的决定具有法律效力，由国家强制力保证执行。不履行决定的，有关机关将依法强制执行。

3. 法律救济的方式

法律救济的途径和形式是多样的，在我国主要有行政救济和民事救济两种。行政救济也称行政法的救济或权利救济，是指行政管理相对人认为行政机关的具体行政行为造成自己合法权益的损害，请求行政主体审查，行政主体依照法定程序审查后对违法或不当的行政行为给予补救的法律制度。其途径主要有行政复议、行政申诉、行政赔偿等。民事救济主要是指通过民事诉讼程序，使受到损害的权利得到恢复、补救的法律制度。当公民的民事权益（包括财产权和人身权）受到非法侵害或与他人发生争议时，可以请求人民法院通过司法程序给予保护，以维护自己的合法权益。两种法律救济形式分别适用不同的情形，为受害者提供了多样化的救济途径。

在公共部门人力资源管理领域，针对公共部门内部成员的法律救济制度主要包括国家机关的公务员申诉、控告制度。

（二）社会保障制度

1. 社会保障制度的内涵

社会保障制度是指在政府的管理之下，以国家为主体，依据一定的法律和规定，通过国民收入的再分配，以社会保障基金为依托，对公民在暂时或者永久性失去劳动能力以及由于各种原因生活发生困难时给予物质帮助，用以保障居民最基本的生活需要。

2. 公共部门社会保障制度的核心内容

公共部门社会保障制度包括社会保险制度、社会福利制度、社会救济制度、社会优抚和安置等各项不同性质、作用和形式的社会保障制度，它们共同构成了整个社会保障体系。其中，社会保险制度和社会福利制度共同构成了公共部门社会保障制度的核心内容，对于保障人民的基本生活需求、促进社会公平和正义具有重要意义。

(1) 公务员社会保险制度。

公务员社会保险制度是国家为保障公务员在特定情况下能够维持基本生活而建立的一系列制度安排。这一制度涵盖公务员在因年老、疾病、工伤、失业、生育等原因暂时或永久丧失劳动能力时，所能享受到的物质帮助和保障措施。

具体来说，公务员社会保险制度包括养老保险、医疗保险、工伤保险、失业保险和生育保险。养老保险确保公务员在退休后能够维持一定的生活水平；医疗保险为公务员提供患病期间的医疗费用保障；工伤保险为因工作受伤的公务员提供医疗、康复和一定的经济补偿；失业保险为失业公务员提供基本生活保障，促进其再就业；生育保险则关注女性公务员在生育期间的特殊需求，提供产假、生育津贴等福利。

公务员社会保险制度的实施，旨在保障公务员的基本生活权益，减轻其因各种风险而产生的经济压力，同时也体现了国家对公务员这一特殊群体的关心和重视。这一制度的建立和完善，对于提高公务员队伍的凝聚力和向心力，促进社会的和谐稳定具有重要意义。

(2) 公务员社会福利制度。

公务员社会福利制度是为满足公务员的生活需要和提高其生活质量而建立的一系列保障措施和优惠政策。这些福利不仅关注公务员的物质需求，还涉及其精神文化生活等方面。

公务员社会福利制度的内容广泛，包括各种休假制度、福利费制度、住房补贴、医疗补贴等。这些福利旨在帮助公务员解决生活中的一些实际问题，如通过提供住房补贴减轻购房压力，通过医疗补贴降低医疗费用负担等。此外，公务员还可以享受到一些特殊的福利待遇，如带薪休假、节日福利、生日慰问等，这些都有助于提高公务员的工作积极性和生活质量。

公务员社会福利制度的建立和实施，体现了国家对公务员的关心和重视，旨在通过提高公务员的福利待遇，吸引和留住优秀人才，为国家的发展作出贡献。同时，这一制度也有助于提高公务员的凝聚力和向心力，促进公务员队伍的和谐稳定。

专栏 9-4

典型国家的社会保障制度模式

(1) 福利国家模式：以英国、瑞典等北欧国家为代表。这种模式强调普遍性与全民性，是在经济发达、整个社会物质生活水平较高的情况下实行的一种全面保障形式。目标在于对每个公民从生到死的一切生活及危险都给予安全保障。社会保障费用主要源于国家税收，保障水平偏高，包括生、老、病、死等一切福利保障。

(2) 社会保险性保障模式：以德国、美国和日本为代表。这种模式强调权利与义务相结合，通过国家、雇主和个人三方共同分担责任，充分体现保险互助互济原则。社会保障基金筹集采用三方负担的原则，社会保障待遇给付标准与劳动者个人收入和保障缴费相联系。

(3) 强制储蓄性保障模式：以新加坡的中央公积金制度为代表。这种模式强调自我积累、自我保障，实行个人账户积累制。保险费由劳资双方按比例缴纳，存入个人账户，专款专用。这种模式在促进资本积累和经济的良性循环以及社会安定方面都起到了积极的作用。

(4) 国家保险型社会保障模式：以社会主义国家为代表。这种模式与计划经济相适应，受保人不需要缴纳费用，保障水平较高，保障待遇与劳动贡献相联系。国家通过立法实施包括生育、工伤、医疗、养老、残疾、遗属等在内的全面的社会保险计划，并由国家组织非营利性的社会保险机构统一管理。

（三）安全生产管理制度

安全生产管理制度是为了确保公共部门在生产运营过程中员工和公众的安全，防范和减少安全事故的发生而建立的一套全面、系统的管理规范。它涵盖从安全生产的目标设定、组织架构、管理职责到安全操作规程、隐患排查治理、应急响应等多个方面。

安全生产管理制度强调预防为主，通过建立健全的安全生产责任制度，明确各级组织和人员的安全职责，确保安全工作的有序开展。同时，注重安全生产教育和培训，提高员工的安全意识和操作技能，使其能够自觉遵守安全规定，有效防范安全风险。此外，公共部门安全生产管理制度重视事故预防和应急响应。通过定期的安全检查和隐患排查，及时发现和消除安全隐患，防止事故的发生。建立完善的应急响应机制，确保在发生安全事故时迅速、有效地进行处置，最大限度地减少事故损失。

本章小结

公共部门人力资源纪律管理是指通过制定、执行和监督一系列规章制度和行为准则，以确保公共部门员工在工作中遵守既定的行为标准，同时防止和纠正任何违反纪律的行为。公共部门人力资源纪律管理主要分为预防性纪律管理、监督性纪律管理、惩戒性纪律管理三大类。在进行纪律管理的过程中，组织应始终坚持即时性、一致性和警示性的原则，按照规定程序完成管理活动。公共部门人力资源保障管理是指公共部门为确保其员工(包括公务员和其他公共服务人员)的基本权益和福利，依照相关法律法规而开展的各项保障活动的总和。公共部门人力资源保障管理覆盖人力资源计划、招聘与选拔、培训、薪酬管理等多个方面，而社会保障制度是其完成一系列管理活动的重要支撑。公共部门人力资源保障管理的基本制度安排包括法律救济制度、社会保障制度及安全生产管理制度。

核心概念和知识点

纪律；纪律管理；公共部门纪律；权益保障；社会保障。

课后习题

1. 什么是公共部门人力资源纪律管理？其主要内容有哪些？
2. 公共部门人力资源纪律管理的特征与作用是什么？
3. 公共部门人力资源纪律管理的程序是什么？
4. 行政机关公务员纪律处分有哪些？
5. 公共部门人力资源保障管理的主要内容是什么？
6. 简述公共部门人力资源保障管理的基本制度。

本章案例研究

促进执纪执法贯通　形成纪法合力

纪律是管党治党之"戒尺"，法律是治国之重器。党纪国法都是管党治党、治国理政的基本依据，本质上目标一致、功能相同、优势互补。习近平总书记指出，要坚持依法治国和依规治党有机统一，强调"注重党内法规同国家法律的衔接和协调"。

新修订的《中国共产党纪律处分条例》（以下简称《条例》），坚持把纪律挺在前面，贯通规纪法，衔接纪法罪，在第四条纪律处分工作原则中增写了"执纪执法贯通"的要求，并通过完善纪法衔接条款、推进党纪政务等处分相匹配、借鉴国家法律有关规定充实相关内容等，推动综合运用党纪、国法规定的各种惩戒措施，做到精准执纪、纪法协同。各级党组织要以党纪学习教育为契机，认真抓好《条例》的学习贯彻，深刻理解把握主旨要义和实践要求，做到全面熟知掌握、准确规范使用，促进执纪执法贯通，形成纪法合力，不断推动全面从严治党向纵深发展。

一、执纪执法贯通的内涵要义

1. 执纪执法贯通体现依规治党和依法治国在理论理念上的贯通

党纪和国法都是管党治党、治国理政的基本依据，目标一致、功能相同、优势互补。从本质上看，党纪和国法都是党和人民意志的体现；从维度上看，党纪和国法内在统一于中国特色社会主义法治体系，形成相辅相成、相互促进、相互保障的格局；从功能上看，党纪和国法具有手段的相似性和目的的一致性。执纪执法贯通就是在党的领导下，一体用好党纪国法"两把尺子"，落实依规治党与全面依法治国统筹推进、一体建设的要求，推进国家治理体系和治理能力现代化。

2. 执纪执法贯通体现党内监督和国家监察在体制机制上的贯通

国家监察体制改革以来，纪委监委合署办公，在同级党委和上级纪委双重领导下履行纪律检查和国家监察两项职能，形成统一决策、一体运行的执纪执法领导体制和工作机制。例如，建立纪检与监察、执纪与执法有效衔接、统一的信访举报制度、监督检查制度、线索处置制度、审查调查制度、案件审理制度等，通过制度上的贯通，形成整体统筹、上下一体、横向协作、指挥灵敏的运行机制，把制度优势转化为治理效能。

3. 执纪执法贯通体现纪律审查和监察调查在程序措施上的贯通

通过优化工作程序，使执纪审查和依法调查、党纪处分和政务处分、党内问责和监察问责精准有序对接，执纪手段权限与执法手段权限配合使用，执纪执法一体推进。例如，在立案环节，对党员监察对象同时存在违纪问题和职务违法犯罪问题的，一般同时办理党纪、监察立案手续；在证据收集、措施使用上，一般对违纪证据和违法证据同步调取，尽量做到证据形式标准的统一，最大化发挥制度优势；在案件审理工作中贯通执纪执法，全面审核"纪、法、罪"，把适用纪律和适用法律结合起来，做到党纪处分与政务处分相匹配。

二、贯彻落实执纪执法贯通要求要把握的方面

一是纪法思维的转换融通。党纪、国法都是管党治党、治国理政的基本依据，目标一致、功能相同、优势互补，不可偏废。纪检监察干部在审查调查工作中，要树立党章党规党纪和国家法律法规的维护者和执行者的主体意识，贯通运用纪法措施对违纪违法涉及的"人、权、事"查清楚、弄明白，运用纪法"两把尺子"对党员干部违纪违法行为全面调查，充分评价。要坚决摒弃重纪轻法或重法轻纪的单一性思维，避免"纪法不分、以纪代法"和"以法代纪、以刑代罚"，增强纪法贯通意识。

二是纪法规定的贯通运用。党的十八大以来，促进纪法贯通、法法衔接的各项制度不断完善，为构建纪法顺畅贯通、法法有序衔接的工作机制提供了有效支撑。实践中，要重点把握审查措施与调查措施的贯通，除只有监委可以采取的措施，如留置、搜查、讯问、通缉等，纪委和监委可以采取的措施种类多数一致，且在使用权限和要求上也基本一致。这就需要纪检监察干部对党内法规、监察法律法规等规定和政策全面熟悉掌握，深刻把握纪法贯通的内在逻辑、衔接规定、贯通依据，提升贯通运用和执行的工作能力。

三是证据标准的准确把握。纪检监察机关执纪执法工作一体决策、一体运行，执纪执法活动中对"纪、法、罪"的不同证据标准也要贯通运用。执纪执法工作都要求全面、客观收集、鉴别证据，查明违纪违法事实，形成相互印证、完整稳定的证据链。实践中，"纪、法、罪"分属三个不同的评价体系，既相互贯通，又不完全等同，对"事实清楚、证据确凿"的具体把握也存在梯度和层次差异。审查调查工作中，要注意避免对党员干部违纪违法事实的证据标准把握不严、取证不足的问题，或者机械套用职务犯罪案件的证据审查标准、过度取证的问题。

案例来源：中央纪委国家监委网站，《学习贯彻纪律处分条例：促进执纪执法贯通 形成纪法合力》，2024-03-28.

思考与探讨

实践中，贯彻落实"执纪执法贯通"需要重点把握哪些方面？怎样提高纪检监察干部执纪执法贯通能力？

第十章 公共部门人力资源管理的发展与展望

引导案例

数字化赋能国企干部管理

国有企业人才积累丰厚,如何进一步发展人才是关键。发展人才的核心,是人力资源的高效开发与应用,而数字化干部人才管理是重要手段和抓手,需持续深化数字化转型应用。

一、干部人才管理"一盘棋"推动

干部人才管理是一个系统工程,要"一盘棋"考虑,其中人才标准是基础,人才评价是手段,人才数据是关键要素,贯彻始终且持续更新,将人才管理的选育用留全链条打通。数字化应用,主要在于盘活数据,打通数据,为国有企业干部人才一盘棋管理助力赋能。

1. 人才精准识别——人才标签与人才画像。现代职场人员的多元性与立体性,让传统的人才标准陷入困境,企业无法全面、有效地挖掘人才特征,尤其是当组织需要开展新业务、进入新发展阶段或组建新班子时,更希望可以实现人才的精准识别,将最合适的人选出来。如何做到?构建人才标签与人才画像是最佳解决方案。

人才标签通常是用高度精练的特征描述一类人员特性,用于标识和组织企业人才资源,帮助管理者"快速"找到所需要的人。人才标签体系可将人才信息标签化,快速标记人才,人才辨识一键即成。以高价值标签标识人才关键特征,构建人才画像,人才特点一目了然,后续人才培养、任用、激励等更加有据可依。

2. 数字化人才盘点——人才数据动态获取与更新。人才盘点和人才测评是国有企业现代人力资源管理的重要一环,通过盘点和测评完善人才数据,以标签、画像为抓手,动态分析人才情况,让干部人才任用、班子搭配、梯队建设更加有据可依,帮助企业建立人才优势。

3. 人才管理驾驶舱——智慧化干部人才全生命周期管理。在干部人才数据持续完善,人才标签、人才画像深入应用基础上,如何快速、准确、实时地获取人才信息,挖掘人才选育管用各环节管理数据,为管理决策提供支持,是亟待解决的问题。

人才管理驾驶舱是通过各种图表形象化、直观化、具体化地展示人才关键指标,让管理者一键、全盘掌握人才信息,做到"手中有图、心中有数",实现人才供应链可视化及实时预警;同时可通过深入分析人才数据,开展人才比选、关键人才数据分析,是高效干部人才管理的优秀实践。借助人才管理驾驶舱,可使人才盘点精准化、人才数据可视化、人才管理数智化。

国有企业可以在编制管理、团队管理、人员流动、干部任免、人才梯队等层面构建管理驾驶舱，帮助企业明白过去发生什么、知道现在正在发生什么以及为什么，预测将来会发生什么。

二、数字化赋能人才全生命周期管理

在数字经济时代，运用数字化手段和工具开展人才管理，既是大势所趋，更是现实需要。数字化人力资源管理不是一蹴而就的，需要从管理理念、管理工具方法等系统提升，在转型时"可分步开展，重点先行"，梳理人力资源业务逻辑，以人才画像、人才管理驾驶舱建设为重点，完善数据基础，逐步推进数字化人才管理走深走实。

案例来源：中大咨询《加快新质生产力发展：数字化如何深度赋能国企干部管理？》

本章学习目标

对公共部门人力资源管理的发展趋势有一定思考

本章重点问题

公共部门人力资源管理的发展

本章思维导图

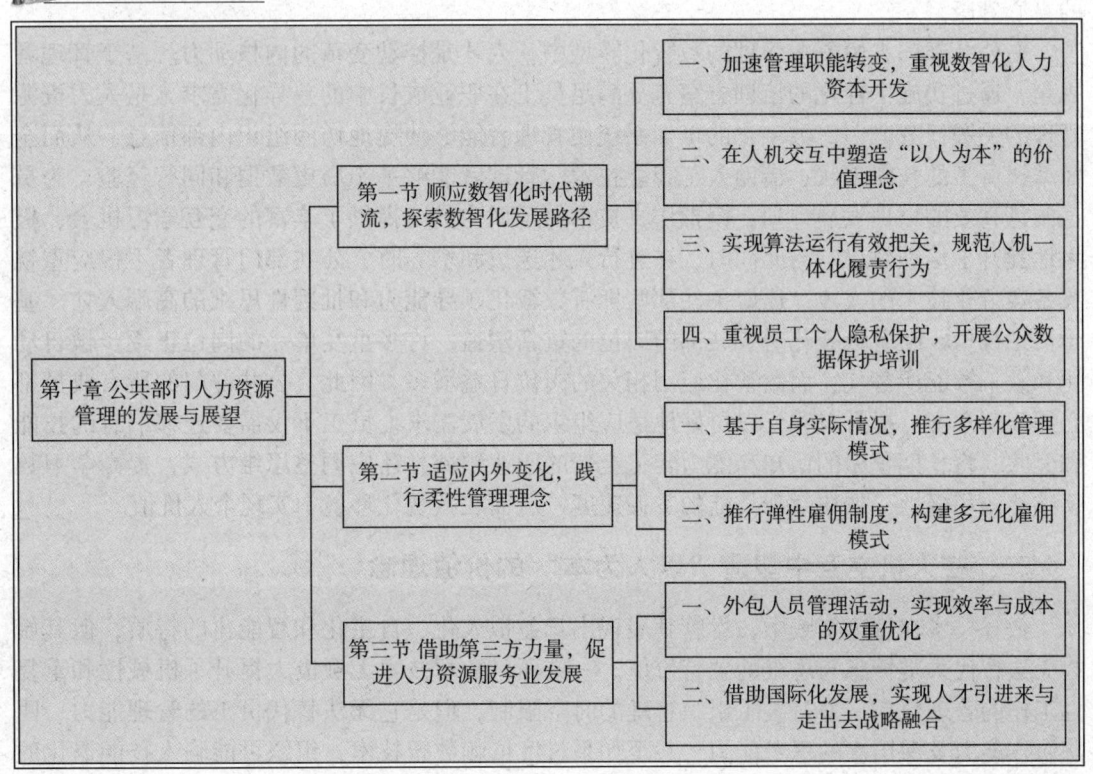

第十章 公共部门人力资源管理的发展与展望
- 第一节 顺应数智化时代潮流，探索数智化发展路径
  - 一、加速管理职能转变，重视数智化人力资本开发
  - 二、在人机交互中塑造"以人为本"的价值理念
  - 三、实现算法运行有效把关，规范人机一体化履责行为
  - 四、重视员工个人隐私保护，开展公众数据保护培训
- 第二节 适应内外变化，践行柔性管理理念
  - 一、基于自身实际情况，推行多样化管理模式
  - 二、推行弹性雇佣制度，构建多元化雇佣模式
- 第三节 借助第三方力量，促进人力资源服务业发展
  - 一、外包人员管理活动，实现效率与成本的双重优化
  - 二、借助国际化发展，实现人才引进来与走出去战略融合

第一节　顺应数智化时代潮流，探索数智化发展路径

随着科技的飞速跃进，人工智能、大数据、区块链以及虚拟仿真等前沿技术正逐步渗透到社会的方方面面，标志着数智化时代已然来临。这一时代的到来，对公共部门人力资源管理而言，既是一次延续性的创新驱动，也是一次颠覆性的变革升级。公共部门在数智化转型过程中，面临管理职能的深刻转变、人力资本的高效开发、人机关系的全新构建、智能算法技术的严密监督及个人隐私的切实保护等严峻挑战，这些不断涌现并持续演变的新问题对公共部门人力资源管理在数智化转型道路上的能力建设与深化拓展提出了更高的标准和要求。

一、加速管理职能转变，重视数智化人力资本开发

公共部门人力资源管理职能紧密关联于组织内外部环境的动态变化。在大数据、人工智能、智能算法技术和自动化流程广泛应用的大环境下，公共部门人力资源管理必须加速职能的转型，以实现管理职能与数字技术的深度融合。首要任务是收集并深入分析数据，制定符合内外环境要求的人力资源规划，重新设计工作流程，同时运用数字技术为组织及员工提供全面的人力资源管理指导，并构建即时的反馈机制。此外，公共部门本身便肩负着广泛的社会责任和严格的公众监督，外加在数智化转型过程中，工作压力的增加、工作内容的替代及对变革的抵触情绪都会对员工心理和生理健康的产生威胁，因此要求公共部门管理者及时了解员工的生活和工作状态，并施行针对性的改进计划和策略，以维护员工的身心健康。

在公共部门人力资源管理的数智化转型中，人才是推动变革的内核动力。基于管理者视角，通过实施个性化的培训方案充分满足员工在职业成长中的差异化需求，是人力资源管理的关键任务之一。数字化的培训系统使管理者能够便捷地访问组织内部信息，从而全面掌握员工的技能现状；借助人工智能技术，管理者能够基于历史数据和同行经验，为员工制订高效的培训发展计划；模拟仿真技术的运用为员工提供了丰富的交互学习机会，极大地提升了培训效果。与此同时，在进行人才选拔和培养时，公共部门管理者不仅应重视具备数智化技术的人才，还应关注那些拥有数智化领导能力和批判性思维的高端人才。基于员工视角，随着数智化对公共部门岗位的重新塑造，许多重复单一的岗位正逐步被自动化和人工智能所替代，而数智化应用相关的岗位日益增多。因此，公共部门的所有成员都必须不断学习、提升自我，以更好地适应组织的发展需求。员工不仅需要迁移旧有的技能和经验，将长期积累的认知和能力转化至新的职业领域，还应调整思维方式，提高学习数字技能的积极性，加快对新技能的掌握速度，从而在数智化环境中实现个人价值。

二、在人机交互中塑造"以人为本"的价值理念

数智技术在管理实践中，尽管其展现出日益拟人化、自主化和智能化的特质，但其始终无法替代人类情感与思维的独特价值。一方面，数智技术无疑极大提升了机械性和重复性工作的管理效率，并打破了组织管理的时空限制，但是它无法替代员工的管理能力、团队协作能力及深层次的思考能力，甚至如果过度依赖数智技术，组织可能陷入技能退化的

困境。另一方面，公共部门推动数智化转型时，不应仅关注技术因素而忽视员工的感知与行为反应。被技术替代的焦虑、技能提升和再学习的压力、不确定性带来的心理负担，以及数智技术可能引发的隐私侵犯问题，都可能影响员工对新理念、新技术的接受程度，并产生消极的情感和行为反应。

在人机交互的应用背景下，公共部门管理者应着重强化"人"的主体性意识，实现员工认知思维与数智技术的深度融合。公共部门管理者应密切关注员工对数智技术的认知、态度与行为反应，积极推进数字技能培训与开发，强化员工的数字思维能力，并培养其自主意识和批判性思维，从而避免被技术支配的潜在风险。基于员工视角，应聚焦于技术尚未触及的思维、情感等认知领域，理性看待人工智能等技术替代人类的趋势，避免对技术产生过度依赖或恐惧，确保数字技术的应用能够真正服务于人类的需求和发展，实现其价值的回归。

三、实现算法运行有效把关，规范人机一体化履责行为

在公共部门中广泛应用智能算法技术标志着传统行政程序正向数智化行政程序转型，预示着自动化行政时代的到来。然而这种转型在提升行政决策效率的同时也暗含隐患：当公共部门工作人员缺乏解读自动化行政程序专业代码信息的能力时，他们可能会面临被行政过程边缘化的风险，从而难以全面吸收公众意见，也难以有效地向公众解释行政决策的合理性。这将阻碍信息反馈机制的运作，进而削弱行政程序的民主性。为确保公共部门员工在自动化行政场景中能够有效参与，必须对其进行系统性的数智化技能培训，以提高他们解读自动化行政代码信息的能力。同时，需要在公共政策内部构建一个人与算法和谐共生的行政程序框架，确保个体意志的有效表达和对算法实施的有效监管，实现主观能动性与算法能力的平衡结合，从而保障公共部门决策程序的合法合规，并防范数字化运作过程中可能出现的程序失序问题。

随着智能算法技术的广泛应用，公共部门员工的工作边界与模式被重新塑造，同时给其行政责任的履行带来了前所未有的挑战。在人机共生的治理格局中，智能机器逐步接管部分工作任务，导致人机职责的交织与融合。基于主体视角，技术专家是智能技术的核心开发者与设计者，公共部门的内部员工是技术的实际操作者，所以在智能技术运行过程中若出现疏漏，技术专家与内部员工之间的责任界限往往会变得模糊不清。为达成公共决策对责任分配明确化、标准化的要求，公共部门必须制定健全的数字化、智能化行政行为的责任规范。具体而言，在数智化人力资源的开发与管理中，应当将焦点放在员工在人机协同行政环境中可能遭遇的责任难题，应当在员工培训中普及智能技术运用可能带来的责任风险及具体应用场景，以增强他们对责任划分与承担的深刻认知，从而破解责任认定模糊的治理难题。

四、重视员工个人隐私保护，开展公众数据保护培训

在数智化背景下，保护个人信息对于维护公共部门员工的个人利益显得尤为重要。若处理不当，这种信息泄露或滥用不仅可能侵害员工的合法权益，更可能严重削弱员工与公共部门之间的信任基础。员工的行为和态度是公共部门进行数据收集的基础和来源，这些数据通过不同算法的处理达成纠正与组织期望不符的员工行为的目的。在实际工作中，公共部门采取了各种监视措施，包括分析电子邮件、监控办公场所、例行打卡，以及追踪手

机和电脑上的应用程序使用数据等。这些做法都可能直接侵犯员工的隐私，即使这些数据仅用于人力资源管理且未公开，同时确保了分析对象的知情权，但仍可能给员工带来个人隐私被窥探的不安和不满。这种窥探感不仅加剧了员工与组织之间的隔阂，还可能影响员工对数智技术的认知和情感体验，进而引发员工的回避和反抗行为。因此，在数智化时代，构建和完善针对算法与数据的治理体系与机制，成为公共部门必须面对的重要课题。

此外，安全性不仅是衡量公共服务品质的核心指标，更是彰显以人为本治理理念的关键所在。人们在日益享受数字技术带来的便捷服务的同时，也面临着数据安全、隐私泄露等风险。尤其是在算法与政府治理深度融合的过程中，存在一种趋势，即倾向于无须公众授权即可获取和使用其隐私信息，甚至为追求算法运行的效率而扩大公众隐私的利用范围，自动存储公众希望遗忘或删除的个人信息。这种做法无疑导致公众在享受公共服务时，不得不以个人隐私为代价，这与"以人为本"的治理原则相悖。因此，加强公共部门人员的数据素养和数据安全意识的培养，成为公共部门当下刻不容缓的任务。通过线上线下相结合的培训方式，公共部门不仅要提升员工在数据收集、分类和使用方面的专业技能，更要通过对相关法律法规的学习强化其数据安全意识，并建立起合法、合规的信息收集机制，以更安全、更尊重个人隐私的方式获取公众的个人信息。

第二节 适应内外变化，践行柔性管理理念

随着国际环境的日益复杂、知识更新与技术革命的加速以及劳动力结构的转型升级，公共部门面临前所未有的内外环境动荡。与此同时，在知识经济的浪潮下，社会公共事务的复杂性和动态性日益凸显，传统的刚性人事管理模式由于其在灵活性和适应性方面的局限，已逐渐无法应对新时代对于高效、灵活管理模式的迫切需求。由此，人力资源柔性管理的理念再次受到广泛关注。作为对刚性管理的一种辩证否定，柔性管理理论强调在现行制度框架内，进行更加人性化、灵活化的管理，以提升组织的整体效能。相较于刚性管理，柔性管理理念更加符合当前公共部门人力资源管理制度变革的需求，为公共部门提供了应对复杂多变环境的新思路。

一、基于自身实际情况，推行多样化管理模式

为构建多样化且高效的人力资源管理体系，公共部门需从多方面着手改革。公共部门应当避免过度细化的职位分类，注重发挥个人的主观能动性和创新潜力，采用更为宽泛的工作描述。同时，应建立符合我国公共部门特点的职位分类标准，并根据不同职位的特性，制定个性化的聘用、考核、晋升和培训机制，拓宽员工职业发展路径。为了推动公共部门的高效运转，必须深化简政放权改革，加速事业单位改革步伐。通过精简机构数量，规范各级人事编制，构建精简高效的管理体制。同时，为发挥基层事业单位的主动性和创造性，可以赋予其更多的自主权和决策权，由此各级部门能根据具体情况迅速作出反应，而最高领导层能够专注于全局性决策，形成层次分明、权责明确的管理格局。通过实施多样化、柔性化的人力资源管理策略，公共部门能够显著提升其人员的动态适应性，构建一个高效、精简、灵活的公共部门人力资源管理体系。

二、推行弹性雇佣制度，构建多元化雇佣模式

在当前我国公共部门人力资源管理的实践中，终身聘用制度的初衷在于保障内部人员的稳定性，使员工能够累积丰富的经验，以便为组织和公众创造更大的价值。然而，这种制度在长期运行中逐渐暴露出一些问题，例如可能滋生员工的职业倦怠，降低整体工作效率等。为了应对这些挑战，公共部门需突破终身聘用制的束缚，转向一种更为灵活、动态的雇佣机制，通过引入以竞聘上岗、合同制为核心的弹性雇佣模式，不断推动内部人员结构的动态调整和优化。这种灵活的雇佣方式并非仅限于传统的工勤岗位，而是同样适用于金融、经贸、信息技术等高端专业领域，同时为了进一步提高效率和降低成本，公共部门可以根据实际需求，灵活雇佣兼职或临时的非常任专业人员。虽然这种灵活的雇佣模式可能在一定程度上增加了员工的离职率，但这也是激发员工工作热情、提高整体效率的有效手段。总体来看，通过调整雇佣方式，公共部门不仅能够有效解决传统终身聘用制度带来的问题，还能为组织注入新的活力和创新力。

第三节 借助第三方力量，促进人力资源服务业发展

人力资源服务业经历了从简单的人才交流服务中心和职业介绍所向一个综合性服务体系的转变，该体系涵盖招聘、猎头、人才测评、职业培训、薪酬管理等多元化服务，对产业发展、劳动者素质提升以及人力资源优化配置起到了至关重要的推动作用。作为公共部门的重要支撑，人力资源服务业能够为其提供全面且多层次的服务支持，推动公共部门在人力资源管理上实现专业化、高效化和创新化。随着我国公共部门改革的持续深化，国家和社会各界高度关注如何通过促进人力资源服务业的转型升级实现公共部门人力资源管理向高质量发展的跃升。这不仅是对人力资源服务业的严峻考验，更是推动国家治理体系和治理能力向现代化迈进的关键一环。

一、外包人员管理活动，实现效率与成本的双重优化

随着人力资源服务行业的蓬勃发展，第三方服务商提供的服务范围已逐渐从临时性的代理服务拓展到全面的人力资源管理支持，涵盖劳动法咨询、招聘、薪酬管理、培训等多个方面。近年来，随着对人力资源作为组织核心资源认识的加深，公共部门，特别是政府部门，开始尝试将一些受限于自身资源或难以高效完成的人力资源管理活动外包出去，以适应公共部门改革和降低运营成本的需求。从战略角度来看，这种外包策略有助于公共部门将有限的内部资源集中于更为核心和战略性的任务上，使其人力资源部门能够更加专注于组织战略的制定和实施。同时，通过外包，公共部门还能够减少包括员工人数、加班时间等在内的直接成本，以及管理和储备、招聘培训、缺勤等间接成本，从而实现内部资金的更高效配置。

在我国公共部门中，人力资源管理因其公共性、稳定性和重要性等特点，使得外包策略的引入与实施需要格外审慎。公共部门在决定实施人员外包之前，必须进行全面且深入的成本—效益分析，若外包并非基于明确的业务需求，且预期收益不清晰，那么公共部门应审慎考虑是否采纳外包，避免盲目跟风。在选择外包合作方和外包形式时，公共部门应

秉持开放和创新的态度，寻求多样化和差异化的外包形式。除探索部门间的协作模式外，还应考虑加强与市场高水平服务机构的合作，从而汇聚各方资源，提升人力资源服务的质量和效率。在外包的过程中，公共部门应加强对人员外包全过程的监管和控制，确保信息安全，并灵活调整外包商的决策以适应实际情况的变化。外包结束后，公共部门还应进行系统的结果评估，分析外包的成本与效益，总结经验教训，为未来的外包决策提供有益的参考。总之，公共部门人员外包的实施应基于严谨的分析、创新的思维和全面的监管，以确保外包策略的有效性和可持续性。

二、借助国际化发展，实现人才引进来与走出去战略融合

公共部门应重视"引进来"战略。这意味着人力资源服务机构需积极学习并掌握国际先进理念、规则与惯例，通过加强与国际同行的交流合作，引进国外先进的技术、管理模式及人才资源。这一举措不仅能有效填补公共部门在某些专业领域的人才空缺，还能提升整体人才队伍的素质和能力，进一步优化人才结构。此外，公共部门也应积极践行"走出去"策略。与国外大学、人力资源服务机构建立合作关系，不仅能为国内公共部门的员工提供宝贵的国际交流与学习机会，还能将我国公共部门的管理智慧和实践经验传播至海外。在秉持互利互惠、互联共通的原则下，打破国际间的人才流动壁垒，建立起一个更加开放、包容和高效的人力资源市场。

本章小结

数智化技术的飞速发展为人力资源管理提供了更多的可能性，通过大数据、人工智能等技术的应用，可以更加精准地分析人才需求，优化人才配置，提高管理效率。但是技术的发展并不意味着可以完全替代人的作用，在追求高效和便捷的同时，公共部门人力资源管理还需要注重人文关怀，尊重个体的差异和需求，构建更加和谐的组织文化。最重要的是，需要以更加深入、全面的视角来审视公共部门人力资源管理领域的发展现状与未来趋势，积极探索新的路径和方法，为公共部门的持续繁荣和社会进步作出更大的贡献。

核心概念和知识点

数智化人力资源管理；柔性化人力资源管理；人力资源服务业。

课后习题

1. 简述数字经济时代公共部门人力资源管理的发展趋势。
2. 简述公共部门人力资源服务业的发展趋势。

第十章　公共部门人力资源管理的发展与展望

本章案例研究

引入数字化工具提升国企人力资源管理效能

2020年以来，国企改革三年行动锚定"管理人员能上能下、员工能进能出、收入能增能减"目标，持续激发企业发展活力，推广经理层成员任期制和契约化管理，推进市场化用工，促使国有企业长期激励"政策包"和"工具箱"进一步丰富。

当前，国企改革三年行动主体任务已经基本完成，但是对标世界一流企业的建设进程仍不能放松。国有企业要构建基于现代公司治理制度的人力资源管理体系，人才的选拔机制、评价机制、薪酬分配机制、激励机制和约束机制等就都要进行根本转变，这就要借助数字化工具的力量。

在国企改革背景下，国有企业传统经营管理方式面临挑战，包括由粗放式经营转向精细化运营。人力资源管理数字化已经成为提升管理效能、解决上述管理难题的重要抓手。广州红海云计算股份有限公司总结多年来服务央企国企客户人力资源管理数字化实践的经验，从干部管理、考核评价、薪酬激励三大机制建设方面入手，借助新一代数字化技术，结合国企改革目标，助力企业高效推进人力资源管理模式转型。

在干部管理机制干部任用提拔中实现"知事识人"。"知事识人"体系是国企干部选拔任用管理的基础，知专长、知短板才能用得对，看得准、考得实才能用得好。但国企组织机构多，干部信息数据分散，沿用传统干部人事档案管理方式容易出现资料缺失、弄虚作假、存储不当等问题。红海云HR系统通过全方位聚合国企干部信息数据，为企业提供干部选拔任用管理过程中全方位的信息，实现对干部个人信息、业绩信息、行为信息、思想作风信息等的全面规范精准线上化、动态化、数字化管理，有效避免文件磨损、丢失、信息泄露或篡改风险；及时采集干部的相关表现并记入干部个人信息，确保干部信息的有效性和准确性，大大提升干部信息管理效率。同时，提供多种分析模型，灵活高效地生成各类干部统计分析数据，为选人用人提供科学依据。

进一步完善规范干部退出机制。国企干部的岗位退出一般涉及任期终止和绩效合理兑现问题，主要分为到龄退出、职务调整、个人原因辞职三个方面的衔接问题。国有企业可以借助红海云HR系统，严格执行到龄免职（退休）制度，实现到龄智能预警提醒；对于任期中止，可智能关联绩效薪酬与任期激励的核算与兑现，实现场景化退出管理。

做实任期制与契约管理。全面推行经理层成员任期制和契约化管理，包括任期管理、签订契约、考核实施、薪酬管理、退出管理和监督管理等环节，核心是要搭建权责利对等的治理体系。国有企业可借助红海云HR系统对上述环节实现线上化、智能化管理。比如，借助红海云HR系统建立岗位职位的相关胜任力模型，并将考核结果与之相匹配，强化任期考核方案实施管理，灵活自定义考核指标，保障考核结果在薪酬挂钩和岗位调整方面的刚性应用。

落实全员绩效考核机制。国企市场化用工改革要求企业积极建立并推行全员分类绩效考核体系，实施分层分类科学评价盘点，落实人员淘汰机制、中长期发展规划，实现优胜劣汰。红海云可帮助国有企业构建科学全面的考核体系，根据企业功能分类实施分类考核。比如，可针对高管、子公司经营班子、研发、营销、职能等不同类型岗位人员，落实差异化的绩效体系设计，支持360度考核、KPI考核等多种考核方式；智能关联企业薪酬激励政策，以业绩为导向，科学评价不同岗位员工的贡献，切实做到收入能增能减和奖惩分明。

发挥干部考核指挥棒作用。国企干部考核涉及内容广泛，有业绩考核、党建工作考核、综合考核、任期考核等不同类型考核。红海云借助新一代数字技术，帮助国企建立全方位考核评价体系，通过场景化、智能化、流程化设置，灵活满足不同类型考核需求，民主测评与民主评议等均可实现线上化、智能化管理；帮助企业明确不同周期的考核定位和要求，灵活设计科学化、体系化的考核指标、评价权重、考核方案，实现差异化考核评价。

发挥市场化薪酬分配机制作用。在满足工资总额管控要求的前提下，国有企业内部的薪酬管理划分，必须是精细化的。红海云支持企业建立多元薪酬激励方案体系，实现精细化、差异化管理。一方面，通过薪资预算及执行线上化、智能化管理，实现总部对各单位人力成本的管理和监督，并及时进行超标预警，将薪资总额有效控制在企业计划总额内。另一方面，灵活设置分业态、分层级、分序列的市场化薪酬标准，构建与职责能力相匹配、与企业类型相适应、与市场竞争相兼顾、与经营业绩相挂钩的差异化薪酬分配体系，鼓励下属单位建立健全中长期激励机制，如员工持股、股权激励、项目分红、岗位分红、超额利润分享等制度；灵活自定义奖金激励分配方式，帮助企业落实各级单位、部门、岗位的薪资激励及薪资分配管理，探索完善企业职业经理人薪酬制度。

有效衔接薪酬激励与考核机制。近年来，国企建立现代企业制度的改革步伐不断加快，国有企业经理层报酬需真正体现"业绩升，薪酬升；业绩降，薪酬降"。红海云HR系统通过将组织绩效与企业领导班子和领导人员综合考核评价、企业负责人经营业绩考核等内容结合，综合评价相关人员在任期内的经营成果，可将考核结果与薪酬兑现管理制度挂钩。同时，支持绩效考核结果数据与员工调薪、奖金分配等模块数据动态关联，切实落实绩效与薪酬联动，实现考核结果与薪酬、岗位调整方面的挂钩。

案例来源：孙伟. 数字化赋能国企人力资源管理——以应用红海云HR系统为例[N]. 中国劳动保障报，2023-02-02.

参 考 文 献

[1] 滕玉成. 公共部门人力资源管理 [M]. 上海：复旦大学出版社, 2023.
[2] 方振邦. 公共部门人力资源管理 [M]. 北京：中国人民大学出版社, 2014.
[3] 方振邦. 公共部门人力资源管理概论 [M]. 北京：中国人民大学出版社, 2019.
[4] 赵秋成. 公共部门人力资源管理 [M]. 2版. 北京：清华大学出版社, 2022.
[5] 李德志. 公共部门人力资源管理与开发 [M]. 3版. 北京：科学出版社, 2016.
[6] 孙柏瑛. 公共部门人力资源管理 [M]. 4版. 北京：中国人民大学出版社, 2013.
[7] 伯曼. 公共部门人力资源管理 [M]. 2版. 北京：中国人民大学出版社, 2008.
[8] 唐纳德·E. 可林纳, 约翰·纳尔班迪, 贾里德·洛伦斯. 公共部门人力资源管理系统与战略 [M]. 孙柏瑛, 于扬铭, 译. 6版. 北京：中国人民大学出版社, 2013.
[9] 唐志红. 公共部门人力资源管理 [M]. 成都：西南交通大学出版社, 2017.
[10] 谭融. 公共部门人力资源管理 [M]. 3版. 天津：天津大学出版社, 2018.
[11] 周均旭. 公共部门人力资源管理案例 [M]. 北京：中国人民大学出版社, 2019.
[12] 葛玉辉. 公共部门人力资源管理 [M]. 北京：清华大学出版社, 2016.
[13] 蔡文. 公共部门人力资源管理 [M]. 上海：复旦大学出版社, 2017.
[14] 吴志华. 公共部门人力资源管理 [M]. 上海：复旦大学出版社, 2016.
[15] 鄢龙珠. 公共部门人力资源管理 [M]. 2版. 厦门：厦门大学出版社, 2010.
[16] 陈天祥. 公共部门人力资源管理及案例教程 [M]. 3版. 北京：中国人民大学出版社, 2017.
[17] 高玉娟. 公共部门人力资源管理 [M]. 北京：中国林业出版社, 2023.
[18] 滕玉成. 公共部门人力资源管理 [M]. 3版. 北京：中国人民大学出版社, 2012.
[19] 李玉兰. 公共部门人力资源管理模拟实验教程 [M]. 北京：经济科学出版社, 2018.
[20] 李涛. 公共部门人力资源管理 [M]. 桂林：广西师范大学出版社, 2013.
[21] 徐东华. 公共部门人力资源管理 [M]. 北京：金城出版社, 2020.
[22] 廉茵. 公共部门人力资源管理 [M]. 北京：对外经济贸易大学出版社, 2013.
[23] 赵曼. 公共部门人力资源管理 [M]. 武汉：华中科技大学出版社, 2008.
[24] 李志. 公共部门人力资源管理 [M]. 重庆：重庆大学出版社, 2019.